"十二五"普通高等教育本科国家级规划教材

普通高等教育"十一五"国家级规划教材

工程图学基础

第3版

主　编　刘宇红　张建军
副主编　戚开诚　刘淑英
参　编　刘　伟　李爱荣　杨　杰
主　审　张顺心

机 械 工 业 出 版 社

本书为"十二五"普通高等教育本科国家级规划教材、普通高等教育"十一五"国家级规划教材，是根据我国当前对高素质、高水平、国际化人才的需求，在总结和吸取多年教学改革经验的基础上并参考国内外同类教材编写而成的。本书根据本学科知识的逻辑性、系统性、规律性，在不同阶段、不同环节中，对学生进行不同程度的空间思维能力、构形能力、创新能力和解决复杂工程问题能力的培养。本书的主要特点是：采用了现行的国家标准，建立了独特的结构体系，在第2版的基础上增加了工程应用内容，适用性强。

本书的主要内容有：绪论，点、直线、平面的投影，立体的投影，制图的基本知识，组合体，轴测图，图样画法，标准件及常用件，零件图，装配图，其他常用工程图简介。

本书配有刘伟、张建军主编的《工程图学基础习题集》第3版，以及"工程图学基础辅助学习系统"（http://mes.hebut.edu.cn/gctx/），可供师生使用。

本书可供高等院校近机械类和非机械类专业学生使用，也可供其他工程技术人员参考。

图书在版编目（CIP）数据

工程图学基础/刘宇红，张建军主编. —3版. —北京：机械工业出版社，2018.8（2024.8重印）

普通高等教育"十一五"国家级规划教材 "十二五"普通高等教育本科国家级规划教材

ISBN 978-7-111-60132-6

Ⅰ.①工… Ⅱ.①刘… ②张… Ⅲ.①工程制图-高等学校-教材 Ⅳ.①TB23

中国版本图书馆CIP数据核字（2018）第179939号

机械工业出版社（北京市百万庄大街22号 邮政编码100037）
策划编辑：刘小慧 责任编辑：刘小慧 徐鲁融
责任校对：张晓蓉 封面设计：张 静
责任印制：郜 敏
三河市宏达印刷有限公司印刷
2024年8月第3版第9次印刷
184mm×260mm·20.5印张·462千字
标准书号：ISBN 978-7-111-60132-6
定价：52.00元

电话服务　　　　　　　　　　网络服务
客服电话：010-88361066　　　机 工 官 网：www.cmpbook.com
　　　　　010-88379833　　　机 工 官 博：weibo.com/cmp1952
　　　　　010-68326294　　　金 书 网：www.golden-book.com
封底无防伪标均为盗版　机工教育服务网：www.cmpedu.com

第3版前言

工程图学是研究工程与产品信息表达和交流的学科,是普通高等学校本科专业重要的工程基础课程。本课程对培养学生工程图样绘制和阅读以及形象思维能力,提高工程素质和增强创新意识,具有重要作用。为了适应我国制造业的迅速发展,改革传统的教学内容和课程体系,培养大批素质高、工程能力和创新能力强的人才是当前的教改重点。因此,本书根据教育部工程图学教学指导委员会的教学基本要求,在参考国内外同类教材的基础上进行了修订。

本书的修订,除保留上一版的特色外,主要从以下几个方面进行了改动:

1) 对本书部分二维图和多数立体图形进行了修改,使所有字体(字母、数字等)符合新的国家标准,立体图形更形象清晰。

2) 摘录了部分现行的《机械制图》和《技术制图》国家标准,使学生成为使用和推广新标准的先行者。

3) 各章节都增加了工程应用的部分内容,使学生的学习更有目的性,更接近工程实际。

4) 最后一章改为其他常用工程图简介,增加了化工、电气和建筑工程图的画法及应用简介,使之更贴近不同专业,更具工程实用性。

5) 本书配有刘伟、张建军主编的《工程图学基础习题集》第3版,以及"工程图学基础辅助学习系统",可供师生使用,可扫描下方二维码下载试用版APP,观看本书部分模型资源。联系邮箱:631157603@ qq.com

6) 本书配有重难点讲解视频资源,读者可关注"天工讲堂"微信公众号,按照封四说明和刮刮卡上的兑换码兑换课程,在"天工讲堂"微信小程序中免费学习。

7) 本书以二维码的形式引入"思政拓展"模块,展示机械零部件、设计图纸等百年信物,讲述中国创造的探索之路,再现大国工匠的感人故事,将党的二十大精神融入其中,树立学生的科技自立自强意识,助力培养德才兼备的高素质人才。

本书凝聚着河北工业大学工程图学教研室全体教师多年来教学改革的经验和体会,由刘宇红、张建军任主编并统稿,戚开诚、刘淑英任副主编。参加本书编写的有(按所撰写的章节排序):刘淑英(第一章、第二章、第六章)、刘宇红(第三章、第十一章部分、附录)、戚开诚(第四章、第八章)、李爱荣(第五章)、杨杰(第七章、第十一章部分)、刘伟(第九章、第十章)。张建军为本书的策划人,并对部分章节进行了统稿。

全书由河北工业大学张顺心教授担任主审。

由于编者水平有限,书中难免有欠妥、不当之处,恳请读者批评指正。

扫描二维码进入
"工程图学基础
辅助学习系统"
页面

扫描小程序码
进入"天工讲堂"
小程序

编　者

第2版前言

工程图学是高等工科院校的一门技术基础课程。培养学生的空间思维能力、构形能力、创新能力以及工程图样的阅读和绘制能力是本课程的主要任务。为了适应我国制造业的迅速发展，改革传统的教学内容和课程体系，培养大批素质高、应用能力强的人才是当前教学改革的重点。因此，本书根据教育部工程图学教学指导委员会的教学基本要求，在参考国内外同类教材的基础上进行了修订。

本书的修订，除保留第1版的特色外，主要从以下几个方面进行了改动：

1）对所有图形进行了修改，使所有字体（字母、数字等）符合新的国家标准。

2）增加了部分内容的分步解题方法和画图方法。

3）摘录了部分最新的《机械制图》和《技术制图》国家标准，使学生成为使用和推广新标准的先行者。

4）增强了徒手绘图能力的训练，包括基本练习、组合体等内容。

刘淑英、张顺心主编的《工程图学基础习题集》第2版与本书配套使用，可供高等院校近机械类和非机械类专业学生使用，也可供工程技术人员参考。

本书还配有多媒体电子课件，选用本书作为教材的老师可到机械工业出版社教材服务网（www.cmpedu.com）下载。

本书凝聚着河北工业大学工程图学教研室全体教师多年来教学改革的经验和体会，由刘淑英、张顺心担任主编，李爱荣、刘宇红担任副主编。参加本书编写的有（按所撰写的章节排序）：刘淑英（第一章、第二章）、刘宇红（第三章、附录）、咸开诚（第四章、第八章）、李爱荣（第五章、第九章）、段萍（第六章）、杨杰（第七章、第十一章）、高金莲（第十章）。

全书由北京理工大学焦永和教授担任主审。

由于编者水平有限，书中难免有欠妥、不当之处，恳请读者批评指正。

编　者

第1版前言

工程图学是高等工科院校学生必修的基础课程之一。培养学生的空间思维能力、构形能力、创新能力以及工程图样的阅读和绘制能力是本课程的主要任务。根据教育部工程图学教学指导委员会制定的普通高等院校工程图学课程教学基本要求，改革传统的教学内容和课程体系，培养高素质人才是当前的教改重点。因此，在参考国内外同类教材的基础上编写了本书。

本书编写的指导思想是：从地方工科院校的培养目标出发，针对非机械类专业群对工程图学基础的教学要求，注重学生的投影基础和读图能力的培养，加强学生的空间想象和分析能力、一定的按功能的构形能力和初步的产品创新能力。为此，在本书的编排上注意联系实际，加强实践，精选内容，逐步更新，方便教学。

本书具有以下特色：

1) 删减"画法几何"中相对陈旧的内容，保留基本内容，投影理论以图示为主，确保投影能力的培养。

2) 强化立体的投影能力，为机械图的学习打下牢固的基础。立体的分析按基本体的表达、截切、相贯过渡到组合体，符合事物的认知规律，由浅入深，由此及彼，系统地进行投影理论和作图方法的阐述，逐步培养学生的构形能力、空间想象能力和分析能力。

3) 机械图部分以读图为主，并以具有初步绘图能力为目标，将零件图和装配图有机地结合起来。

4) 将构形能力的培养贯穿本书的始终。构形是产品创新的基础，构形能力是产品设计与开发人员所必备的能力。本书中引进了按功能进行构形的内容，从组合体的构形，到零件、部件的构形，循序渐进，贯穿本书的始终，形成了一个完整的体系。

5) 加强徒手绘图能力的培养。徒手绘图是工程设计、工程技术应用、记录创新构思的重要技能，是用计算机进行工程表达时的前期表达手段。本书在制图的基本知识一章介绍徒手绘图的方法和技能，并在后续各部分安排了相应的徒手图的练习，使其与尺规图相辅相成，贯穿始终。

6) 增加展开图和焊接图一章，以利于不同专业学生的选学。

7) 采用最新的国家标准，并介绍了第三角画法。

8）计算机绘图作为完整的内容单独出版，以便于不同教学模式的组织和安排。

刘淑英主编的《工程图学基础习题集》与本书配套使用，可供高等院校近机械类和非机械类专业学生使用，也可供工程技术人员参考。

本书由河北工业大学工程图学教研室组织编写，是工程图学课程多年来教学改革的成果，凝聚着教研室全体教师的经验和体会。本书由张顺心任主编，刘淑英、高金莲任副主编。参加编写的有：张顺心（第四章、第十章）、刘淑英（第一章、第八章）、张建军（第二章）、丁承君（第三章）、段萍（第五章）、高金莲（第六章、第九章）、刘宇红（第七章、附录）。

全书由北京理工大学的焦永和教授和天津大学的焦法成教授担任主审。他们提出了许多宝贵意见，在此表示诚挚的谢意。本书在编写和出版过程中得到河北工业大学教务处和机械学院领导的大力支持，在此表示衷心的感谢。

与本书配套的多媒体电子课件已放在机械工业出版社教材服务网上，网址为：www.cmpedu.com。参加课件编制的有刘伟、段萍、田玉梅、戚开诚等老师。

由于编者水平有限，书中会有欠妥和不当之处，恳请读者批评指正。

编　者

目　录

第一章

绪论

在工程设计中，工程图形作为构思、设计与制造中的主要媒介，在机械、土木、建筑、水利、园林等领域的技术工作与管理工作中都有着广泛的应用；在科学研究中，图形对于直观表达实验数据、反映科学规律、掌握问题的变化趋势，具有重要的意义。根据投影原理、标准或有关规定，表示工程对象，并有必要的技术说明的图，称为图样。图样是工程界用来准确地表达物体形状、大小和有关技术要求的技术文件。近代一切机器、仪器、工程建筑等产品和设备的设计、制造与施工、使用与维护等都是通过图样来实现的。设计者通过图样来表达设计意图和要求；制造者通过图样来了解设计要求，组织生产加工；使用者根据图样来了解它的构造和性能、正确的使用方法和维护方法。因此，图样与文字、数字一样，是表达设计意图、记录创新构思灵感、交流技术思想的重要工具之一，被喻为工程界的技术语言。工程技术人员必须熟练地掌握这种语言。

一、研究对象

本课程是普通高等院校工科专业的一门重要的技术基础课。其主要研究对象是应用投影法在平面上图示空间形体、图解空间几何问题以及工程图样的绘制和阅读，包括画法几何和机械制图两部分。

二、任务

学习本课程的主要目的是培养学生绘制和阅读工程图样的能力，培养学生形象思维能力，提高工程素质，增强创新意识。具备这种能力和创新意识对学好后续课程和进行创造性设计是非常必要的，也是 21 世纪科技创新人才必备的基本素质之一。

本课程的主要任务是：

1）学习投影理论，培养学生根据投影原理用二维平面图形表达三维空间物体的能力。

2）培养学生对空间形体的形象思维能力和创造性构形设计能力，为机械基础系列课程的学习奠定基础。

3）培养徒手绘图和尺规绘图的能力。

4）培养学生绘制和阅读专业工程图样的基本能力。

5）培养学生的工程意识、标准化意识和严谨认真的工作态度，以及他们的自学能力、独立分析问题和解决问题的能力。

三、学习方法

本课程是一门既有系统理论又有较强实践性的技术基础课。要学好本课程的主要内容，必须认真学习投影理论和构形理论，在理解基本概念的基础上，由浅入深地通过一系列的绘图和读图实践，不断地分析和想象空间形体与图样上图形的对应关系，逐步提高空间想象能力和分析能力，掌握正投影的基本作图方法和构形规律。因此，学生在学习本课程时，应该做到：

1）认真听课，及时复习，弄懂基本原理和基本方法。通过完成一定量的作业，掌握线面分析、形体分析和构形分析等分析问题的方法。

2）注意绘图与读图相结合，物体与图样相结合，构形与表达相结合，培养空间想象力和构思能力。

3）严格遵守《机械制图》国家标准的规定，学会查阅有关标准和资料手册的方法。

4）不断改进学习方法，有意识地培养自学能力和创新能力。

5）准备一套符合要求的绘图工具和仪器，按照正确的方法和步骤绘图。

第二节　投影法的基本知识

在光线的照射下，物体在给定的平面上产生影像，这就是投影法的原型。投射线通过物体向选定的面投射，并在该面上得到图形的方法，称为投影法。根据投影法所得到的图形称为投影。工程上常用的投影法有中心投影法和平行投影法。

一、中心投影法

如图 1-1a 所示，在空间设平面 P 为投影面，以不在投影面上的点 S 为投射中心，则平面 P 和点 S 构成中心投影法的投射条件。投射条件确定后，在空间任取点 A，连接 SA，若直线 SA 与平面 P 相交于点 a，则点 a 就称为空间点 A 在以 S 为投射中心、在投影面 P 上的投影。同样，点 b 为空间点 B 在投影面 P 上的投影。SA、SB 称为投射线。投射线汇交于一点的投影法称为中心投影法。

图 1-1b 所示的 $\triangle abc$ 为三角形 $\triangle ABC$ 的中心投影。

中心投影法的特点是投射中心 S 选定在空间的有限范围内，且所有的投射线均通过

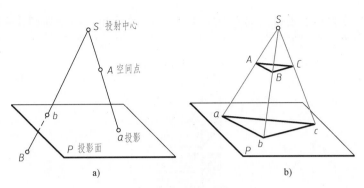

图 1-1　中心投影法

投射中心 S。中心投影法所得到的投影会随投射中心 S 与空间物体之间距离的远近而变化，或者会随空间物体与投影面的距离而变化。因此，由中心投影法得到的投影不能反映物体原来的真实大小。

二、平行投影法

将图 1-1a 所示的投射中心 S 移至无穷远处，则所有投射线将彼此平行，如图 1-2 所示。这种投射线互相平行的投影法称为平行投影法。

平行投影法按其投射线（投射方向 S）与投影面夹角的不同又分为两种。

（1）斜投影法　投射线与投影面相倾斜的平行投影法，如图 1-2 所示。

（2）正投影法　投射线与投影面相垂直的平行投影法，如图 1-3 所示。

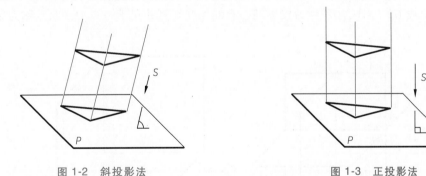

图 1-2　斜投影法　　　　　　　　　图 1-3　正投影法

从图 1-3 可以看出，当三角形平行于所给定的投影面时，其投影的大小与三角形到投影面的距离无关，也就是说正投影法能反映物体的真实形状和大小，具有度量性好、作图简便的特点，所以正投影法是绘制工程图样的主要方法，也是本课程的主要内容。

第三节　三视图的形成及其投影规律

任何形体都有长、宽、高三个方向的尺寸，怎样才能在图纸上准确、唯一地表达出空间形体，这是绘图中首要解决的问题。形体的投影实际上是形体各个几何要素的投影总和。但是，一个投影不能唯一地确定形体的空间形状和大小，如图1-4所示的三个物体，它们的单面投影都是相同的，但空间形状各异。因此，要保证投影图能准确、唯一地反映形体的空间几何关系，就必须引入多面投影体系。

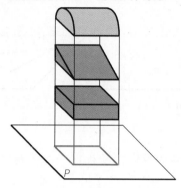

图1-4 形体的单面投影

一、三投影面体系

为了使投影图能准确、唯一地表达出形体的空间形状和大小，需要建立一个由三个相互垂直的平面所组成的三投影面体系，如图1-5a所示。三个相互垂直的投影面把空间分成八个分角，通常采用第一分角。

在三投影面体系的第一分角（图1-5b）中，呈水平位置的平面称为水平投影面或 H 面；呈正立位置的平面称为正立投影面或 V 面；呈侧立位置的平面称为侧立投影面或 W 面。三个投影面的交线 OX、OY、OZ 称为投影轴，它们相互垂直并交于一点 O，此点称为原点。

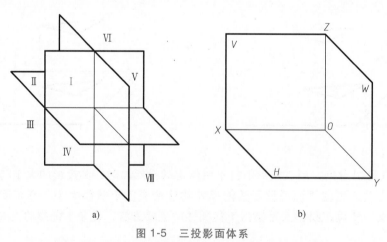

a)   b)

图1-5 三投影面体系

a）八个分角 b）第一分角

二、三视图的形成及投影规律

如图1-6所示，把形体放在三投影面体系中，并使形体的主要表面分别与三个投影面平行，用正投影法将形体向三个投影面投射，所得到的投影图称为视图。由前向后投射得到正面投影（V面投影），称为主视图；由上向下投射得到水平投影（H面投影），称为俯视图；由左向右投射得到侧面投影（W面投影），称为左视图。这就是三视图的由来。

为了把处在空间位置的三视图画在同一图纸上，需要将三个投影面展开。国家标准规定，展开时V面保持不动，H、W面分别绕其与V面的交线旋转至与V面处于同一平面。展开后OY轴一分为二，在H面上的为OY_H，在W面上的为OY_W，如图1-7a所示。

由于三视图与投影面的大小无关，因此展开后的三视图一般不画出投影面的边框和轴线，如图1-7b所示。如果把形体的左、右方向称为长度方向，前、后方向称为宽度方向，上、下方向称为高度方向，则每个视图能反映形体的两个方向，而且

1）主视图、俯视图反映形体的长度方向，有"长对正"的关系。

2）主视图、左视图反映形体的高度方向，有"高平齐"的关系。

3）俯视图、左视图反映形体的宽度方向，有"宽相等"的关系。

为了方便记忆，常把这种投影规律简称为"长对正、高平齐、宽相等"。很显然，"长对正、高平齐"较

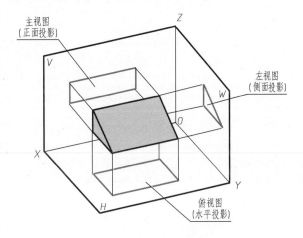

图1-6 三视图的形成

为直观，而"宽相等"的概念对于初学者来说不易建立。这是因为在俯视图（水平投影）中，形体的宽度方向变成了垂直方向，而在左视图（侧面投影）中，形体的宽度方向则为水平方向。这个概念如果联系OY轴的展开方向就可以很快建立起来。

掌握空间形体的方位关系和三视图的对应关系，对于绘制和识别各种几何元素和形体的投影图都是极为重要的。

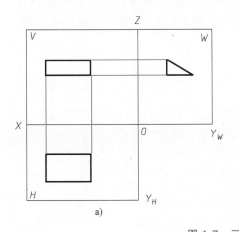

a)

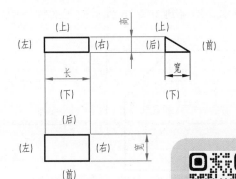

b)

图1-7 三视图的投影规律

a）展开后的三投影面体系　b）省略投影面边框和轴线

思政拓展
科普之窗：冯如的飞机

第二章

点、直线、平面的投影

第一节　点的投影

一、三投影面体系中点的投影

1. 点在三投影面体系第一分角中的投影

将空间一点 A 置于三投影面体系中，过点 A 分别向三个投影面投射，即过点 A 分别作垂直于 V、H、W 面的投射线，投射线与 V、H、W 面的交点（垂足）a'、a、a'' 即为点 A 的三面投影（规定水平投影用空间点大写字母相应的小写字母表示，正面投影用相应的小写字母加一撇表示，侧面投影用相应的小写字母加两撇表示），如图 2-1a 所示。然后再将各投影面重合为同一平面（图纸）而形成投影图。重合时，规定 V 面不动，令 H 面绕 OX 轴向下方旋转至与 V 面重合；W 面绕 OZ 轴向右后方旋转至与 V 面重合，如图 2-1a 中箭头所示，即得到图 2-1b 所示的三面投影图（不画投影面的边界）。其中 OY 轴一分为

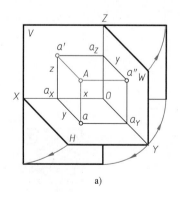
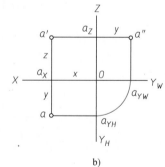
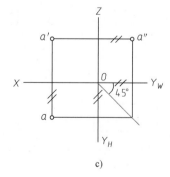

图 2-1　三投影面体系中点的投影

a）三投影面体系　b）投影图　c）45°辅助线

二，在 H 面上记为 OY_H，在 W 面上记为 OY_W。同理，点 a_Y 在 OY_H 上记为 a_{YH}，在 OY_W 上记为 a_{YW}。图中用以 O 为圆心的圆弧表示 a_{YH} 与 a_{YW} 的对应关系，即 $Oa_{YH} = Oa_{YW}$。图 2-1c 所示是另一种表示方法，它是利用过原点 O 的 45°斜线（细实线）作为辅助线，以显示 a_{YH} 与 a_{YW} 的对应关系。

点在三投影面体系中的投影特性是：

1）点的水平投影与正面投影的连线垂直于 OX 轴，侧面投影与正面投影的连线垂直于 OZ 轴，即 $aa' \perp OX$，$a'a'' \perp OZ$。

2）点的水平投影到 OX 轴的距离和侧面投影到 OZ 轴的距离相等，且都反映该点到 V 面的距离，即 $aa_X = a''a_Z = Aa'$。

掌握了点的上述投影特性，就能完成点在三投影面体系中的作图。

例 2-1

如图 2-2a 所示，已知点 B 的两个投影 b' 和 b，求作侧面投影 b''。

解 由于 b' 和 b'' 的连线垂直于 OZ 轴，故 b'' 一定在过 b' 且垂直于 OZ 轴的直线上。又点的水平投影到 OX 轴的距离和侧面投影到 OZ 轴的距离相等，因此可过 b 作 OY_H 轴的垂线与 45°辅助线相交，然后过其交点作 OY_W 轴的垂线与上述过 b' 的水平线交于一点 b''。b'' 即为所求。作图过程及结果如图 2-2b 所示。

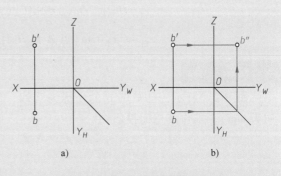

图 2-2 求点的第三投影（一）

例 2-2

如图 2-3a 所示，已知点 C 的两个投影 c' 和 c''，求点的水平投影 c。

解 此题的分析方法同例 2-1，具体作图步骤如图 2-3b 所示。

1）过 c' 作 OX 轴的垂线。

2）过 c'' 作 OY_W 轴的垂线且与 45°辅助线相交，再过其交点作 OY_H 轴的垂线，与过 c' 所作 OX 轴的垂线相交，则交点 c 即为所求。

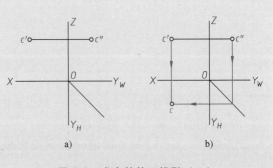

图 2-3 求点的第三投影（二）

---

2. 点的投影与坐标

若将三投影面体系当作空间直角坐标系，以其原点 O 为坐标系的原点，投影轴为坐标轴，投影面为坐标面，并规定采用右手坐标系，即 OX 轴由 O 向左为正向，OY 轴由 O

向前为正向，OZ 轴由 O 向上为正向，则空间一点 A 至三投影面的距离就可用坐标（x，y，z）表示。Oa_X 定义为点 A 的 x 坐标，它是过点 A 所作的坐标平面 $O\text{-}YZ$ 的平行面截得的 OX 轴的长度。$Oa_{YH} = Oa_{YW}$ 定义为点 A 的 y 坐标，它是过点 A 所作的坐标面 $O\text{-}XZ$ 的平行面截得的 OY 轴的长度。Oa_Z 定义为点 A 的 z 坐标，它是过点 A 所作的坐标面 $O\text{-}XY$ 的平行面截得的 OZ 轴的长度。显然，若给定空间点 A，就会有唯一的一组数（x，y，z）与之对应；反之，若给定一组数（x，y，z），也会有唯一的空间点与之对应。这样，就可根据空间点的坐标（x，y，z）在投影图上作出该点的三个投影，也可根据点的投影图量得它的坐标。

图 2-1a 所示点 A 的坐标、点到投影面之距和点的投影到投影轴之距三者的对应关系如下：

$$x_A = Oa_X = Aa''（点\,A\,到\,W\,面之距）= aa_{YH} = a'a_Z$$

$$y_A = Oa_{YH} = Oa_{YW} = Aa'（点\,A\,到\,V\,面之距）= aa_X = a''a_Z$$

$$z_A = Oa_Z = Aa（点\,A\,到\,H\,面之距）= a'a_X = a''a_{YW}$$

例 2-3

如图 2-4 所示，已知点 D 的坐标为（20，10，15）（本书中凡未做标注的长度单位均为 mm），求作其三面投影图。

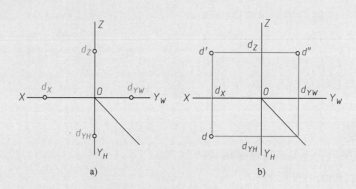

a)　　　　　　　　　　b)

图 2-4　按坐标求作投影图

解　可按以下步骤作出点 D 的三面投影图。

1）画出投影轴及 45°辅助线。

2）按点的 x、y、z 坐标值分别在投影轴 OX、OY_H、OY_W、OZ 上量取并标出 d_X、d_{YH}、d_{YW}、d_Z，如图 2-4a 所示。

3）过 d_X 作 OX 轴的垂线，过 d_Z 作 OZ 轴的垂线，过 d_{YH} 作 OY_H 的垂线，过 d_{YW} 作 OY_W 的垂线，即可分别得出 d'、d 和 d''，如图 2-4b 所示。作图时也可利用投影特性，先求出点的两个投影，然后根据求出的两个投影求作第三投影。

二、点与投影面的各种相对位置

在三投影面体系的第一分角中，点的位置可有以下四种情况：

（1）点处于第一分角中 图 2-1 所示的点 A 即属于此种位置。

（2）点处于某一投影面上 若点在投影面上，则点在该投影面上的投影与点本身重合，它的另外两个投影必在相应的投影轴上。如图 2-5 所示，点 N 处于 V 面上，它的正面投影 n' 与点 N 本身重合；水平投影 n 在 OX 轴上，侧面投影 n'' 在 OZ 轴上。在图 2-6 中，点 S 处于 W 面上，则其侧面投影 s'' 与点 S 本身重合，水平投影 s 和正面投影 s' 分别在 OY 轴和 OZ 轴上。

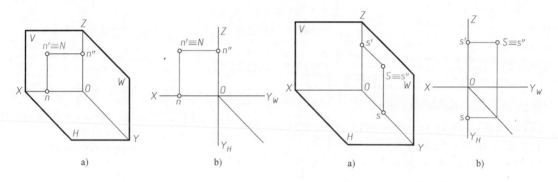

图 2-5　点在投影面 V 上　　　　　　图 2-6　点在投影面 W 上
　a）直观图　b）投影图　　　　　　　　a）直观图　b）投影图

（3）点处于某一投影轴上 点在投影轴上时，点的两个坐标为零，这时它的两个投影（在形成该投影轴的两个投影面上的投影）与点本身重合，另一个投影与原点 O 重合。如点 E 在 OX 轴上，它的正面投影 e' 和水平投影 e 重合于 OX 轴上点 E 处，而侧面投影 e'' 与原点 O 重合。请读者自己动手画出它的投影图。

（4）点处于原点 点处于原点，点的三个坐标均为零，它的三个投影均重合于原点 O。

三、两点的相对位置和重影点

知识点：
两点的相对位置和重影点

在投影体系中，空间两点的相对位置是由该两点对各投影面的距离差，即各坐标差所决定的。因此，比较它们相应的坐标即可确定其相对位置。图 2-7 给出了空间两点 A (x_A, y_A, z_A) 和 B (x_B, y_B, z_B)。在 X 方向，由于 $x_A-x_B>0$，所以点 A 在点 B 的左方，其距离等于 $|x_A-x_B|$；在 Y 方向，由于 $y_A-y_B<0$，所以点 A 在点 B 的后方，其距离等于 $|y_A-y_B|$；在 Z 方向，由于 $z_A-z_B<0$，所以点 A 在点 B 的下方，其距离等于 $|z_A-z_B|$。因此，若以点 B 为基准来说明两点的相对位置，则可以说点 A 处于点 B 的左后下方。反之，可以说点 B 处于点 A 的右前上方。

当两点处于某一投影面的同一投射线上时，它们在该投影面上的投影重合，此两点

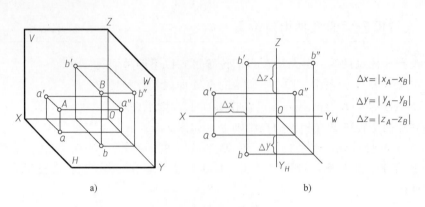

图 2-7 两点的相对位置

a) 直观图 b) 投影图

称为对该投影面的重影点。

如图 2-8 所示，点 A 与点 B 在同一垂直于 H 面的投射线上，故它们的水平投影 a 与 b 重合，它们称为对 H 面的重影点。

对于重影点应判断它们的可见性。重影的两点中，对于观察者来说，距投影面远的一点是可见点，则另一点为不可见。如图 2-8 所示，对 H 面的重影点 A 和 B，点 A 较点 B 高（离 H 面远），故点 A 可见，点

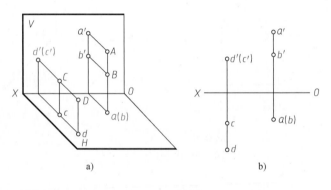

图 2-8 重影点

a) 直观图 b) 投影图

B 不可见。在投影图中规定：重影点在重合的两投影之中，不可见的投影加圆括号表示，用以区别两点的可见性。

同理，图 2-8 中点 C 与点 D 为对 V 面的重影点，对观察者来说，点 C 被点 D 遮挡，故点 C 不可见，其正面投影 c' 加圆括号表示。

例 2-4

如图 2-9a 所示，已知点 A 的三面投影 a'、a、a''，又知点 B 在点 A 的右方 10mm，后方 5mm 和下方 8mm，求作点 B 的投影。

解 根据点 B 在点 A 的右方 10mm，则可由 a_X 沿 OX 轴向右量取 10mm，并作直线垂直于 OX 轴。根据点 B 在点 A 的下方 8mm，则可由 a_Z 沿 OZ 轴向下量取 8mm，再作与 OZ 轴垂直的直线。上述所作两直线的交点即为 b'。同理，沿 OY_H 轴由 a_{YH} 向后量取 5mm，并作 OY_H 轴的垂线，与所作第一条 OX 轴的垂线的交点即为 b，最后由 b' 和 b 求出 b''，即完成点 B 的三面投影。

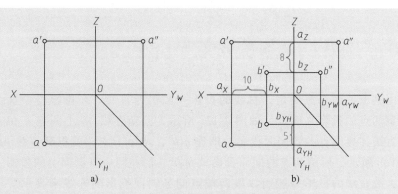

图 2-9　按两点相对位置作投影图

<table>
<tr><td>例 2-5</td></tr>
</table>

如图 2-10a 所示，已知两点 A 和 B 的投影图，判断该两点在空间的相对位置。

解　由两点的正面投影和水平投影可见其 x 坐标不同，$x_A > x_B$，故点 A 在点 B 的左方。而两点的 z 坐标差等于零，即等高；两点的 y 坐标差也等于零，即等远，因此它们处于同一条垂直于侧面的直线上，即点 A 在点 B 的正左方，侧面投影必重合，两点为对 W 面的一对重影点。图 2-10b 所示为其直观图。

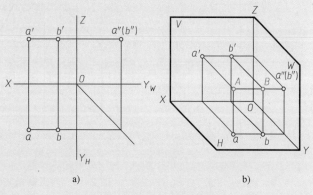

图 2-10　判断两点的相对位置

当点为空间立体上的点时，其三面投影如图 2-11 所示。

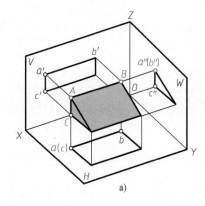

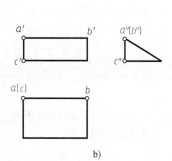

图 2-11　立体上点的投影

a）立体图　b）投影图

第二节 直线的投影

直线可由其上的两个点确定，直线的投影一般仍为直线。在投影图中直线的投影可由直线上任意两点的投影来确定。如图 2-12a 所示，已知直线 AB 上两点 A 和 B 的三面投影，则可用直线连接两点的各同面投影，即连 $a'b'$、ab 和 $a''b''$，就得到直线 AB 的三面投影，如图 2-12b 所示。所谓两点的同面投影就是指它们在同一投影面上的投影。直线一般用线段表示，故直线的投影一般用线段两端点的各同面投影的连线来表示。直线的投影用粗实线（见第四章第一节制图的一般规定）画出。图 2-12c 为直线 AB 的直观图。

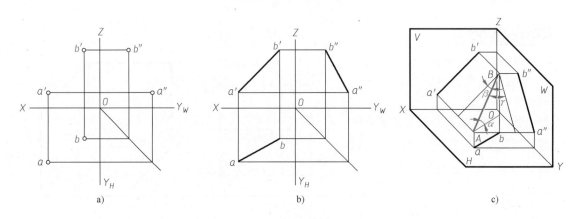

a)   b)   c)

图 2-12 两点确定直线

一、直线对投影面的各种相对位置

在三投影面体系中，直线对投影面的相对位置可分为三类：一般位置直线、投影面平行线、投影面垂直线。后两类统称为特殊位置直线。

1. 一般位置直线

图 2-12c 所示直线 AB 为一般位置直线，它是倾斜于三个投影面的直线。它对 H、V 和 W 三个投影面所成的倾角分别用 α、β、γ 表示。

一般位置直线的投影性质如下：

1）线段在各投影面上的投影长度均小于线段的实长。从图 2-12c 中可知：$ab = AB\cos\alpha$、$a'b' = AB\cos\beta$、$a''b'' = AB\cos\gamma$。因为 α、β、γ 均不为零，所以 ab、$a'b'$ 和 $a''b''$ 均小于 AB。

2）直线的各投影均倾斜于投影轴。

2. 投影面平行线

仅平行于一个投影面的直线，称为投影面平行线。其中，平行于 H 面的直线称为水平线；平行于 V 面的直线称为正平线；平行于 W 面的直线称为侧平线。

以水平线 AB 为例，由于 AB∥H 面，所以它与 H 面的倾角 α = 0°，该线上任何点的 z

坐标均相等。因此，它有以下投影性质：

1）水平线的水平投影反映线段的实长，即 $ab=AB$。

2）水平线的水平投影与 OX 轴的夹角反映该直线对 V 面倾角 β 的实际大小；它与 OY_H 轴的夹角反映该直线对 W 面倾角 γ 的实际大小。

3）水平线的正面投影和侧面投影分别平行于相应的投影轴，即 $a'b'\,//\,OX$、$a''b''\,//\,OY_W$。

对于正平线和侧平线，也可作同样的分析并得到类似的投影性质。表 2-1 为投影面平行线的投影特性。由表可见，投影面平行线在其所平行的投影面上的投影反映线段的实长，与投影轴的夹角反映直线对另两个投影面的倾角；线段的另两个投影平行于相应的投影轴，且小于实长。

表 2-1　投影面平行线

直线的位置	直　观　图	投　影　图	特　性
水平线			1. $ab=AB$ 2. 反映 β、γ 实角 3. $a'b'\,//\,OX$ 轴 　$a''b''\,//\,OY_W$ 轴
正平线			1. $a'b'=AB$ 2. 反映 α、γ 实角 3. $ab\,//\,OX$ 轴 　$a''b''\,//\,OZ$ 轴
侧平线			1. $a''b''=AB$ 2. 反映 α、β 实角 3. $a'b'\,//\,OZ$ 轴 　$ab\,//\,OY_H$ 轴

3. 投影面垂直线

垂直于一个投影面的直线称为投影面垂直线。由于三个投影面相互垂直，因此垂直于一个投影面的直线必定同时平行于另外两个投影面。其中垂直于 H 面的直线称为铅垂线；垂直于 V 面的直线称为正垂线；垂直于 W 面的直线称为侧垂线。

以铅垂线 AB 为例，由于 $AB \perp H$ 面，所以 $AB // V$ 面、$AB // W$ 面。即 $\alpha = 90°$，$\beta = 0°$，$\gamma = 0°$。因此，它有以下投影性质：

1）铅垂线的水平投影为一点，有积聚性，即 ab 积聚为一点。

2）铅垂线的正面投影和侧面投影分别垂直于相应的投影轴，即 $a'b' \perp OX$，$a''b'' \perp OY_W$。

3）铅垂线的正面投影和侧面投影均反映该线段的实长，即 $a'b' = AB$ 和 $a''b'' = AB$。

对于正垂线和侧垂线，也可作同样的分析并得到类似的投影性质。表 2-2 为投影面垂直线的投影特性。由表可见，投影面垂直线在其所垂直的投影面上的投影积聚为一个点；线段的另两个投影垂直于相应的投影轴且等于实长。

表 2-2　投影面垂直线

直线的位置	直 观 图	投 影 图	特 性
铅垂线			1. ab 积聚成一点 2. $a'b' \perp OX$ 轴 $a''b'' \perp OY_W$ 轴 3. $a'b' = a''b'' = AB$
正垂线			1. $a'b'$ 积聚成一点 2. $ab \perp OX$ 轴 $a''b'' \perp OZ$ 轴 3. $ab = a''b'' = AB$
侧垂线			1. $a''b''$ 积聚成一点 2. $ab \perp OY_H$ 轴 $a'b' \perp OZ$ 轴 3. $ab = a'b' = AB$

此外，属于投影面的直线和在投影轴上的直线也是特殊位置直线，读者可自行分析其投影性质。

例 2-6

如图 2-13 所示，判断立体上 AB、CD、EF 三直线对投影面的相对位置及空间走向。

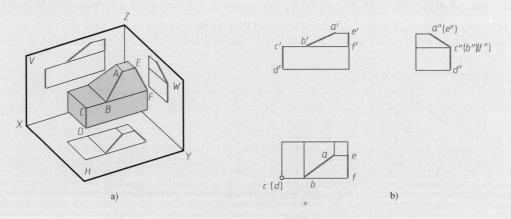

图 2-13 立体上的直线

a）立体图 b）投影图

解 要分析三直线的空间位置，需要从三直线对投影面的投影特性考虑。

1）直线 AB 的三面投影均倾斜于投影轴，所以 AB 为一般位置直线，而且从水平投影可知，点 A 在点 B 的右后方，从正面投影可知，点 A 在点 B 的上方，所以直线 AB 是从立体的右后上方指向左前下方。

2）由直线 CD 的水平投影积聚为一点可以看出，CD 为铅垂线，而且从正面投影可知，点 C 在点 D 的上方，所以直线 CD 是从立体的上方指向下方。

3）由于直线 EF 的 H、V 两面投影均平行于对应的投影轴，所以 EF 为侧平线，而且从侧面投影可知，点 E 在点 F 的后上方，所以直线 EF 是从立体的后上方指向前下方。

*二、一般位置直线的实长及其对投影面的倾角

由前述可知，特殊位置直线的投影可直接反映该线段的实长及它与投影面倾角的实际大小，而一般位置直线的投影则不具备这种性质。工程上常遇到需要根据投影图求出一般位置直线实长及它与投影面倾角实际大小的问题。下述的直角三角形法就是求解方法之一。

如图 2-14 所示，一般位置直线 AB，其水平投影为 ab，它对 H 面的倾角为 α。在投射平面 $AabB$ 上过点 B 作 $BA_0 /\!/ ab$，则 AA_0B 构成一个直角三角形。在该直角三角形中，$\angle AA_0B$ 为直角，一直角边 A_0B 为 ab 的平行线，有 $A_0B = ab$。另一直角边 AA_0 是线段 AB 两端点对 H 面的距离差，即 $AA_0 = |z_A - z_B|$。斜边 AB 即为所求的线段实长，$\angle ABA_0$ 即为 AB 对 H 面的倾角 α。由此可见，求一般位置直线的实长及其对投影面倾角的问题，

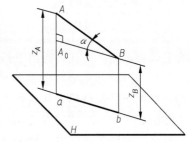

图 2-14 直角三角形法作图原理

可归结为求作直角三角形实形的几何作图问题。

在直线的投影图上应用直角三角形法作图的情况如图 2-15 所示。其中图 2-15b 所示为以线段 AB 的水平投影 ab 为一直角边，另一直角边 $b\,\mathrm{I}$ 等于线段 AB 两端点对 H 面的距离差，即 $|\,z_A-z_B\,|$，其长度可从线段的正面投影上得到，即 $b\,\mathrm{I}=b'b_0$。连接 $a\,\mathrm{I}$，$a\,\mathrm{I}$ 即为线段 AB 的实长，两点 z 坐标差所对的 $\angle ba\,\mathrm{I}$ 即为线段 AB 对 H 面倾角 α 的实际大小。

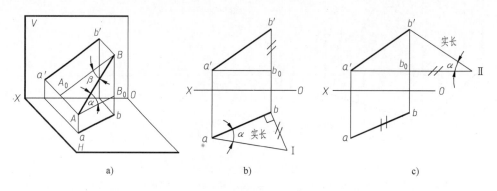

图 2-15　求线段实长及 α 角

图 2-15c 所示为直角三角形的另一种作图法，它是以 $b'b_0$，即 $|\,z_B-z_A\,|$ 为一直角边，另一直角边 $b_0\,\mathrm{II}$ 的长度等于水平投影 ab，连接 $b'\,\mathrm{II}$，$b'\,\mathrm{II}$ 即为线段 AB 的实长，两点 z 坐标差所对的 $\angle b'\,\mathrm{II}\,b_0$ 即为线段 AB 对 H 面倾角 α 的实际大小。

必要时，也可在图纸上任意位置作出直角三角形以求解，但不如上述方法简便。

图 2-16 所示为求线段实长及其与 V 面倾角 β 实际大小的作图法。其中 $aa_0=|\,y_A-y_B\,|$，$a_0\,\mathrm{I}=a'b'$，斜边 $a\,\mathrm{I}$ 为线段 AB 的实长，两点 y 坐标差所对的 $\angle a\,\mathrm{I}\,a_0$ 为线段 AB 对 V 面倾角 β 的实际大小。直观图如图 2-15a 所示。

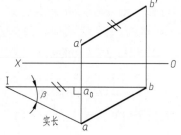

图 2-16　求线段实长及 β 角

同理，若求线段对 W 面倾角 γ，则需以线段的侧面投影及线段两端点的 x 坐标差为两直角边，构成直角三角形，两端点的 x 坐标差所对的角即为 γ。

三、属于直线的点

在平行投影条件下，属于直线的点，其投影仍属于该直线的投影；点分线段之比，投影后保持不变。由此可得出三面投影图中点、线从属关系的投影特性。

（1）属于直线的点　它的各投影必定分别属于该直线的同面投影，且各投影间符合点的投影规律，此性质为从属性。

如图 2-17 所示，若点 $C\in AB$，则 $c'\in a'b'$、$c\in ab$、$c''\in a''b''$（图中未示出侧面投影）。

反之，点的各投影若分别属于直线的同面投影，则该点必属于该直线，即若 $c'\in a'b'$、$c\in ab$、$c''\in a''b''$，则点 $C\in AB$。

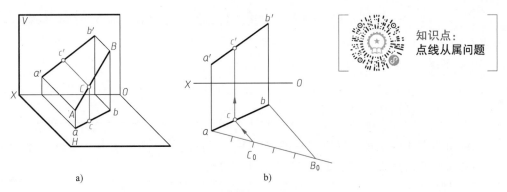

图 2-17　点、线从属性与定比性

a）直观图　b）投影图

（2）属于线段的点　其分线段之比等于其投影之比，此性质简称为定比性。

如图 2-17 所示，若点 $C \in AB$，则 $AC : CB = a'c' : c'b' = ac : cb = a''c'' : c''b''$。

反之，投影性质仍成立，即若 $a'c' : c'b' = ac : cb = a''c'' : c''b''$，则点 $C \in AB$，且 $ac : cb = AC : CB$。

例 2-7

如图 2-17 所示，已知线段 AB 的投影，试在线段上确定一点 C，使 $AC : CB = 2 : 3$。

解　欲将空间线段分成定比，根据上述投影特性，只要将线段的各投影分成该定比即可。作图过程如下：

1）先将线段的任一投影用几何作图的方法分成定比，如将 ab 分成 $2 : 3$，求出分点 C 的水平投影 c。

2）过点 c 作垂直于 OX 轴的投影连线，交 $a'b'$ 于点 c'。由 c 和 c' 确定的点 C 即为所求。

例 2-8

如图 2-18a 所示，已知线段 AB 及点 K 的投影，判断点 K 是否属于线段 AB。

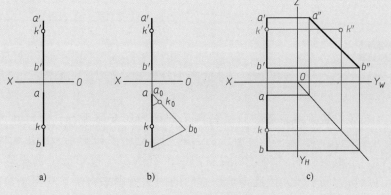

图 2-18　判断点 K 是否属于 AB

解 虽然图中 $k' \in a'b'$、$k \in ab$，但用几何作图方法可判断 $a'k' : k'b' \neq ak : kb$，故点 $K \not\in AB$（图 2-18b）。画出它们的侧面投影也可判断，因为 $k'' \not\in a''b''$，所以点 $K \not\in AB$（图 2-18c）。

四、两直线的相对位置

空间两直线的相对位置有三种情况：平行、相交和交叉。其中交叉两直线在立体几何中称为异面两直线，它是既不平行又不相交的直线。

1. 平行两直线

平行两直线的平行投影有以下基本性质：

1）平行两直线的投影仍相互平行（图2-19），即 $AB \mathbin{/\mkern-5mu/} CD$，则 $ab \mathbin{/\mkern-5mu/} cd$。

2）平行两线段之比等于其投影之比（图 2-19），即 $AB : CD = ab : cd$。

根据上述投影的各基本性质，可得出三投影面体系中平行两直线的投影特性：

1）平行两直线的各同面投影仍相互平行。如图 2-20 所示，若 $AB \mathbin{/\mkern-5mu/} CD$，则 $a'b' \mathbin{/\mkern-5mu/} c'd'$，$ab \mathbin{/\mkern-5mu/} cd$，$a''b'' \mathbin{/\mkern-5mu/} c''d''$（图中未标出侧面投影）。反之，若两直线的各同面投影都相互平行，则该两直线平行。

2）平行两线段之比等于其同面投影之比。如图 2-20 所示，若 $AB \mathbin{/\mkern-5mu/} CD$，则 $AB : CD = a'b' : c'd' = ab : cd = a''b'' : c''d''$（图中未示出侧面投影）。

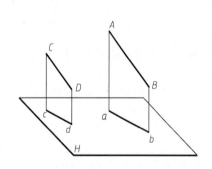

图 2-19　平行两直线

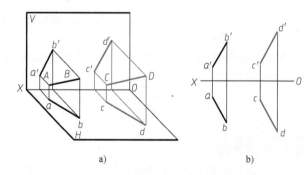

图 2-20　平行两直线同面投影
a）直观图　b）投影图

例 2-9

如图 2-21a 所示，已知线段 DE、FG 的两个投影 $d'e' \mathbin{/\mkern-5mu/} f'g'$，$de \mathbin{/\mkern-5mu/} fg$，试判断空间两线段是否平行。

解 对于一般位置直线，若两直线的两个同面投影互相平行，即可判定该两直线在空间必定相互平行，如图 2-20 所示。但当两直线同时平行于某一投影面时，要判断它们是否平行，一般要查看该两直线在它们所平行的那个投影面上的投影是否平行。本例题的两直线均为侧平线，因此要求作它们的侧面投影来判断。从图 2-21b 可见，$d''e''$ 与 $f''g''$ 不平行，故 DE 不平行于 FG。

若不借助侧面投影来判断，也可用下述方法，即首先利用两线段端点的相对位置判断两线段的朝向是否一致。若朝向不一致，则两直线不平行；若朝向一致，需再进一步判别它们对同一投影面（如 H 面）的倾角是否相等，若倾角相等则两直线平行，否则两直线不平行。本例题中直线 DE 两点的相对位置是点 D 在点 E 的后上方，而直线 FG 两点的相对位置是点 F 在点 G 的前上方，它们的朝向不一致，则可判断两直线不平行。

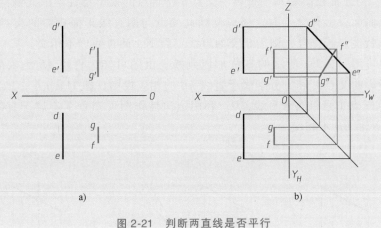

图 2-21 判断两直线是否平行

知识点：
线线平行问题

知识点：
线线相交问题

2. 相交两直线

相交两直线的各同面投影必相交，且其交点符合点的投影特性。如图 2-22a 所示，空间两直线 AB 和 CD 相交于点 K，即点 K 为两直线的共有点，它既属于 AB，又属于 CD。根据属于直线上点的投影性质，点 K 的各投影必定为 AB 和 CD 两直线同面投影的交点。又因 k'、k 和 k'' 同是点 K 的投影，故它们之间应符合一点的投影特性，即如图 2-22b 所示，$k'k \perp OX$，$k'k'' \perp OZ$（图中未示出侧面投影）。

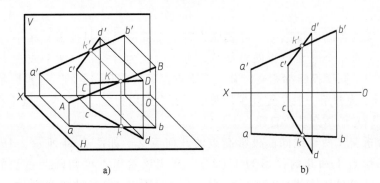

图 2-22 相交两直线

由此得出：相交两直线的各同面投影必相交，且其投影交点符合同一点的投影特性。反之，若两直线的各同面投影均相交，且投影交点符合同一点的投影特性，则该两直线在空间必为相交两直线。

在投影图上判断两条一般位置直线是否相交，只需对其任意两投影依据上述性质进行分析即可。但当两直线之一为投影面平行线时，如图2-23a所示，可查看它们在该投影面上的投影是否仍符合上述两相交直线的投影性质，才能得出正确的结论。本图例中，因CD为侧平线，故如图2-23b所示，画出它们的侧面投影，由于两直线侧面投影的交点（延长线交点）与正面投影和水平投影的交点不符合点的投影特性，因此该两直线在空间不相交。当其侧面投影有交点时，还应判断此交点与两直线正面投影的交点是否符合同一个点的投影特性。若符合，则为相交两直线，否则，两直线仍不相交。

此外，也可用图2-23c所示的方法加以判断。由图可知，直线AB为一般位置直线，两直线同面投影的交点1′和1分别属于直线AB的相应投影，即1′∈a′b′，1∈ab，因此点Ⅰ∈AB。再判断点Ⅰ是否属于直线CD，利用定比性作图可知Ⅰ不属于直线CD，故可判定两直线AB和CD不相交。

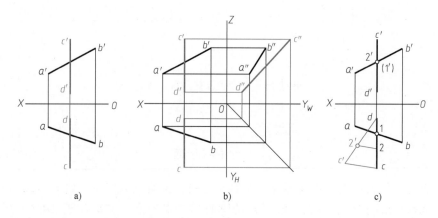

图 2-23　判断两直线是否相交

3. 交叉两直线

凡不满足平行和相交条件的两直线即为交叉两直线。图2-21、图2-23所示两直线均为交叉两直线。

交叉两直线的各同面投影中，可表现为有一个或两个同面投影互相平行，如图2-21所示，但绝不会有三个同面投影同时平行；也可表现为有一个、两个或三个同面投影都相交，但即便三个同面投影都相交，其三个交点也不符合同一点的三面投影特性。

图2-24所示为两条一般位置直线，两个同面投影均相交，但两个交点不在OX轴的同一垂线上，所以它们是交叉两直线。

下面来分析交叉两直线同面投影交点的几何意义。如图2-24所示，AB和CD两直线对V面的重影点Ⅰ和Ⅱ的投影为1′(2′)，利用该重影点可判断两直线的相对位置。因为点Ⅰ和点Ⅱ分属于直线AB和CD，且$y_1 > y_2$，所以点Ⅰ在点Ⅱ的前方，故在此处直线AB在CD的前方。同理，两直线的水平投影ab和cd也相交于一点，它是AB和CD两直线对H面的重影点Ⅲ和Ⅳ的投影3(4)，点Ⅲ在上，点Ⅳ在下，故此处CD在AB的上方。

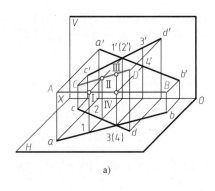

图 2-24 交叉两直线

a）直观图 b）投影图

五、直角投影定理

当互相垂直的两直线同时平行于某一投影面时，它们在该投影面的投影仍为直角。
当互相垂直的两直线均不平行任何
投影面时，它们的各同面投影均不
是直角。

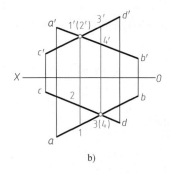

直角投影定理：空间互相垂直
的两直线中，若有一直线平行于某
一投影面，则两直线在该投影面上
的投影仍然互相垂直。反之，若两
直线在某一投影面上的投影为直角，
且其中一直线平行于该投影面，则
两直线在空间必垂直。

图 2-25 直角投影定理

a）直观图 b）投影图

如图 2-25 所示，$AB \perp BC$，其中 $AB /\!/ H$ 面，BC 倾斜于 H 面，因 $AB \perp Bb$，$AB \perp BC$，
则 $AB \perp BbcC$ 平面，因 $ab /\!/ AB$，故 $ab \perp BbcC$ 平面。因此，$ab \perp bc$，即 $\angle abc = \angle ABC = 90°$。

例 2-10

试判断下列两直线是否垂直（图 2-26）。

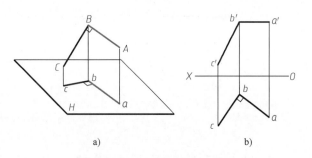

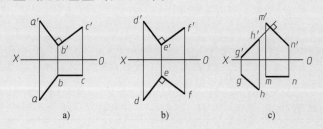

a） b） c）

图 2-26 判断两直线是否垂直

解 如图 2-26a 所示，因 $BC /\!/ V$ 面，且 $a'b' \perp b'c'$，故 $AB \perp BC$。

如图 2-26b 所示，因 DE、EF 均为一般位置直线，虽然 $d'e' \perp e'f'$，$de \perp ef$，但 DE、EF 空间并不垂直。

如图 2-26c 所示，因 $MN /\!/ V$ 面，$g'h' \perp m'n'$，故 GH 与 MN 为交叉垂直。

例 2-11

已知菱形 $ABCD$ 的一条对角线 AC 为一正平线，菱形的一边 AB 位于直线 AM 上，求该菱形的投影，如图 2-27a 所示。

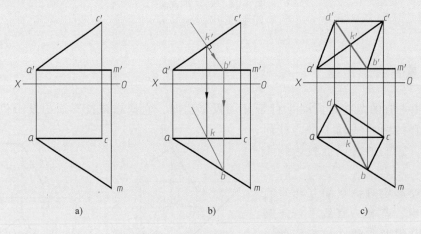

图 2-27　求菱形 $ABCD$ 的投影

解 菱形的两对角线互相垂直平分。

1）在对角线 AC 上取中点 K，即 $a'k' = k'c'$，$ak = kc$。点 K 也必定为另一对角线的中点。

2）AC 是正平线，故另一对角线的正面投影必定垂直 AC 的正面投影 $a'c'$，因此过 k' 作 $k'b' \perp a'c'$，且与 $a'm'$ 交于 b'，由 $k'b'$ 求出 kb（图 2-27b）。

3）在 BK 的延长线上取一点 D，使 $KD = KB$，因而有 $k'd' = k'b'$，$kd = kb$，则 $b'd'$ 和 bd 即为另一对角线的投影，连接各点的同面投影即为菱形 $ABCD$ 的投影（图 2-27c）。

第三节　平面的投影

一、平面的表示法

1. 用几何元素表示平面

由初等几何可知，不属于同一直线上的三个点可以确定一个平面，因此作出三个点的同面投影，也就表示了该平面的投影，如图 2-28a 所示。它还可以转化为图 2-28b、c、d、e 所示的任何一组几何元素的投影所表示的平面。

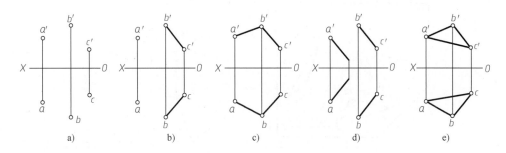

图 2-28　几何元素表示平面

2. 用迹线表示平面

平面与投影面的交线，称为平面的迹线。如图 2-29 所示，平面 P 与 H 面的交线称为水平迹线，记作 P_H；平面 P 与 V 面的交线称为正面迹线，记作 P_V；平面 P 与 W 面的交线称为侧面迹线，记作 P_W。平面 P 与三根轴的交点分别记作 P_X、P_Y、P_Z，它们分别是平面 P 上相邻的两条迹线的交点，称为迹线集合点。

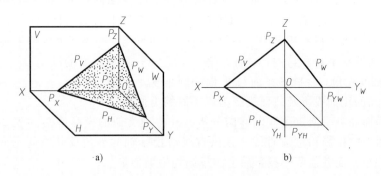

图 2-29　迹线表示平面

a）平面迹线的概念　b）平面迹线的投影

平面的迹线是平面上的特殊直线，它既在平面上，又在投影面上，是平面和投影面的共有线，故其投影表现为：一个投影与迹线本身重合，其余两个投影分别落在相应的投影轴上。应予注意：P_H 是平面 P 的水平迹线的水平投影；P_V 是平面 P 的正面迹线的正面投影；P_W 是平面 P 的侧面迹线的侧面投影。不可将平面的三条迹线误认为是一条直线的三面投影。

二、平面对投影面的相对位置

在三投影面体系中，平面对投影面的相对位置可分为三类：一般位置平面、投影面的垂直面、投影面的平行面。后两类统称为特殊位置平面。

1. 一般位置平面

对三个投影面都倾斜的平面称为一般位置平面，它对 H、V 和 W 三个投影面所成倾角分别用 α、β、γ 表示。图 2-30 所示的三角形 ABC 为一般位置平面，它的三个投影都是三角形，但都不反映实形，且均为类似形[⊖]。

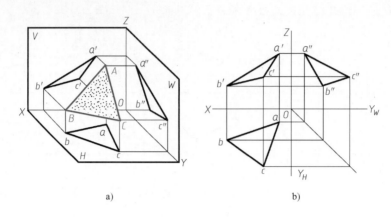

图 2-30 一般位置平面
a）直观图 b）投影图

2. 投影面垂直面

垂直于一个投影面但与另外两个投影面都倾斜的平面，称为投影面垂直面。垂直于 H 面的平面称为铅垂面；垂直于 V 面的平面称为正垂面；垂直于 W 面的平面称为侧垂面。表 2-3 给出了三种投影面垂直面，现以铅垂面为例，说明其投影特性。

1）铅垂面的水平投影积聚为一倾斜于投影轴的直线，与该平面的水平迹线重合。

2）铅垂面的水平投影与 OX 轴的夹角，反映该平面与 V 面的倾角 β；铅垂面的水平投影与 OY_H 轴的夹角，反映该平面与 W 面的倾角 γ。

3）铅垂面的正面投影及侧面投影为该平面的类似形。

对于正垂面和侧垂面也可作同样的分析，并得到类似的投影特性（表 2-3）。即在它垂直的投影面上的投影积聚成直线，且该直线与投影轴的夹角反映空间平面与另外两投影面夹角的大小，而其他两个投影面上的投影均为类似形。

用迹线表示特殊位置平面时，为简化表示法且能突出有积聚性的迹线，无积聚性的迹线从略，而只画出有积聚性的迹线，该迹线以两端为两段粗实线、中间为细实线表示，见表 2-3。

表 2-3 投影面垂直面

平面的位置	直 观 图	投 影 图	迹线表示法
铅垂面	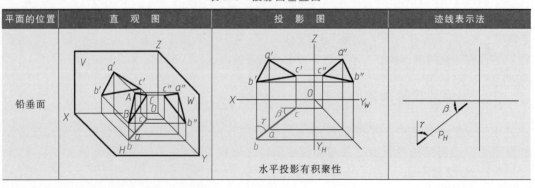		
		水平投影有积聚性	

⊖ 两平面几何图形在边数、轮廓线间平行性、凸凹、直曲等方面均相同，称此两几何图形为类似形。

（续）

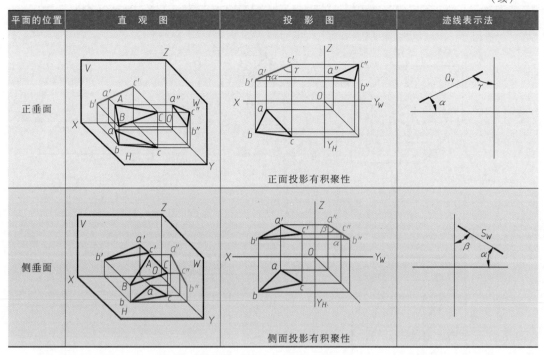

平面的位置	直 观 图	投 影 图	迹线表示法
正垂面		正面投影有积聚性	
侧垂面		侧面投影有积聚性	

3. 投影面平行面

平行于一个投影面（必同时垂直于另外两个投影面）的平面称为投影面平行面。平行于 H 面的平面称为水平面；平行于 V 面的平面称为正平面；平行于 W 面的平面称为侧平面。

表 2-4 给出了三种投影面平行面，现以水平面为例，说明其投影特性。

1）水平面的水平投影反映实形。

2）水平面的正面投影和侧面投影有积聚性，并与该平面的正面迹线和侧面迹线重合，分别平行于 OX 轴和 OY_W 轴。

对于正平面和侧平面也可作同样的分析，并得到类似的投影特性（表 2-4）。即在它平行的投影面上的投影反映实形，而另两个投影面上的投影分别积聚成与相应的投影轴平行的直线。

表 2-4　投影面平行面

平面的位置	直 观 图	投 影 图	迹线表示法
水平面		正面投影有积聚性，且平行于 OX 轴 侧面投影有积聚性，且平行于 OY_W 轴 水平投影反映实形	

（续）

平面的位置	直 观 图	投 影 图	迹线表示法
正平面	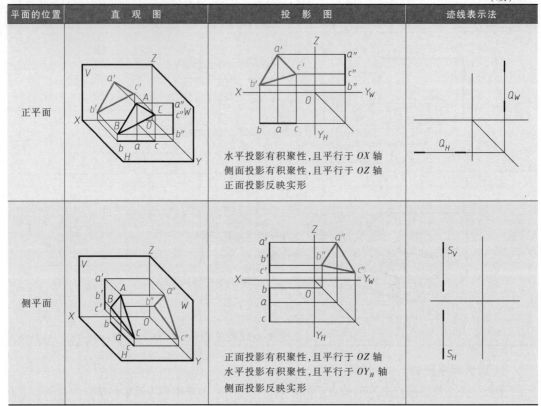	水平投影有积聚性，且平行于 OX 轴 侧面投影有积聚性，且平行于 OZ 轴 正面投影反映实形	
侧平面		正面投影有积聚性，且平行于 OZ 轴 水平投影有积聚性，且平行于 OY_H 轴 侧面投影反映实形	

例 2-12

如图 2-31 所示，判断立体上两个平面对投影面的相对位置。

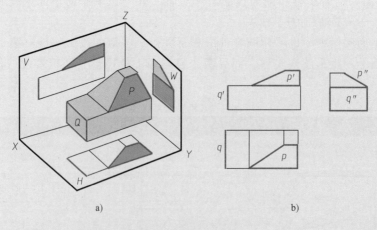

a)　　　　　　　　　　　　　　　b)

图 2-31　立体上的平面
a) 立体图　b) 投影图

解　要分析平面的空间位置，需从它们对投影面的投影特性考虑。

1）由平面 P 的 H、V 面投影可以看出，两面投影均为空间形状的类似形，而侧面投影积聚为直线，所以平面 P 为侧垂面。

2）由于平面 Q 的水平投影、正面投影均积聚为直线段且平行于对应的投影轴，而侧面投影反映实形，所以平面 Q 为侧平面。

三、属于平面的点和直线

知识点：
点线从属平面问题

1. 属于一般位置平面的点和直线

（1）属于平面的点　若点属于平面内任一直线，则此点属于该平面。如图 2-32a 所示，点 $D \in AB$，$AB \in P$，则点 $D \in P$。

（2）属于平面的直线　直线属于平面，必通过属于该平面的两已知点（图 2-32b 中的直线 DE），或通过属于该平面的一已知点且平行于属于该平面的一已知直线（图 2-32b 中直线 $CF // AB$，A、B、$C \in P$，则 $CF \in P$）。

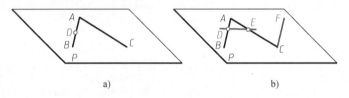

图 2-32　属于平面的点和直线

例 2-13

已知属于三角形平面上的点 K 的水平投影 k，求其正面投影 k'，如图 2-33a 所示。

解　点 K 属于三角形表示的平面，则点 K 一定在该平面的一条直线上，故解题步骤为：

1）连接 bk 并延长与 ac 交于 d，如图 2-33b 所示。

2）求出 d' 并连接 $b'd'$，则直线 BD 属于三角形所表示的平面。然后根据 k 即可在 $b'd'$ 上求出 k'，如图 2-33b 所示。

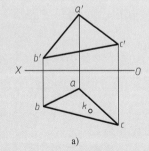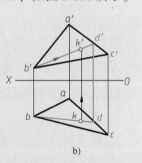

图 2-33　求平面内的点

例 2-14

判断点 D 是否属于相交两直线 AB、AC 所确定的平面，如图2-34a 所示。

解　点 D 如果属于给定平面，则点 D 一定属于该平面的一条直线。此题可利用过平面内一点并作平面内一已知直线的平行线解题。其步骤为：

1）过 d 作 ab 的平行线交 ac 于 e。

2）求出 e′，并过 e′ 作 a′b′ 的平行线，此线不过 d′，故点 D 不属于已知平面，如图 2-34b 所示。

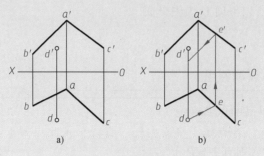

图 2-34 判断点是否属于平面

例 2-15

已知平面四边形 ABCD 的水平投影和其中两边的正面投影，完成其正面投影，如图 2-35a 所示。

解 不在同一直线上的三点可确定一个平面。由于 A、B、C 三点的两面投影已知，因此可利用已知平面内点的一个投影求另外投影的方法解题。其步骤为：

1）连接 ac 和 a′c′（以 △ABC 表示该平面）。

2）连接 bd 交 ac 于 e。

3）根据点 E 属于 AC，其正面投影 e′ 在 a′c′ 上，求出 e′。

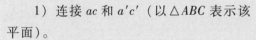

图 2-35 补全平面的投影

4）连接 b′e′，根据点 D 属于平面内已知直线 BE，即可求出 d′，分别连接 a′d′、c′ d′ 即为所求，如图 2-35b 所示。

2. 属于特殊位置平面的点和直线

由于特殊位置平面至少有一个投影具有积聚性，因此属于此类平面的点和直线，它们同样至少有一个投影必重合于该平面具有积聚性的那个投影或迹线上。如图 2-36a 所示，△ABC 为正垂面，若取属于该平面的点 D 和点 E，可先取其正面投影 d′ 和 e′ 于该平面正面投影所积聚的直线上，则点的水平投影 d 和 e 可在相应的投影连线上任取，所取点 D（d、

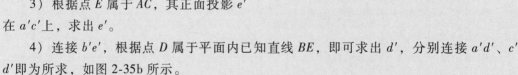

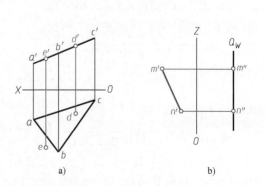

图 2-36 属于特殊位置平面的点和直线

d'）和 E（e、e'）即属于 △ABC 平面。

如图 2-36b 所示，正平面由 Q_W 给定，若取属于该平面的直线 MN，仍先在 Q_W 上取其侧面投影 $m''n''$，再借助两端点的投影连线，任取 m' 和 n' 并连线，则直线 MN（$m'n'$、$m''n''$）即属于平面 Q。

四、过点、直线作平面

过点、直线作平面，是在平面上取点、取线的逆过程。

（1）过点作平面　过点可作各种位置平面，即一般位置平面、投影面的垂直面和投影面的平行面。图 2-37 所示为过点 A 所作的不同位置平面。

（2）过直线作平面　由于直线有一般和特殊位置之分，所以包含不同位置直线，所作的平面与投影面的相对位置也不尽相同。

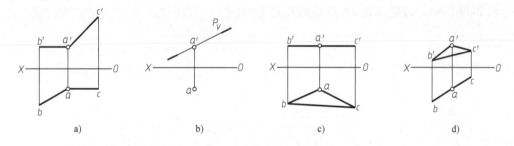

图 2-37　过点作平面

a）一般位置平面　b）正垂面　c）水平面　d）铅垂面

1）过一般位置直线，可作一般位置平面和投影面的垂直面。图 2-38 所示为过一般位置直线 AB 所作的几种平面。

2）过投影面的平行线，可作相应投影面的平行面和垂直面及一般位置平面。图 2-39 所示为过水平线 AB 所作的几种平面。

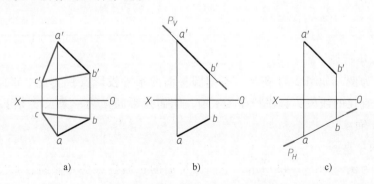

图 2-38　过一般位置直线作平面

a）一般位置平面　b）正垂面　c）铅垂面

3）过投影面的垂直线，可作相应投影面的垂直面和平行面，但不能作一般位置平

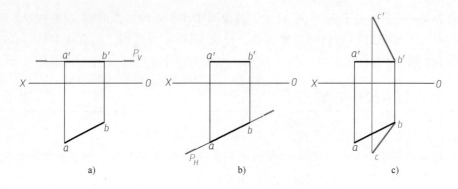

图 2-39 过水平线作平面

a）水平面 b）铅垂面 c）一般位置平面

面。图 2-40 所示为过铅垂线 *AB* 所作的几种平面。

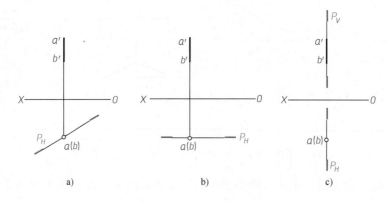

图 2-40 过铅垂线作平面

a）铅垂面 b）正平面 c）侧平面

五、特殊位置圆的投影

1. 投影面平行圆

以水平圆为例，如图 2-41 所示，空间圆平面的水平投影反映实形，正面投影积聚为一条长度等于直径的线段，且平行于 OX 轴。侧面投影同样为一条长度等于直径的线段，且平行于 OY_W 轴。

2. 投影面垂直圆

以正垂圆为例，如图 2-42 所示，空间圆平面的正面投影为一倾斜且长度等于直径的线段，水平投影为一椭圆，其长轴为过圆心的正垂线直径的投影，且反映该直径的实长，短轴为过圆心的正平线直径的投影，且正面投影反映该直径的实长。侧面投影同理。椭圆的作图步骤见第四章的几何作图。

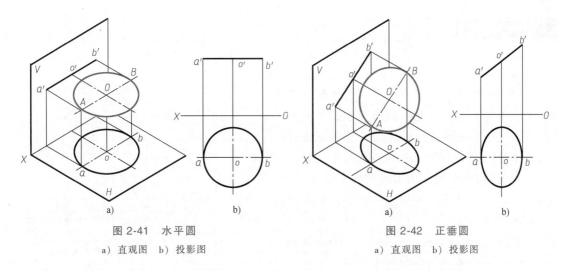

图 2-41 水平圆
a）直观图 b）投影图

图 2-42 正垂圆
a）直观图 b）投影图

第四节 直线与平面的相对位置和两平面的相对位置

直线与平面之间和平面与平面之间的相对位置，均可分为平行、相交和垂直三种情况。有关上述几何元素间相对位置的判别条件和定理，在立体几何中已有相应的论述，本节将在此基础上分析它们的投影表示法。

一、平行

知识点：
线面平行问题

知识点：
面面平行问题

1. 直线与平面平行

由初等几何可知：若一直线平行于属于定平面的一直线，则直线与该平面平行。如图 2-43 所示，空间一直线 AB 平行于属于平面 P 的直线 CD，则直线 AB 与平面 P 平行。

图 2-43 直线与平面平行

例 2-16

判断已知直线 MN 与定平面 $\triangle ABC$ 是否平行，如图 2-44 所示。

解 若能作出一条属于平面 $\triangle ABC$ 且平行于 MN 的直线，则直线 MN 与平面 $\triangle ABC$ 平行，否则不平行。为此，作属于平面的辅助线 AD，且先使 $a'd' \parallel m'n'$，然后作出水平投影 ad，判别 ad 是否平行于 mn。ad 不平行于 mn，因此 AD 不平行于 MN，即属于定平面的所有直线中没有一条直线与直线 MN 相平行。因此直线 MN 不平行于定平面 $\triangle ABC$。

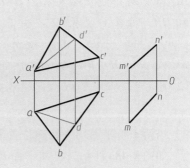

图 2-44 判断直线与平面是否平行

例 2-17

过已知点 E 作一水平线，使之平行于定平面 △ABC，如图 2-45 所示。

解 过点 E 作已知平面的平行线可有无数条，其中属于水平线的只能有一条。为使作出的水平线平行于定平面，应先作出属于该定平面的任一条水平线作为辅助线，再过点 E 作该辅助线的平行线。具体作图步骤为：

1）过点 C 作属于 △ABC 的水平线 CD，即先过 c' 作 $c'd' \parallel OX$ 轴，d' 取在 $a'b'$ 上，然后求出 cd（$d \in ab$）。

2）过点 E 作直线 $EF \parallel CD$，即作 $e'f' \parallel c'd'$，$ef \parallel cd$。直线 EF 即为所求的水平线。

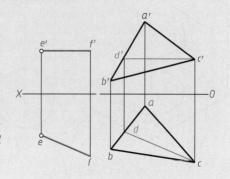

图 2-45 作水平线平行于定平面

2. 两平面平行

由初等几何可知：若属于一平面的相交两直线对应平行于属于另一平面的相交两直线，则此两平面平行。如图 2-46 所示，属于平面 P 的相交两直线 AB 和 BC 与属于平面 Q 的相交两直线 DE 和 EF 彼此对应平行，即 $AB \parallel DE$，$BC \parallel EF$，于是两平面 P 与 Q 平行。

图 2-46 两平面平行

例 2-18

试判断两已知平面 △ABC 和 △DEF 是否平行，如图 2-47 所示。

解 可选定或作出属于 △ABC 的相交两直线，再看能否作出属于 △DEF 的相交两直线与它们对应平行。为此，在 △ABC 上选定 AC 和 BC 相交两直线，然后在 △DEF 上分别作出 EG 和 DH，即作 $e'g' \parallel a'c'$，并求出 eg，再作 $d'h' \parallel b'c'$，并求出 dh。由于 $eg \parallel ac$，$dh \parallel bc$，所以 $EG \parallel AC$，$DH \parallel BC$ 满足两平面平行的条件，故 △ABC 和 △DEF 平行。

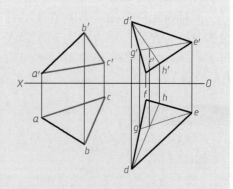

图 2-47 判断两平面是否平行

当两平行平面均为特殊位置平面时，则两平面具有积聚性的投影或迹线必定平行。

如图 2-48a 所示，已知平面 P 和 Q 平行，且均为铅垂面。根据投影面垂直面的投影特性，铅垂面的水平迹线有积聚性，又根据两平行平面与第三平面相交，其交线必平行，所以平面 P 和 Q 的水平迹线 $P_H \parallel Q_H$。

图 2-48b 所示为两对相交直线确定的两正垂面，它们的正面投影平行，两平面必平行。请读者自行证明。

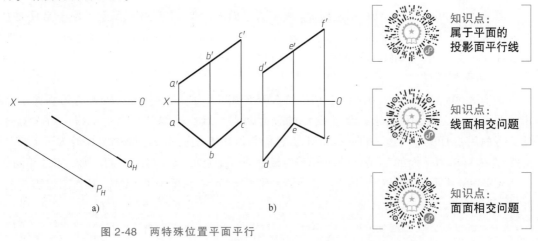

知识点：
属于平面的投影面平行线

知识点：
线面相交问题

知识点：
面面相交问题

图 2-48　两特殊位置平面平行

二、相交

直线与平面不平行必相交，且只有一个交点。交点是直线和平面的共有点，它既属于直线又属于平面。

两平面不平行也必相交，且其交线为一直线。交线为两平面所共有。欲求两平面的交线，可求属于交线的两点或属于交线的一点和交线的方向，连线即得交线。

若直线与平面相交或两平面相交，且其中之一为特殊位置时，则可利用该特殊位置平面或直线的某一投影（或迹线）的积聚性，直接求得交点或交线。

1. 直线与平面相交

图 2-49a、b 所示为一般位置直线 MN 与铅垂面 $\triangle ABC$ 相交。$\triangle ABC$ 的水平投影积聚为一直线。交点 K 既然属于该平面，因此它的水平投影必定属于 $\triangle ABC$ 的水平投影。而交点 K 又属于直线 MN，因此它的水平投影必属于 MN 的水平投影。所以，直线的水平投影 mn 与平面的水平投影 abc 的交点 k，便是交点 K 的水平投影。然后，利用属于直线的

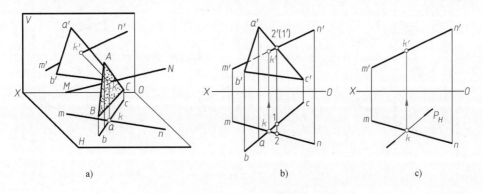

图 2-49　直线与特殊位置平面相交

点的投影特性，即可在 $m'n'$ 上求出点 K 的正面投影 k'。点 $K(k'、k)$ 即为直线 MN 与平面 $\triangle ABC$ 的交点。

若将图 2-49b 中的 $\triangle ABC$ 用迹线 P_H 表示为平面 P，即为图 2-49c 所示。由于铅垂面 P 的水平迹线 P_H 有积聚性，故 mn 与水平迹线 P_H 的交点 k 即为所求交点 K 的水平投影。然后，在 $m'n'$ 上求出点 K 的正面投影 k'。点 $K(k'、k)$ 即为所求的交点。

2. 两平面相交

如图 2-50a、b 所示，两平面 $\triangle ABC$ 和 $\triangle DEF$ 相交，其中一平面 $\triangle DEF$ 为铅垂面。欲求该两平面的交线，只要求出属于交线的任意两点，然后连线就可求得交线。为作图简便，可利用 $\triangle ABC$ 的两边 AB 和 AC，求出它们与 $\triangle DEF$ 的交点 K_1 和 K_2，连线 K_1K_2（$k'_1k'_2$、k_1k_2）即为所求两平面的交线。因 $\triangle DEF$ 为铅垂面，交点的求法与图 2-49b 所示完全相同。

图 2-50c 所示为 $\triangle ABC$ 与用 P_H 表示的铅垂面 P 相交。P_H 有积聚性，其作图过程与图 2-50b 完全相同。

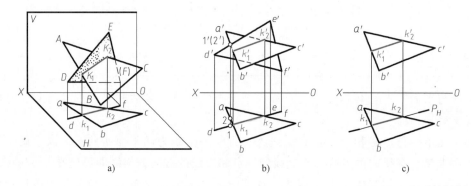

a)　　　　　　　　　　b)　　　　　　　　　　c)

图 2-50　一般位置平面与特殊位置平面相交

此外，还有投影面的垂直线与一般位置平面相交（图 2-51a）、特殊位置直线与特殊位置平面相交（图 2-51b）、两特殊位置平面相交（图 2-51c）等特殊情况，读者可自行分析研究其交点、交线的求法。

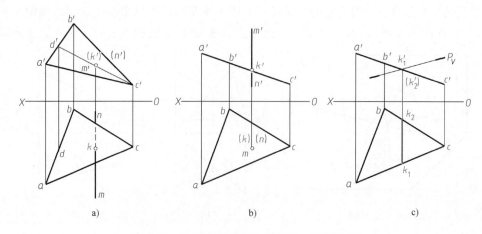

a)　　　　　　　　　　b)　　　　　　　　　　c)

图 2-51　其他几种特殊位置直线、平面相交

直线与平面相交或两平面相交的重影部分需分辨可见性。可见部分画成粗实线，不可见部分画成虚线（见第四章第一节制图的一般规定）。判断方法是：交点、交线为可见与不可见部分的分界点、分界线，其一侧可见，另一侧必不可见，可通过取交叉两直线的重影点来判断。如图 2-49b 所示，为判断直线 MN 正面投影的可见性，取 $a'c'$ 与 $m'n'$ 的重影点 $1'$、$2'$，直线 MN 上的点 II 的 y 坐标大于直线 AC 上点 I 的 y 坐标，故 $k'2'$ 可见，另一段不可见，画成虚线。在图 2-50b 中，可取直线 AB 与 DE 对 V 面的重影点 I 与 II 来判断两三角形对 V 面的重影部分的可见性。

需说明的是，正面投影和水平投影的可见性是彼此独立的，两者无任何关系，应分别判断。

三、垂直

知识点：
线面垂直问题

知识点：
面面垂直问题

1. 直线与平面垂直

由初等几何可知：若一直线垂直于平面内的两相交直线，则直线与该平面垂直；又若一直线垂直于一平面，则必垂直于属于该平面的一切直线。在图 2-52 中，直线 AB 垂直于平面 P 内的相交两直线 CD 和 EF，所以 $AB \perp P$，且 AB 垂直于属于该平面的一切直线，如 GH。

图 2-53 所示平面由相交的水平线 AB 和正平线 BC 构成。在投影图上直线 MN 的水平投影垂直于水平线 AB 的水平投影，即 $mn \perp ab$，直线 MN 的正面投影垂直于正平线 BC 的正面投影，即 $m'n' \perp b'c'$。根据直角投影定理，则有 $MN \perp AB$ 和 $MN \perp BC$，即直线 MN 垂直于平面内相交两直线，于是直线与平面垂直。由此得出直线与平面垂直的投影定理：

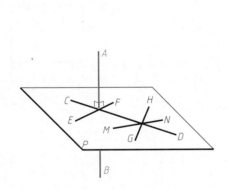

图 2-52　直线与平面垂直

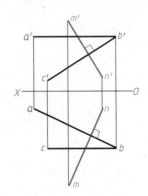

图 2-53　直线与平面垂直

若一直线垂直于一平面，则直线的水平投影必垂直于属于该平面的水平线的水平投影；直线的正面投影必垂直于属于该平面的正平线的正面投影。

由于直线垂直于属于定平面的相交两直线是直线与平面垂直的充要条件，因此可得出直线与平面垂直投影定理的逆定理：

若一直线的水平投影垂直于属于该平面的水平线的水平投影，直线的正面投影垂直于属于该平面的正平线的正面投影，则直线与平面垂直。

当直线、平面为特殊位置时，关于它们的垂直问题，在投影图上的作图将变得简单且直观。图 2-54 所示为两种特殊位置直线与平面垂直的投影情况。

2. 两平面垂直

由初等几何可知：若一直线垂直于一定平面，则包含该直线的所有平面都垂直于该定平面；反之，若两平面相互垂直，则由属于第一个平面的任一点向第二个平面所作的垂线必定属于第一个平面。在图 2-55a 中，已知直线 MN 垂直于平面 P，因此包含 MN 所作的平面 R_1、R_2、…都垂直于平面 P。图 2-55b、c 中点

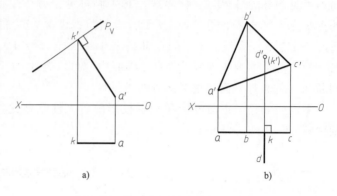

图 2-54　特殊位置的直线与平面垂直

M 属于第一个平面 Ⅰ，直线 MN 为第二个平面 Ⅱ 的垂线。图 2-55b 中直线 MN 属于第一个平面 Ⅰ，因此两平面相互垂直。图 2-55c 中直线 MN 不属于第一个平面 Ⅰ，因此两平面不垂直。

根据上述几何条件，可解决有关两平面垂直的投影作图问题。

在图 2-56 中，若两铅垂面相互垂直，则必有两平面的水平投影均积聚为直线且成直角，其交点为两平面交线 CD 的水平投影 $d(c)$。交线的正面投影 $c'd' \perp OX$ 轴，显然交线为铅垂线。

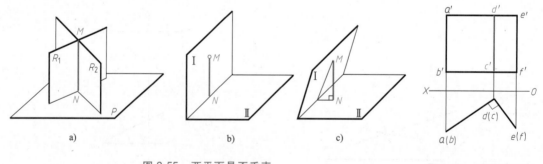

图 2-55　两平面是否垂直

图 2-56　两平面垂直

第五节　换面法

从前几节的知识不难看出，当空间的直线或平面对投影面处于一般位置时，它们的投影都不反映其真实长度、大小和形状，也不反映它们之间的夹角。但当它们对投影面处于特殊位置时，上述问题往往容易解决。换面法就是研究如何改变空间几何元素对投影面的相对位置，以达到简化解题的目的。

一、换面法的基本概念

图 2-57a 所示铅垂面 $\triangle ABC$ 在原两投影面体系（以下简称 V/H 体系）中的两个投影均不反映实形。为使其新投影反映实形，取一个平行于 $\triangle ABC$ 且垂直于 H 面的 V_1 面来代替 V 面，则新的 V_1 面和不变的 H 面构成一个新的两投影面体系 V_1/H，V_1 面与 H 面的交线为新投影轴，用 O_1X_1 表示。$\triangle ABC$ 在 V_1/H 体系中为正平面，则它在 V_1 面上的投影 $\triangle a_1'b_1'c_1'$ 就反映实形。再以 O_1X_1 为轴，使 V_1 面旋转至与 H 面重合，就得出 V_1/H 体系投影图，如图2-57b所示。由此看出，新投影面的选择必须符合下面两个基本条件：

1）新投影面必须垂直于原投影体系中被保留的投影面。

2）新投影面必须和空间几何元素处于有利于解题的位置。

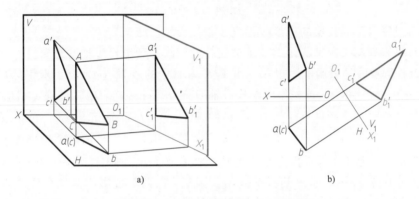

图 2-57　V/H 体系变为 V_1/H 体系

a）直观图　b）投影图

二、点的换面规律

1. 点的一次换面

点是最基本的几何元素。因此，研究换面法必须首先掌握点的投影变换规律。如图 2-58a所示，点 A 在 V/H 体系中，正面投影为 a'，水平投影为 a。现在令 H 面不变，任取一铅垂面 V_1 来代替 V 面，构成新投影体系 V_1/H，并将点 A 对 V_1/H 体系进行投影。由于点 A 对 H 面的相对位置不变，所以它对 H 面的投影 a 不变；点 A 对新投影 V_1 面的投影为 a_1'。

上述变换表明，点 A 在新、旧两个投影体系中，对 H 面的投影 a 是共有的，对 V 面的投影 a' 和对 V_1 面的投影 a_1'，分别与 H 面投影 a 构成两个两投影面体系中 A 点的两个投影。因此，它们有以下关系：

1）由于这两个投影体系具有公共的水平投影面 H，因此点 A 到 H 面的距离，即 z 坐标，在新、旧两个体系中是相同的，即 $a'a_X = Aa = a_1'a_{X_1}$。

2）当 V_1 面绕 O_1X_1 轴旋转至与 H 面重合时，由点的投影特性可知 aa_1' 必垂直于 O_1X_1 轴。由此可得出点的投影变换规律：

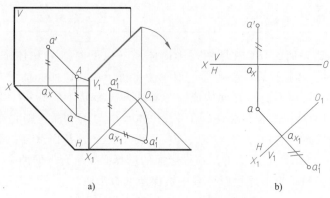

图 2-58 点在 V_1/H 体系中的投影

a）直观图 b）投影图

点的新投影与不变投影的连线必垂直于新投影轴。

点的新投影到新投影轴的距离等于被代替的旧投影到旧投影轴的距离。

图 2-58b 所示即是根据上述规律，由 V/H 体系中的投影（a，a'）求 V_1/H 体系中的投影（a，a_1'）的作图法。首先作出新投影轴 O_1X_1，新投影轴 O_1X_1 即确定了新投影面 V_1 在投影图上的位置。然后过点 a 作 O_1X_1 轴的垂线，交 O_1X_1 轴于点 a_{X_1}，再在该垂线上截取 $a_1'a_{X_1} = a'a_X$，则点 a_1' 即为所求的新投影。水平投影 a 为新、旧两个投影体系所共有。

图 2-59a 所示为变换水平投影面的情况。取正垂面 H_1 来代替 H 面，H_1 面与不变的 V 面构成新投影体系 V/H_1，求出其新投影 a_1。因新、旧两个投影体系具有公共的 V 面，因此 $a_1a_{X_1} = aa_X = Aa'$。图 2-59b 表示其投影图的作法。作图步骤为：首先作出新投影轴 O_1X_1，然后过 a' 作 O_1X_1 轴的垂线，交 O_1X_1 轴于 a_{X_1}，再在该垂线上截取 $a_1a_{X_1} = aa_X$，则点 a_1 即为所求新的水平投影。正面投影 a' 为新、旧两个投影体系所共有。

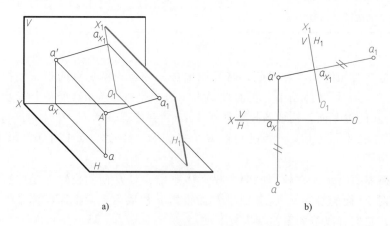

a）　　　　　　　　　　　b）

图 2-59 点在 V/H_1 体系中的投影

a）直观图 b）投影图

2. 点的两次变换

在运用换面法解决实际问题时，仅变换一次投影面，有时仍不能求得结果，而必须变换两次或更多次。图 2-60 表示变换两次投影面时，求点的新投影的方法，其原理和变换一次投影面相同。

必须指出：在多次变换投影面时，新投影面的选择除必须符合前述的两个条件外，还必须是一个投影面变换完以后，在新的投影面体系中交替地再变换另一个投影面。如图 2-60 所示，先用 V_1 面代替 V 面，构成第一次变换的新体系 V_1/H；再以该 V_1/H 体系为基础，取 H_2 面代替 H 面，构成第二次变换的新体系 V_1/H_2。

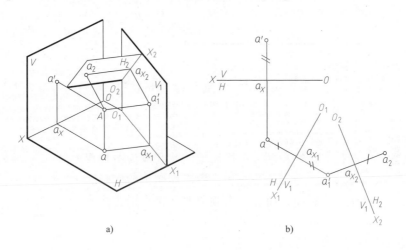

a)   b)

图 2-60　变换两次投影面

a）直观图　b）投影图

三、四个基本作图问题

前面讨论了换面的基本原理和点的投影变换规律，以下研究解题时经常要遇到的四个基本作图问题：①把一般位置直线变为投影面平行线；②把一般位置直线变为投影面垂直线；③把一般位置平面变为投影面垂直面；④把一般位置平面变为投影面平行面。

1. 一般位置直线变为投影面平行线

如图 2-61a 所示，直线 AB 在 V/H 体系中为一般位置，为了将它变为投影面平行线，新投影面必须与它平行。为此，取 V_1 面代替 V 面，使 V_1 面平行于直线 AB 并垂直于 H 面。此时，AB 在新投影面体系 V_1/H 中成为新投影面 V_1 的平行线。求出 AB 在 V_1 面上的投影 $a_1'b_1'$，则 $a_1'b_1'$ 将反映线段 AB 的实长，并且 $a_1'b_1'$ 与 O_1X_1 轴的夹角 α 即反映直线 AB 对 H 面倾角的实际大小。

图 2-61b 所示为投影图的作法。首先作出新投影轴 O_1X_1，O_1X_1 轴必须平行于 ab，但与 ab 间的距离可以任取，然后分别求出线段 AB 两端点的新投影 a_1' 和 b_1'，连接 $a_1'b_1'$ 即为线段 AB 的新投影。投影图中，$a_1'b_1'$ 反映线段 AB 的实长，$a_1'b_1'$ 与 O_1X_1 轴的夹角即为直线 AB 对 H 面倾角 α 的实际大小。

图 2-62 所示是用 H_1 面代替 H 面，将直线 AB 变为新投影面 H_1 的平行线的投影图。同理，令 O_1X_1 轴 $/\!/ a'b'$，所求新投影 a_1b_1 则反映线段 AB 的实长，且 a_1b_1 与 O_1X_1 轴的

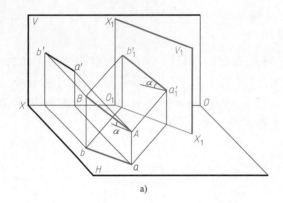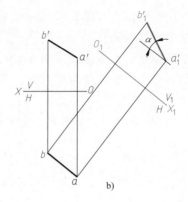

图 2-61 一般位置直线变为投影面平行线
a）直观图　b）投影图

夹角反映直线 AB 对 V 面倾角 β 的实际大小。

综上所述，一般位置直线经过一次换面就能使其成为新投影面的平行线，从而可求直线的实长及与相应投影面倾角的实际大小。求实长可变换任一投影面，而对于求倾角实际大小则应注意其对应关系。即求 α 需变换 V 面，求 β 需变换 H 面。

2. 一般位置直线变为投影面垂直线

把一般位置直线变为投影面垂直线时，通过一次换面是无法实现的。因为若所选新投影面垂直于一般位置直线，则该面必为一般位置平面，它和原投影体系中的任一投影面都不垂直，若令新投影面垂直原投影面之一，该新投影面又不垂直于一般位置直线。所以，一次换面不可能同时符合前述的两个条件。

如果将一条投影面平行线变为投影面垂直线，则变换一次投影面即可实现，如图 2-63a 所示，由于 AB 为正平线，因此所作

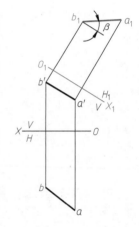

图 2-62　直线变为 H_1 面的平行线

垂直于直线 AB 的新投影面 H_1 必须垂直于原投影体系中的 V 面，这样直线 AB 在新的 V/H_1 体系中将变为投影面垂直线。图 2-63b 所示为其投影图作法。

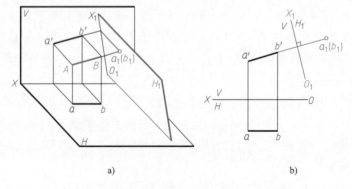

a)　　　　　　　　　　　　b)

图 2-63　投影面平行线一次变换为投影面垂直线
a）直观图　b）投影图

根据投影面垂直线的投影特性，取 O_1X_1 轴垂直于 $a'b'$，然后求出直线 AB 在 H_1 面上的新投影 a_1b_1，a_1b_1 必重合为一点。

从上述分析可知，欲把一般位置直线变为投影面垂直线，必须变换两次投影面，如图 2-64a 所示，第一次把一般位置直线变为投影面平行线，第二次再把投影面平行线变为投影面垂直线。图 2-64b 所示为其投影图作法。图中，先将 AB 变为 V_1 面的平行线，再将 V_1 面的平行线变为 H_2 面的垂直线。同样，也可先将 AB 变为 H_1 面的平行线，再将 H_1 面的平行线变为 V_2 面垂直线。

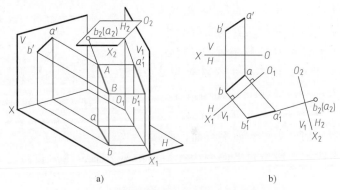

图 2-64 一般位置直线两次变换为投影面垂直线

a）直观图 b）投影图

 知识点：
一般位置直线变换为投影面垂直线

 知识点：
一般位置平面变换为投影面平行面

3. 一般位置平面变为投影面垂直面

图 2-65a 所示为将一般位置平面 $\triangle ABC$ 经一次变换成为投影面垂直面的情况。为了将平面 $\triangle ABC$ 变为投影面垂直面，必须使属于该平面的任一直线垂直于新投影面。如前所述，若把一般位置直线变为投影面垂直线，必须变换两次投影面，而要把投影面平行线变为投影面垂直线，则只需变换一次投影面。因此，若在该面上任取一条投影面平行线，如正平线 $A\text{I}$ 为辅助线，取与该正平线垂直的 H_1 面为新投影面代替 H 面，构成新投影体

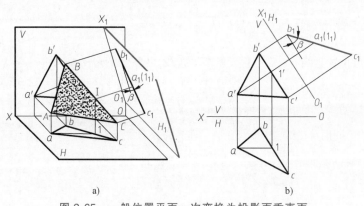

图 2-65 一般位置平面一次变换为投影面垂直面

a）直观图 b）投影图

系 V/H_1，则 △ABC 为新投影面 H_1 的垂直面。

图 2-65b 所示为其投影图的作图过程。首先任取一条属于 △ABC 的正平线 A I（a1, a'1'），然后作新投影轴 O_1X_1 垂直于 $a'1'$，这样 A I 在新的投影体系 V/H_1 中将成为投影面垂直线，△ABC 在新的 V/H_1 体系中将成为投影面垂直面。求出 △ABC 三顶点对 H_1 面的投影 a_1、b_1、c_1，则 $a_1b_1c_1$ 必在同一直线上，并且 $a_1b_1c_1$ 与 O_1X_1 轴的夹角反映 △ABC 平面与 V 面倾角 β 的实际大小。

若需求平面 △ABC 对 H 面倾角 α，应取属于平面 △ABC 的一条水平线，用垂直于水平线的 V_1 与 H 构成新的投影体系 V_1/H，即可求出倾角 α。

4. 一般位置平面变为投影面平行面

欲把一般位置平面变为投影面平行面，必须变

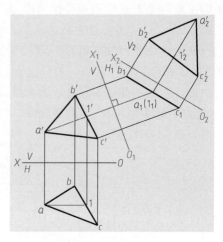

图 2-66　一般位置平面两次
变换为投影面平行面

换两次投影面。首先将一般位置平面变为投影面的垂直面，然后再将它变为投影面的平行面。

图 2-66 所示为一般位置平面 △ABC 变为投影面平行面的作图过程。第一次将 △ABC 变为投影面垂直面，作图方法与图 2-65b 所示相同。第二次再将投影面垂直面变为投影面平行面，根据投影面平行面的投影特性，取 O_2X_2 轴平行于 $b_1a_1c_1$，则 $△a_2'b_2'c_2'$ 反映 △ABC 的实形。

四、解题举例

例 2-19

如图 2-67 所示，过点 M 作直线 MK 与已知直线 AB 正交。

解　根据直角投影定理，当一直线为投影面的平行线时，则垂直相交的两直线在该投影面上的投影反映直角。故将 AB 由一般位置直线变为投影面平行线，只需变换一次投影面即可完成。作图步骤如下：

1）将一般位置直线 AB 变为新投影面平行线。图 2-67 所示将直线 AB 变为 V_1 面的平行线，即作 O_1X_1 轴 // ab。求出 V_1 面的新投影 $a_1'b_1'$。直线 AB（ab、$a_1'b_1'$）即为 V_1 面的平行线。

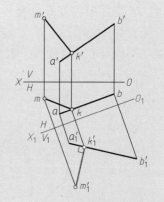

图 2-67　过点 M 作 MK
与 AB 正交

2）将点 M 同时作变换，求出在 V_1 面上的新投影 m_1'。

3）过点 m_1' 向 $a_1'b_1'$ 作垂线交于点 k_1'，则点 k_1' 即为两直线正交的交点 K 在 V_1 面上的投影。

4）由点 k_1' 求出 V/H 体系中的投影 k 和投影 k'（根据 $K \in AB$，$k_1' \in a_1'b_1'$，$k \in ab$，

$k' \in a'b'$），连接 mk 和 $m'k'$ 即为所求直线 MK 的投影。

此题若需求出点 M 到直线 AB 的距离，可通过第二次变换投影面求解。即将直线 MK 再变为新投影面的平行线。这样，MK 在新投影面上的投影即反映线段 MK 的实长，也就是点 M 到直线 AB 的距离。读者可自行完成其作图。

例 2-20

试求点 D 到定平面 $\triangle ABC$ 的距离，如图 2-68a 所示。

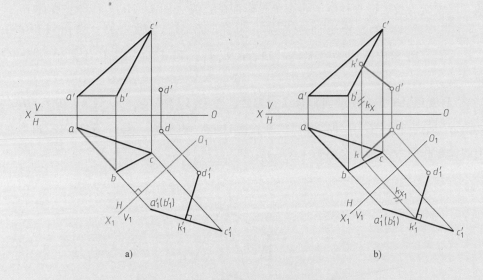

图 2-68 求点到平面的距离及垂线的投影
a）求距离 b）求垂线的投影

解 点到平面的距离即是它的垂线长。当平面为一投影面的垂直面时，反映点到该平面距离的垂线就成为该投影面的平行线，它在该投影面上的投影就反映实长。将一般位置平面变成投影面垂直面，只需变换一次投影面。作图步骤如下：

1）将一般位置平面 $\triangle ABC$ 变为投影面垂直面。因 AB 边为水平线，将 AB 变为 V_1 面的垂直线，则 $\triangle ABC$ 变为 V_1 面的垂直面。

2）求出点 D 在 V_1 面上的新投影 d_1'。

3）过 d_1' 作直线 $d_1'k_1' \perp a_1'b_1'c_1'$，$k_1'$ 为垂足的投影，$d_1'k_1'$ 即为点 D 到定平面 $\triangle ABC$ 的距离。

此题若要求作出点到平面的垂线的投影，可按图 2-68b 所示完成。因 DK 为 V_1 面的平行线，故过点 d 作 O_1X_1 轴的平行线即可求得 dk，而点 k' 则借助 $k'k_X = k_1'k_{X1}$ 求出，连接 $d'k'$，直线 $DK(dk, d'k')$ 即为所求垂线。

例 2-21

求 $\triangle ABC$ 和 $\triangle ABD$ 之间的夹角，如图 2-69 所示。

解 两平面的夹角即是由两平面组成的二面角。由立体几何可知，二面角的大小由构成二面角的面与垂直于二面角棱的平面的交线所成角来确定。为在投影图上直接求得二面角的真实大小，应将该二面角的棱变为某一投影面的垂直线，使两平面同时变为该投影面的垂直面，这样两平面在该投影面上的投影即直接反映二面角的真实大小（图2-69a）。本例两个三角形的交线 AB 即为二面角的棱，只要将它变为投影面垂直线即可。由于交线 AB 为一般位置直线，如前所述，需要变换两次投影面方可变为投影面垂直线，即先变为投影面平行线，再变为投影面垂直线（图 2-69b）。作图步骤如下：

1）将交线 AB 变为投影面平行线。为此，作 O_1X_1 轴 $/\!/ ab$，求出投影点 a'_1、b'_1、c'_1、d'_1，并相应连线为 $\triangle a'_1 b'_1 c'_1$ 和 $\triangle a'_1 b'_1 d'_1$，则 AB 在 V_1/H 体系中变为 V_1 面的平行线。

2）将交线 AB 变为投影面垂直线。为此，作 O_2X_2 轴 $\perp a'_1 b'_1$，则 AB 在 V_1/H_2 体系中变为 H_2 面的垂直线。求出各顶点的新投影（$a_2 b_2$ 积聚为一点），此时两三角形在 H_2 面上的投影积聚为两条相交直线 $a_2(b_2)c_2$ 和 $a_2(b_2)d_2$，$\angle c_2 a_2(b_2)d_2$ 即为二面角 θ 的实际大小。

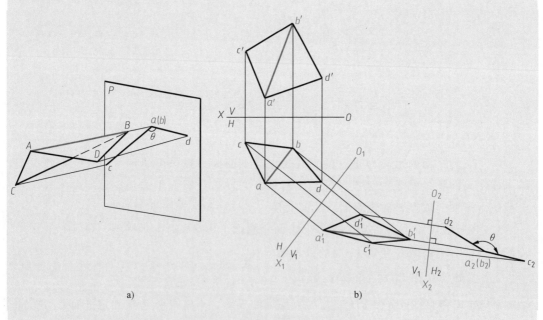

图 2-69　求两三角形之间的夹角

a）空间分析　b）解题过程

例 2-22

用换面法求立体上倾斜表面 A 的实形，如图 2-70 所示。

解 立体上的倾斜表面 A 为正垂面,所以经一次变换即可得到投影面平行面,从而反映 A 面的实形。作图步骤如下:

1)作直线 O_1X_1 平行于 A 面的积聚性的正面投影。

2)作倾斜表面上圆心点 M 的新投影 m_1。

3)在正面投影上量取半圆柱的半径和中心孔的直径,然后过 m_1 作半圆和整圆。

4)在正面投影上量取倾斜板的长度并投影到新投影面上,则得到 A 面的实形。

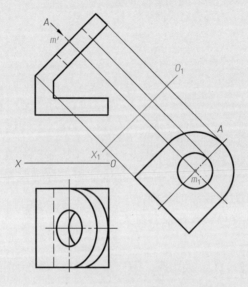

图 2-70 立体上的倾斜表面

思政拓展
北斗:想象无限

第三章
立体的投影

立体占有一定的空间，它的范围由其表面限定。从简单的几何形体，到各种复杂的机械零件，都可以看作是立体。因此，简单立体是构成各种复杂立体的基础，研究简单立体的投影也是解决复杂立体投影的基础。

本章仅限于研究基本立体的投影及其有关问题。

第一节　基本立体的投影

基本立体按其表面的几何性质可分为两大类：

平面立体：由若干平面所围成的立体，如棱柱、棱锥等。

曲面立体：由曲面或者曲面和平面共同围成的立体，如圆球、圆柱等。

一、平面立体

1. 平面立体的投影

平面立体的表面都是平面多边形，而这些多边形又以它们的边彼此相连构成立体的棱线，棱线的长度由其顶点限定。在投影图上表示平面立体，实质上就是要表示出平面立体上所有棱线的投影。这些棱线的投影构成各表面投影图的轮廓线，当它们为可见时，画成粗实线；不可见时，画成虚线。

（1）棱锥的投影　图 3-1a、b 所示是三棱锥 $S\text{-}ABC$ 对三投影面投影的直观图和三面投影图。三棱锥由四个三角形的表面围成，有六条棱线和四个顶点。画投影图时，只要把它的四个顶点 S、A、B、C 投影作出来，然后连接相应各顶点的同面投影即可。同时还要对各面投影进行可见性分析，可见轮廓线画成粗实线，不可见轮廓线画成虚线。如图中的 $s''c''$ 为不可见，画为虚线。

从本章开始，在投影图中将不再画出投影轴。画出投影轴是为了表达几何元素和立

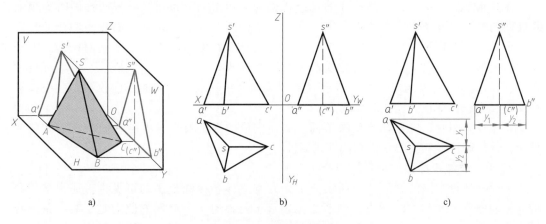

图 3-1　三棱锥的投影

体与投影面之间的距离，而投影轴对立体投影的形状和各面投影之间的投影关系无影响。为了突出立体投影的图形和简化作图，可省略投影轴。省略投影轴后，三面投影之间的投影关系不变，只是在确定立体上各点的位置时，不再利用各点到投影面的距离，而是利用各点之间的相对距离来确定。如图 3-1c 所示，在画图时，可先确定点 C 的位置，然后再根据各点与点 C 的相对位置确定其位置。这里需特别注意的是，各点水平投影前后之间的距离与各点侧面投影前后之间的距离应对应相等。如图 3-1c 所示，水平投影与侧面投影中的 $y_1 = y_1$，$y_2 = y_2$。至于各投影之间的距离大小，可根据需要确定。

（2）棱柱的投影　图 3-2 所示为一正五棱柱的三面投影图。五棱柱的顶面和底面为水平面，五个侧棱面均垂直于水平面，其中侧棱面 DD_1E_1E 为正平面。

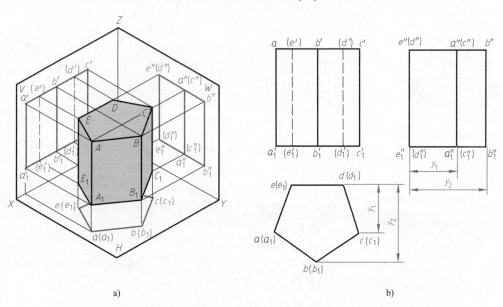

a)　　　　　　　　　　　　　　　　　　b)

图 3-2　正五棱柱的投影

a）直观图　b）投影图

在其水平投影中，五个侧棱面的投影积聚为五边形的五条边。该五边形同时为顶面和底面的投影，五条侧棱线的投影积聚为五边形的五个顶点。在其正面投影和侧面投影中，顶面、底面积聚为水平线段，由于各侧棱面对投影面的相对位置不同而投影为不同宽度的矩形，其中 $d''d_1''e_1''e''$ 积聚为线段。对于正面投影，由于 DD_1、EE_1 处于不可见位置，其投影 $d'd_1'$、$e'e_1'$ 画成虚线。由于五个侧棱均为铅垂线，它们的正面投影、侧面投影均反映其实长，即正五棱柱的高度。

作该投影图时，应先画出反映顶面、底面实形的水平投影，再画它们的正面和侧面投影，最后画出各侧棱的正面和侧面投影。

2. 平面立体投影图的可见性判断

平面立体投影图的可见性判断实质上是判别立体各棱线投影的可见性。通常采用分析立体表面可见性的方法解决。判断立体表面可见性时，应遵循的原则是：共一条棱线的两个表面对某一投影面投影时，只要其中一个表面可见，则该棱线的投影可见，如果两个投影均不可见，则该棱线的投影不可见。

3. 平面立体表面上的点、线

属于平面立体表面上的点和线，一定属于组成该立体表面的某一平面。只要将点、线及它们所属的那个平面分离出来，就转化为属于平面的点和线的问题了。

例 3-1

已知三棱锥 $S\text{-}ABC$ 及属于其表面上点 K 的正面投影 k'，求其水平投影 k 和侧面投影 k''（图 3-3a、b）。

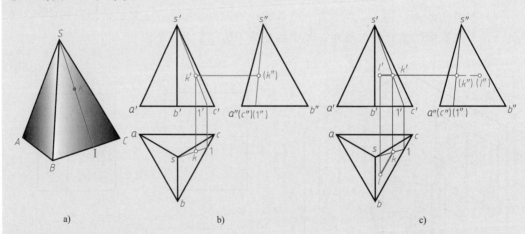

图 3-3 三棱锥表面上的点、线

解 因 k' 可见，且在 $\triangle s'b'c'$ 内，所以点 K 属于 $\triangle SBC$。这样就可在 $\triangle SBC$ 平面上解题。作图时，可作属于 $\triangle SBC$ 且过点 K 的任一辅助直线，如 $S\text{I}$。作图步骤如下：

1）由于已知 s'、k'，即可先连 $s'k'$ 并延长至 $1'$，作出辅助线 $S\text{I}$ 的正面投影 $s'1'$。

2）作出辅助线 $S\text{I}$ 的水平投影 $s1$ 和侧面投影 $s''1''$。

3）根据点 K 与 $S\text{I}$ 的从属关系，由 k' 求出 k 和 k''。

4）判断可见性。因表面△SBC的水平投影可见，侧面投影不可见，故点K的水平投影k可见，侧面投影k″不可见。

例 3-2

已知三棱锥S-ABC及属于其表面上的线段KL的正面投影k′l′，且KL∥BC，求其他两面投影（图3-3c）。

解　因KL由两端点所确定，可按图3-3b所示求点K的方法，分别求出点K和L的投影，然后再连接它们的同面投影，并判断其可见性即可。

在作图过程中应尽量利用学过的投影知识，如线、面投影的平行性、积聚性、从属性等，以便简化作图。例如KL∥BC，其同面投影也一定平行，所以在求出点K的各投影后，可先过点K作BC的平行线的投影，而后在该线上确定点L的投影。

二、曲面立体

由于围成曲面立体的曲面不同，曲面立体形成各种不同形状。但在机械工程中常用的曲面立体多为由回转面形成的回转体。

回转面是一动线（直线或曲线）绕一固定直线旋转所形成的曲面。该动线称为母线；固定的直线称为回转轴，简称轴线；母线在回转面上任一位置称为素线；母线上任一点随母线旋转时，其轨迹是垂直于轴线平面上的圆，此圆称为纬线圆。回转面相关概念。如图3-4所示。

本书所研究的曲面立体，除特别说明外，均为回转体。

1. 曲面立体的投影

画曲面立体投影时，不仅要画出各表面相交交线的投影，还要画出曲面对投影面转向线的投影，并判断它们的可见性。对于回转体外表面的回转面而言，相对于投影面可见与不可见的分界线是回转面对该投影面的转向轮廓线，简称转向线。以下介绍常见回转体的投影。

（1）圆柱　圆柱由圆柱面及两端面围成，圆柱面是由一直母线绕平行它的轴线旋转而成的。

图3-5所示是轴线为铅垂线的圆柱的三面投影图。由于轴线

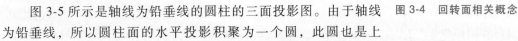

图 3-4　回转面相关概念

为铅垂线，所以圆柱面的水平投影积聚为一个圆，此圆也是上下两端面的投影。画图时，要用垂直相交的细点画线（见第四章第一节制图的一般规定）表示出圆的中心线。圆柱的正面和侧面投影的轮廓线均为矩形，上下两边为两端面的投影，长度等于圆柱的直径。正面投影矩形的左右两边$a'a_1'$、$b'b_1'$为圆柱面正面投影转向线AA_1、BB_1的投影。侧面投影矩形的左右两边$c''c_1''$、$d''d_1''$为圆柱侧面投影转向线CC_1、DD_1的投影。正面和侧面投影中的细点画线为轴线的投影。

（2）圆锥　圆锥由圆锥面和底面围成，圆锥面是由一直母线绕与它相交（夹角为锐

角）的轴线旋转而成的。

图 3-6 所示是轴线为铅垂线的圆锥的三面投影图。其水平投影为圆，它是圆锥面与底面交线的投影，也反映底面的实形，圆锥面的水平投影也与其重合，顶点的水平投影在圆心上。其正面和侧面投影轮廓线均为等腰三角形。它们的底边是圆锥底面的投影，长度等于底圆的直径。它们的两腰，在正面投影中是圆锥面正面投影转向线的投影，在侧面投影中是圆锥面侧面投影转向线的投影。

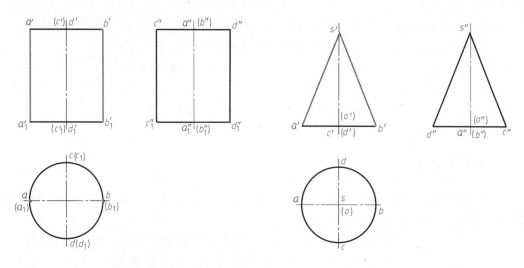

图 3-5　圆柱的三面投影　　　　图 3-6　圆锥的三面投影

（3）圆球　圆球由单一圆球面所围成，圆球面是由圆或大于等于半圆的圆弧以它的直径为轴线旋转而成的。由于过球心的直线均可看作是圆球的轴线，画图时，其轴线方向可视需要选定。

图 3-7 所示是一圆球的三面投影图。其三面投影均为直径等于圆球直径的圆。但它们分别是圆球面的正面投影转向线、水平投影转向线和侧面投影转向线的投影，也可以说是前后半球面、上下半球面和左右半球面分界线的投影。三个投影上的圆均应画出中心线。

（4）圆环　圆环由单一圆环面所围成，圆环面是由圆绕该圆所在平面上不过圆心的轴线旋转而成的。

图 3-8 所示是一圆环的三面投影图，其轴线为铅垂线。画其投影图时，要首先用细点画线画出轴线及母线圆中心轨迹圆的投影和中心线。其水平投影应画出圆环面的水平投影转向线的投影，即上下半环面分界线的投影。其正面投影和侧面投影，应分别画出正面投影和侧面投影转向线的投影（即分别为前后半环面和左右半环面的分界线，以及内外半环面分界线的投影）。对于正面投影和侧面投影而言，由于内半环面被外半环面所挡，内半环的半个母线圆的投影应画成虚线。

2. 曲面立体表面上的点、线

属于曲面立体表面上的点、线的作图原理与属于平面立体表面上的点、线的作图原理一样。需注意的是作属于曲面的辅助线时，应选择投影为直线或圆的线。为此，作图时必须熟悉各种曲面的形成和性质。

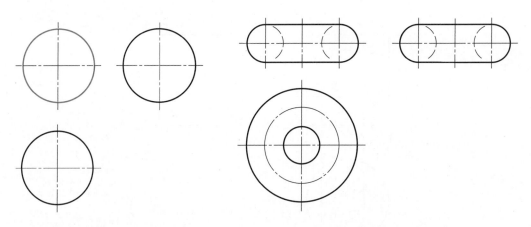

图 3-7 圆球的三面投影   图 3-8 圆环的三面投影

（1）圆柱表面上的点、线　当圆柱轴线垂直于某一投影面时，圆柱面对其投影有积聚性，利用积聚性确定属于圆柱表面上的点。

例 3-3

已知圆柱面上点 K 的正面投影 k'，求点 K 的其他两面投影（图 3-9）。

解　因为圆柱面垂直于 W 面，其侧面投影具有积聚性，所以可利用积聚性由 k' 直接求出 k''。然后，由 k' 和 k'' 求出 k。因为 K 位于圆柱面的下方，故 k 不可见。

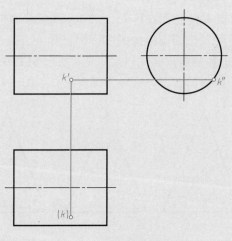

图 3-9 圆柱表面上的点

例 3-4

已知圆柱面上曲线的正面投影 $a'b'$，求曲线的其他两面投影（图 3-10）。

解　曲线可视为点的集合，此题可利用圆柱表面有积聚性的水平投影找出曲线上若干点的投影，并依次光滑连接即可求得曲线的投影。注意取点时应包含线段端点和各投影转向线上的点。该例已完成作图，请读者自行分析，并确定作图步骤（图 3-10）。

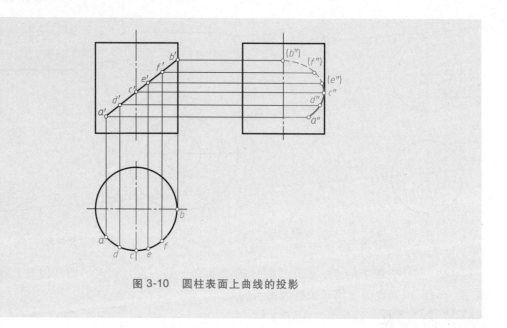

图 3-10　圆柱表面上曲线的投影

（2）圆锥表面上的点、线　为了确定属于圆锥面上的点，根据圆锥面的性质可过圆锥顶点作辅助直线，或者过给定点作辅助圆，如图 3-11a 所示。

例 3-5

已知圆锥及其表面上点 K 的正面投影 k'，求其水平投影及侧面投影（图 3-11b）。

解法一　素线法。过点 K 作圆锥的素线 SI。因已知 k'，应先连接 $s'k'$ 并延长至 $1'$，然后作出 SI 的水平投影 $s1$ 和侧面投影 $s''1''$。再按 K 属于 SI 的关系求出 k 和 k''。最后判别可见性，因点 K 位于圆锥面的右方，所以 k'' 不可见，如图 3-11c 所示。

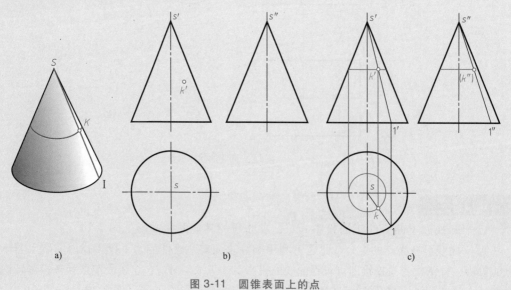

a)　　　　　　　　b)　　　　　　　　c)

图 3-11　圆锥表面上的点

解法二　辅助圆法。过点 K 作一平行于底面的纬线圆。作图时，先过 k' 作圆的正面投影，即圆锥正面投影转向线的投影之间过 k' 的水平线段，其长度为纬线圆的直径，然后按投影关系画出纬线圆的水平投影和侧面投影。再根据点 K 与圆的从属关系确定 k 和 k''，如图 3-11c 所示。

例 3-6

已知圆锥表面上曲线的正面投影 $a'b'$，求其他两面投影（图 3-12）。

解　圆锥表面上给定的曲线，可看作是一些点的集合，可按前例的方法，先求出属于该曲线的一些点的各投影，然后再连接它们的同面投影即得给定曲线的投影。作图步骤如下：

1）在给定曲线上选定一系列的点，如图中的 A、D、C、E、B。这些点应包括线段的端点、转向线上的点等。

2）依次求出各点的投影。

3）顺序光滑连接各点的同面投影。

4）判断可见性。因曲线 ADC 段位于圆锥面右方，所以它的侧面投影 $a''d''c''$ 不可见，c'' 位于转向线上，是可见与不可见的分界点。水平投影均可见。

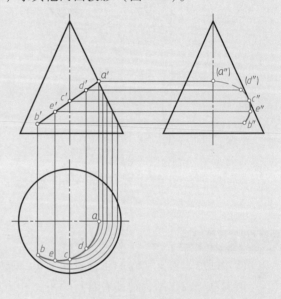

图 3-12　圆锥表面上的线段

（3）圆球表面上的点、线　由于圆球面上不存在直线。因此要确定圆球面上的点只能选平行于某一投影面的纬线圆作辅助线。

例 3-7

已知圆球表面上点的投影 a、b'、c''、k'，求各点其他两面投影（图 3-13a）。

解　由于 a 位于水平投影的水平中心线上，可知点 A 位于正面投影转向线上；由于 b' 位于正面投影的水平中心线上，可知点 B 位于水平投影转向线上；由于 c'' 位于侧面投影轮廓线上，可知点 C 位于侧面投影转向线上。这样点 A、B、C 可按它们与各转向线的从属关系直接求出其他两面投影。由于 k' 位于正面投影圆内的右上方，且可见，判定点 K 位于球面的右前上方。要求点 K 的其他两面投影，必须作辅助圆。图中所作的是水平辅助圆。作图步骤如下：

1）过 k' 作平行 H 面圆的正面投影。

2）作出圆的其他两面投影，并根据点、线的从属关系确定 k、k''。

3）求点 A、B、C 另外两面投影的作图过程，如图 3-13b 所示。

4）判断各点投影的可见性。点 A 位于圆球面的左上方，三个投影均可见。点 B 位于圆球面的左前方，三个投影也均可见。点 C 位于圆球面的前上方，三个投影也均可见。点 K 位于圆球面的右前上方，k″不可见。

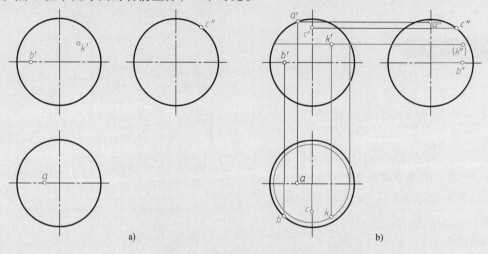

图 3-13　圆球表面上点的投影

例 3-8

已知圆球表面上曲线的正面投影 a′b′，求曲线的其他两面投影（图 3-14）。

该例已完成作图，请读者自行分析，并确定作图步骤。

此处需注意的是图中点 C 是侧面投影转向线上的点，点 D 是水平投影转向线上的点，它们分别为曲线侧面投影和水平投影的可见与不可见的分界点。作图时，不能遗漏这些点的投影。

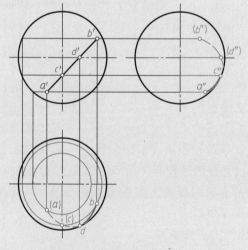

图 3-14　圆球表面上的线

第二节 平面与立体相交

在工程中，常会遇到平面与立体相交的问题。平面与立体相交，可看作是由平面截切立体。截切立体的平面称为截平面，平面与立体表面的交线称为截交线，截交线所围成的图形称为截断面（图 3-15a）。研究平面与立体相交的目的是要正确地求出截交线的投影。

截交线的性质：

1）截交线是截平面与立体表面的交集，是共有线。即截交线上的点、线均属于两者的共有点、线。

2）截交线为封闭的平面图形。这是因为立体都有一定的范围和形状。

因此，求截交线的问题，实质上就是求平面与立体表面的共有点、线的问题，可用求线、面交点的方法，或用求两面交线的方法来解题。当截平面为特殊位置平面时，还可利用其有积聚性的投影，直接求出交点、交线的投影。

本节只研究特殊位置平面与立体表面的相交。若以后遇到一般位置平面与立体表面相交，可先将它们用换面法变换为特殊位置平面与立体表面相交，然后解题。

一、平面与平面立体相交

平面与平面立体相交，其截交线为多边形，它的每个边都是立体的一个表面与截平面的交线，而顶点是立体棱线与截平面的交点。

1. 平面与棱锥相交

例 3-9

画出截切三棱锥的两面投影（图 3-15）。

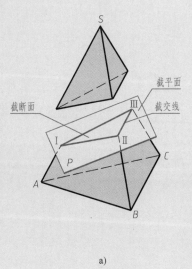
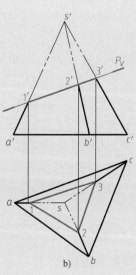

a)   b)

图 3-15　平面与三棱锥相交

解　三棱锥被正垂面 P 截切，所得截交线为△ⅠⅡⅢ。由于 P 为正垂面，其正面投影具有积聚性，可由此直接求出棱线与截平面 P 交点的正面投影 $1'$、$2'$、$3'$，然后再求出水平投影 1、2、3。最后依次连接各点的同面投影，即得到截交线△ⅠⅡⅢ（△123，$1'2'3'$）。作图步骤如下（图 3-15b）：

1）根据题目给定条件画出三棱锥的投影。

2）根据题目给定条件画出截平面的正面投影。

3）求出截交线的水平投影。根据棱线与截平面 P 的交点的正面投影 $1'$、$2'$、$3'$，求出水平投影 1、2、3。依次连接截交线的水平投影得△123。

4）去掉截切部分 SⅠ、SⅡ、SⅢ，并判别投影图的可见性。截交线的正面投影积聚，水平投影可见。棱线的正面投影与水平投影均可见，全部用粗实线画出。

2. 平面与棱柱相交

知识点：
平面截切平面立体

例 3-10

画出截切五棱柱的三面投影（图 3-16）。

解　五棱柱被正垂面 P 截切，所得截交线为五边形。正面投影积聚在 P_V 上，截平面与侧表面 CC_1B_1B、BB_1A_1A、AA_1E_1E、EE_1D_1D 的交线的水平投影积聚在各自侧表面的水平投影上。截平面与顶面 $ABCDE$ 均垂直于 V 面，则交线为一正垂线，正面投影积聚为一点。水平投影反映实长。截交线的侧面投影可由正面投影和水平投影求出。作图步骤如下（图 3-16）：

1）画出五棱柱的投影。

2）根据题目给定条件画出截平面的正面迹线 P_V。

3）求出截交线的水平投影五边形 $gfjih$ 和侧面投影五边形 $g''f''j''i''h''$。

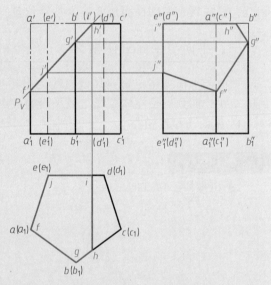

图 3-16　截切五棱柱的投影

4）去掉截切部分多余的轮廓线 AF、BG、EJ 及顶面上五边形 $BAEIH$ 的投影，并判别投影图的可见性。因截切位置在左上方，所以截交线的三面投影均可见。

注意 CC_1 的侧面投影：$c''c_1''$ 与 $a''f''$ 重影部分用粗实线画出，非重影部分用虚线画出。

3. 缺口平面立体的投影

带有缺口的平面立体，可看作是平面与立体相交的应用实例。如图 3-17a 所示，带有缺口的三棱锥可看作是一水平面和一正垂面截切三棱锥，并取走它们之间所夹持的部分的结果。

例 3-11

画出图 3-17a 所示缺口三棱锥的投影图。

知识点：
平面截切平面立体2

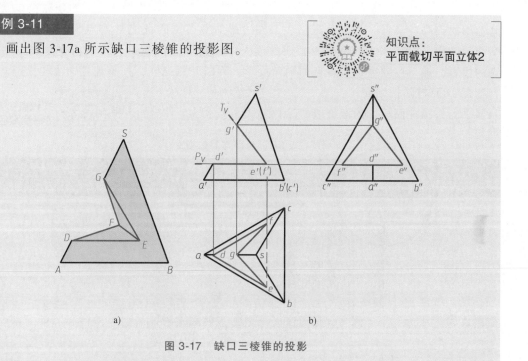

图 3-17　缺口三棱锥的投影

解　由于三棱锥上的缺口是由水平面和正垂面截切所形成，两截平面均垂直于 V 面，它们截切立体所得到的截交线的正面投影均有积聚性。然后再由此去求截交线的水平投影和侧面投影。作图步骤如下：

1）根据给定条件画出三棱锥的投影。

2）根据给定条件画出截平面的正面投影。

3）分别画出两截交线的水平投影和侧面投影。

4）求出两截平面交线 EF 的投影（$e'f'$，ef，$e''f''$）。

5）去掉缺口部分多余轮廓线 GD，并判断投影图的可见性。因缺口在三棱锥的左上方，所以缺口轮廓在三面投影上均可见。两截平面的交线 EF 在对水平面投影时，因被上部形体挡着，所以 ef 不可见，应画成虚线。

在作图过程中，应尽量利用已知条件和学过的投影性质，如图中水平截平面平行于底面，其截交线一定与底面成相似形，且对应边平行。再如，由于两截平面同时垂直于 V 面，其交线一定垂直于 V 面，其正面投影积聚为点，其水平投影反映实长。

二、平面与回转体相交

平面与回转体的截交线，通常围成封闭的平面图形，它是由平面曲线和直线围成的平面图形或是平面多边形。其形状取决于回转体的几何性质和它与截平面之间的相对位置。

平面与回转体的截交线为平面曲线时，可把截交线视为无数共有点的集合，其中包含有一些能确定其范围的特殊点，如曲面转向线上的点、截交线在其对称轴上的顶点，以及限定其范围的最高、最低、最前、最后、最左、最右点等。除此之外的点为一般点。求作截交线时，在可能和方便的情况下，通常应先求出特殊点的投影，再视需要求出一些一般点的投影，最后按顺序连接各点的同面投影，判断其可见性，并整理轮廓线的投影。

1. 平面与圆柱相交

平面与圆柱面相交的截交线有三种形式，见表3-1。

知识点：
平面截切圆柱

表3-1 平面与圆柱相交

截平面位置	与轴线平行	与轴线垂直	与轴线倾斜
截交线形状	矩 形	圆	椭圆或椭圆与直线段围成的图形
直观图	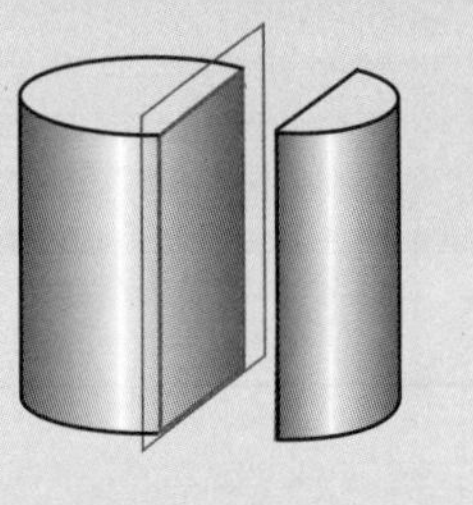	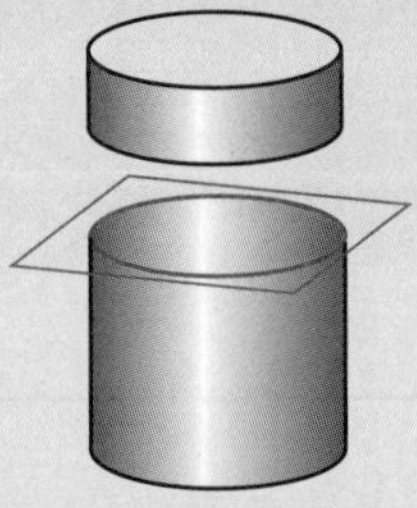	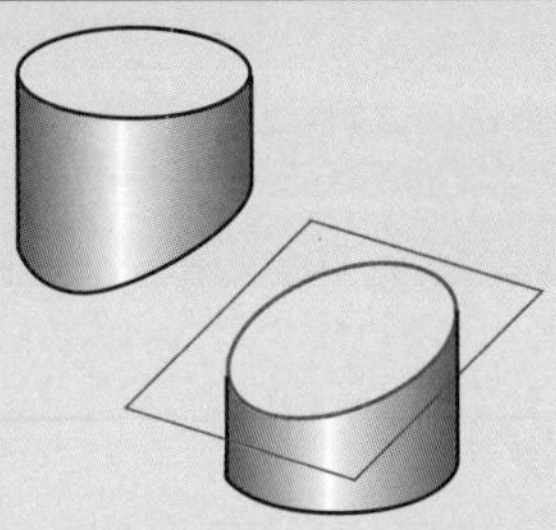
投影图	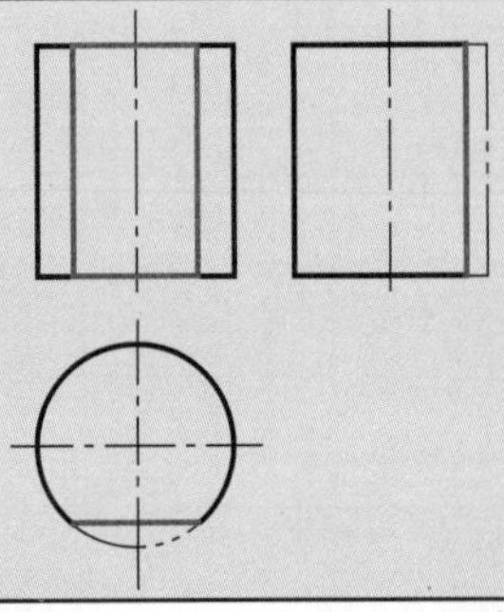	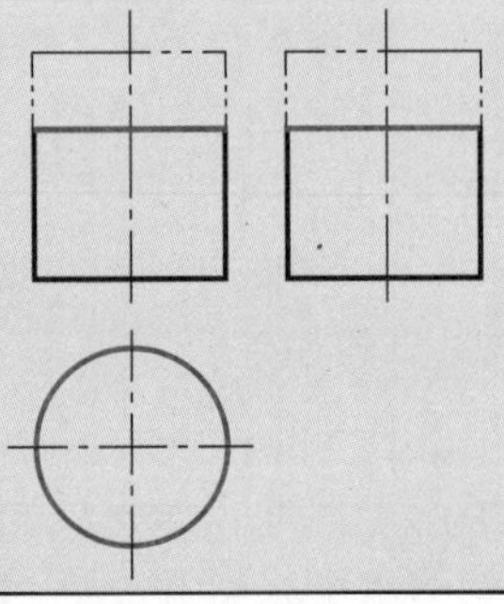	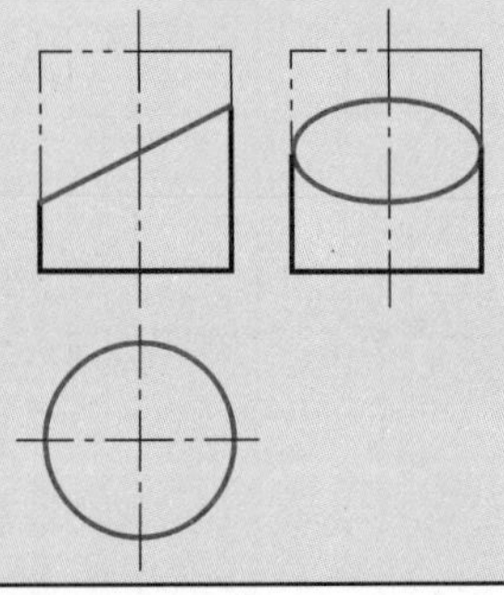

例 3-12

完成截切圆柱的三面投影（图3-18）。

解 由于圆柱轴线垂直于 W 面，截平面 P 为正垂面且与圆柱斜交，可知截交线为椭圆。其正面投影积聚在 P_V 上，长度等于椭圆的长轴。其侧面投影积聚在圆柱面的投影上。其水平投影为椭圆，需作图求出。作图步骤如下：

1）求特殊点。椭圆长轴端点 I（$1'$，1，$1''$）、V（$5'$，5，$5''$），短轴端点 III（$3'$，3，$3''$）、VII（$7'$，7，$7''$）。它们也是确定截交线范围的最高、最低、最前、最后、最左、最右点，也是水平投影转向线上的点。

2）求一般点。视需要求出适当数量一般点 II（$2'$，2，$2''$）、IV（$4'$，4，$4''$）、VI（$6'$，6，$6''$）、VIII（$8'$，8，$8''$）。

3）依次连接各点的水平投影。

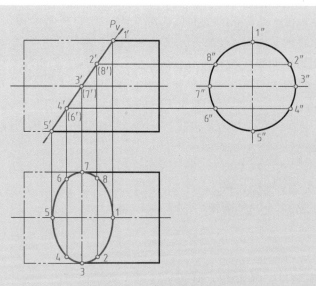

图 3-18 截切圆柱的投影

4）去掉截切部分多余的轮廓线。正面投影中，左端面及上下两条正面投影转向线 1′之左、5′之左部分应去掉；水平投影中，左端面及前后两条水平投影转向线 3 之左、7 之左部分应去掉。

5）判断可见性。截交线的正面投影和侧面投影有积聚性，水平投影可见，均画成粗实线。

例 3-13

完成缺口圆柱的投影图（图 3-19）。

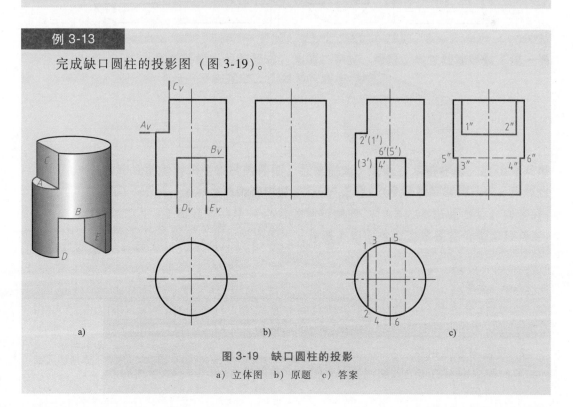

图 3-19 缺口圆柱的投影
a）立体图 b）原题 c）答案

解 圆柱轴线为铅垂线，它的左上角被水平面 A 和侧平面 C 截去一块，它的中下部被水平面 B 和两个侧平面 D、E 截去一块。左上部：水平面 A 截得交线为一段水平圆弧；侧平面 C 截切圆柱面的交线为两条与轴线平行的直线（铅垂线），与顶面的交线为正垂线；A 面与 C 面的交线为正垂线。中下部：水平面 B 截得交线为两段水平圆弧；侧平面 D、E 截切圆柱面的交线为与轴线平行的直线（铅垂线），与底面的交线为正垂线；D 面、E 面与 B 面的交线均为正垂线。D、E 两面对称，所得交线的形状大小完全相同，侧面投影重合。作图步骤如下：

1）求作各段截交线的水平投影。

2）求作各截交线的侧面投影。

3）去掉截切部分多余的轮廓线。

4）判断可见性。

如果空心圆柱有缺口，则如图 3-20 所示，三个截平面与内外圆柱面均有交线。与外圆柱面的交线与上例基本相同（圆柱放置的位置不同），与内圆柱面交线的分析方法类似于外圆柱面交线的分析方法，故不再详述。

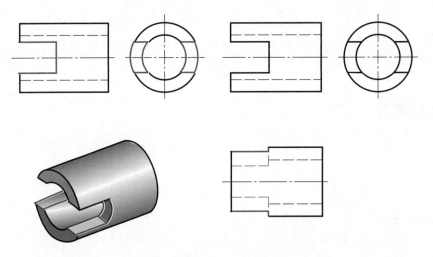

图 3-20 缺口空心圆柱

图 3-21a 所示为一圆柱被正垂面和侧平面截切。侧平面与圆柱轴线平行，它与圆柱面的交线为圆柱面的两条素线，与顶面的交线为正垂线。正垂面与圆柱轴线倾斜，但没有完全截切，它与圆柱面的交线为一不完整椭圆。两截平面的交线 Ⅰ Ⅱ 为正垂线。

图 3-21b 所示为空心圆柱被正垂面和侧平面截切，与图 3-21a 所示不同之处是多了一层截平面与圆柱内表面的交线，画图时切不可漏掉。

2. 平面与圆锥相交

平面与圆锥面相交的截交线有五种形式，见表 3-2。

知识点：
平面截切圆锥

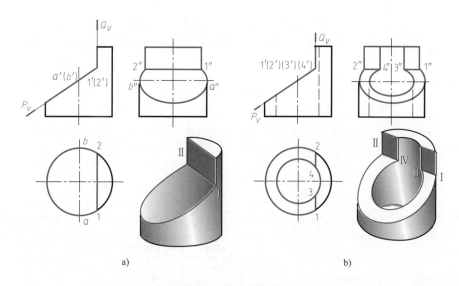

图 3-21 圆柱的截交线

a）圆柱被 P、Q 平面截切 b）空心圆柱被 P、Q 平面截切

表 3-2 平面与圆锥相交

截平面位置	与轴线垂直 $\theta=90°$	与轴线倾斜 $\alpha<\theta<90°$	平行于一条素线 $\theta=\alpha$	平行于轴线 $\theta=0°$ 或 $\theta<\alpha$	过锥顶
截交线形状	圆	椭圆	抛物线和直线段	双曲线和直线段	三角形
直观图					
投影图					

例 3-14

完成截切圆锥的三面投影（图 3-22）。

解 截平面 P 倾斜于圆锥轴线且 $\theta>\alpha$，故截交线是椭圆。其正面投影积聚在 P_V 上，其他两面投影为椭圆。由截平面与圆锥的相对位置可知，截交线前后对称，则其水平投影和侧面投影前后对称。椭圆长轴为正平线 AB，正面投影 $a'b'$ 反映实长，短轴是通过长轴中点的正垂线，正面投影积聚为点。作图步骤如下：

1）求长轴上的点。在 P_V 上定出椭圆长轴端点的正面投影 a'、b'，求出 a、b 和 a''、b''。

2）求短轴上的点。在 $a'b'$ 的中点处定出椭圆短轴 CD 的正面投影 $c'd'$，求出 c、d 和 c''、d''。

为了确定点 C、D 的投影，作图时，过点 C、D 作辅助圆，然后按从属关系求出它们的其余投影。所作的辅助圆，也可看作是过 C、D 点所作一垂直于圆锥轴线的辅助平面 Q 与圆锥面的交线，点 C、D 则是圆锥面、截平面 P 和辅助平面 Q 的共有点。具体作图时，欲求点 C、D 的其余投影，先过已知投影 c'、d' 作辅助平面的正面投影 Q_V，然后求出辅助平面 Q 与圆锥面交线的各投影，最后按从属关系确定水平投影点 c、d 和侧面投影点 c''、d''。

3）求转向线上的点。在正面投影上取 e'、f'，再由它们求出相应的投影点 e''、f''和 e、f。

4）求若干一般点。如在正面投影上取点 g'、h'，再由它们求出投影点 g、h 和 g''、h''。取一般点时，要注意利用对称性特点，以简化作图。

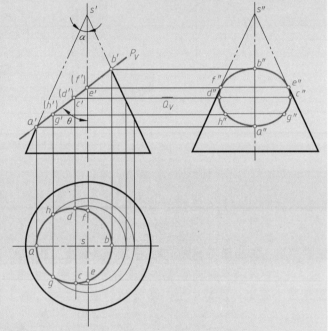

图 3-22　截切圆锥的投影

5）顺序光滑连接各点的水平投影和侧面投影。

6）去掉截切部分多余的轮廓线。正面投影中，$s'a'$、$s'b'$ 应去掉；侧面投影中，$s''f''$、$s''e''$ 应去掉。

7）判断可见性。截交线的正面投影积聚在 P_V 上，水平投影和侧面投影均可见，画成粗实线。

例 3-15

完成缺口圆锥的三面投影（图 3-23）。

解　由图可知圆锥上的缺口由水平面 T 和侧平面 S 截切而成。由于 T 面平行于轴线，与锥面的交线为双曲线，其水平投影反映实形，侧面投影积聚为直线段。由于 S 面垂直于轴线，与锥面的交线为圆，其侧面投影反映实形，水平投影积聚为直线段。T、

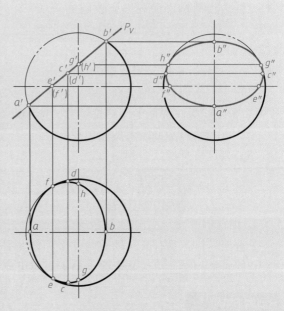

S 两面均垂直于 V 面，它们的交线也垂直于 V 面，其正面投影积聚为点，另两面投影反映实长。作图步骤如下：

1）作侧平面 S 与圆锥面的交线 BDC 的投影。

2）作水平面 T 与圆锥面的交线 BEAFC 的投影。

① 求双曲线顶点 A 的投影（a'，a，a"）。

② 求 S 面与 T 面的交线 BC 的投影（b'c'，bc，b"c"）。

③ 求双曲线上一般点 E、F 的投影 E（e'，e，e"）、F（f'，f，f"）。

3）顺序连接各点的同面投影。

4）整理轮廓，判断可见性。因缺口在圆锥面的左上方，在正面投影中应去掉 a'd' 一段轮廓线。其余轮廓线均可见。

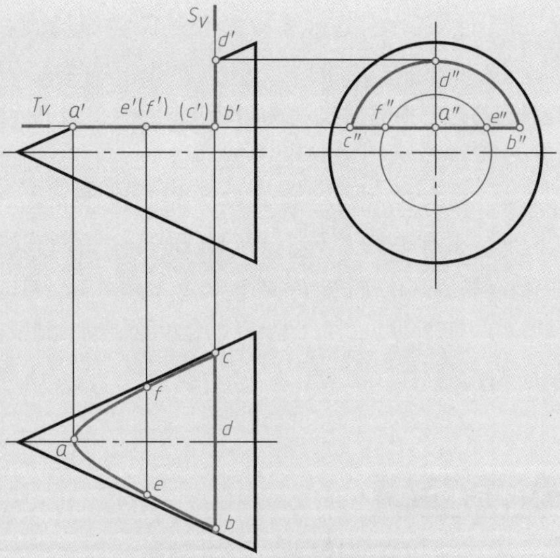

图 3-23　缺口圆锥的投影

知识点：
平面截切球体

3. 平面与圆球相交

平面与圆球相交，截交线均为圆，其投影形状要视平面对投影面的相对位置而定。

例 3-16

完成截切圆球的三面投影（图 3-24）。

解　由于截平面 P 为正垂面，截交线圆的正面投影积聚在 P_V 上，长度等于圆的直径，其水平投影和侧面投影都为椭圆。因截平面 P 和圆球的相对位置前后对称，所以截交线也前后对称，其水平投影和侧面投影也前后对称。作图步骤如下：

1）求投影椭圆长、短轴的端点。在正面投影中定出截交线圆的最低、最左点的投影 a' 和最高、最右点的投影 b'，由此求出 a、b 和 a"、b"，它们分别为水平投影和侧面投影椭圆短轴端点。a'b' 的中点 c'、d' 是截交线圆的最前点和最后点的正面投影，由此求出 c、d 和

图 3-24　截切圆球的投影

c''、d''，它们分别是水平投影和侧面投影椭圆长轴端点。

2）求转向线上的点。在正面投影中再定出截交线圆在水平投影转向线上的点 E、F 的投影 e'、f' 和侧面投影转向线上的点 G、H 的投影 g''、h''，并求出上述四点的其余投影。

3）求出适当数量的一般点。

4）按顺序光滑连接各点的同面投影。

5）去掉截切部分多余的轮廓线。正面投影转向线左上侧 $a'b'$ 弧、水平投影转向线左侧 ef 弧、侧面投影转向线上侧 $g''h''$ 弧应去掉。

6）判断可见性。截交线的正面投影积聚在 P_V 上，水平投影和侧面投影均可见，画成粗实线。

例 3-17

完成缺口半圆球的投影图（图3-25）。

解　半圆球的缺口可看作是由一个水平面和两个侧平面截切而成。水平面截切圆球截得两段水平圆弧，两个对称的侧平面截得两段侧平圆弧，槽底部三平面间产生两条交线为正垂线。作图步骤如下：

1）求由水平面截得交线的正面投影。求出交线圆的直径，画出反映其实形的水平投影和积聚为直线的侧面投影。

2）求由两侧平面截得交线圆的正面投影。求出其半径，画出其反映实形的侧面投影和积聚成直线的水平投影。由于两侧面左右对称，所以其侧面投影重合。

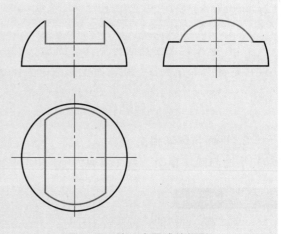

图 3-25　缺口半圆球的投影

3）求水平面与两侧平面交线（正垂线）的投影。其正面投影各积聚为一个点，水平投影分别积聚在两侧平面的投影上，侧面投影积聚在水平截平面的投影上。

4）去掉缺口部分多余的轮廓线。

5）判断可见性。在侧面投影中，水平截平面积聚为一直线，被球面遮挡的部分画成虚线。

4. 综合例题

复合回转体是具有共同轴线的几个回转形体组合而成的形体，如图 3-26 所示。平面与复合回转体相交产生的截交线也是平面与组成复合回转体各部分表面交线的组合。

例 3-18

完成截切复合回转体的投影（图3-26）。

解　如图3-26所示，复合回转体由同轴的圆锥、小圆柱和大圆柱组合而成，其轴线为侧垂线，被一个水平面截切。由正面投影可以看出，水平截平面与圆锥、圆柱均相交，截交线为封闭的组合曲线。该组合曲线是由截平面与圆锥的交线——双曲线、截平面与小圆柱的交线——两条直素线和截平面与大圆柱的交线——矩形组成。由于截平面为水平面，截交线的正面投影和侧面投影都积聚为直线，其水平投影反映实形，因此只需求出其水平投影。作图步骤如下：

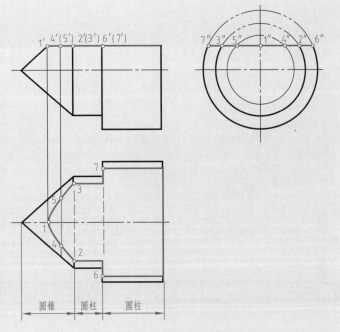

1）找到复合回转体不同形状表面的分界线。

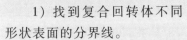

图3-26　平面截切复合回转体

2）求分界线上的点。圆锥和小圆柱分界线上的点为点Ⅱ和点Ⅲ，这两点为对 V 面的重影点，其正面投影和侧面投影已知，点2在前，点3在后，因此点2′可见，点3′不可见。可根据其侧面投影量出 y 坐标，求出水平投影点2和点3。用同样的方法可得到大、小圆柱分界线上的点Ⅵ和点Ⅶ的各面投影。

3）分别求出各段截交线。

① 求截平面与圆锥的截交线——双曲线。点Ⅰ为最左点，点Ⅱ和点Ⅲ为分界线上的点。点Ⅰ是正面投影转向线与截平面的交点，其正面投影点1′可直接求出，然后由此求出点1和点1″。点Ⅳ和点Ⅴ为一般点，作图时，先在截平面的正面投影中定出点4′和点5′，然后作辅助圆（点Ⅳ和点Ⅴ所在圆锥的纬线圆）的侧面投影，求出它与截平面侧面投影的交点，即为点4″和点5″，再根据点4″和点5″的 y 坐标及其正面投影求出该两点的水平投影点4和点5。

② 求截平面与小圆柱的交线——两条直素线。该两条交线通过分界线上的点Ⅱ和点Ⅲ，并平行于轴线，为侧垂线。因此，分别过点2和点3作侧垂线，与小圆柱长度相等即可。

③ 求截平面与大圆柱的交线——矩形。该矩形的两条平行于轴线的边通过分界线上的点Ⅵ和点Ⅶ，按上述步骤作出即可。矩形的最右边为截平面与侧平面的交线，是正垂线，连接两条侧垂线的端点即得。由于矩形位于大、小圆柱分界线上的部分并不完整，故只需将两段直素线的端点连接即可。

4）连线并判断可见性。顺次光滑连接各点及各段截交线，即可完成截交线的水平投影。该投影可见，连成粗实线。

5）补全复合回转体的轮廓线。由于题中各形体分界线的水平投影并未给出，需要补全。可见部分连成粗实线，不可见部分连成虚线。

在工程中，由形体截切而形成的结构很多。图 3-27 所示为常见具有由形体截切形成结构的工件。

图 3-27　常见具有由形体截切形成结构的工件

第三节　两曲面立体相交

两个或两个以上的基本立体相交组成一个新的立体称为相贯体，其表面之间的交线称为相贯线。由于立体分为平面立体和曲面立体两类，所以立体相贯可分为三种情况：

1）平面立体与平面立体相贯。

2）平面立体与曲面立体相贯。

3）曲面立体与曲面立体相贯。

前两种情况可以转化为平面与立体表面相交的问题来解决，本节不再进行讨论。本节只讨论求两曲面立体相贯线的问题。

在工程图样上，画出相贯线的意义在于准确地表达立体形状，有助于读图。

一、相贯线概述

知识点：
相贯线的基本知识

由于相交两曲面立体的形状、大小和相对位置不同，相贯线的形状也不相同，但所有的相贯线都具有以下基本性质：

1）相贯线是两个相交立体表面的共有线，是所有共有点的集合。

2）相贯线一般为封闭的空间曲线，特殊情况下不封闭或为平面曲线，甚至为直线。

因此，求相贯线就是求两立体表面共有点的问题。求共有点，可采用表面取点法或辅助面法（即三面共点法）。

表面取点法是利用立体表面投影的积聚性直接确定相贯线上共有点的方法。当构成相贯体的两个立体中有圆柱体（轴线为投影面垂直线）时，由于圆柱面投影具有积聚性，使得相贯线的某投影必然落在圆柱面具有积聚性的投影上，求相贯线的其他投影时，可以看作是已知另一个回转表面上线的一个投影，求作其他投影。

辅助面法是较通用的求相贯线上共有点的方法。如图 3-28 所示，圆柱与圆锥的相贯线为一条封闭的空间曲线。欲求相贯线上的点，可设想作一辅助面 P，它与圆柱面交于两条直素线，与锥面交于一圆，它们的交点 I、II 即为相贯线上的点。作若干个辅助面，可求得一系列这样的共有点，然后依次光滑地连接，即为所求相贯线。辅助面一般选用平面，也可选用球面、柱面等。

为了便于作图，选择辅助平面的原则是：辅助平面截切两立体表面都应能获得简单易画的截交线，即截交线的投影为直线或圆。

为了准确地表示相贯线，应尽可能求出一些能决定相贯线范围、性质、可见性的特殊点，如极限位置点、转向点等。

连线的原则：在两立体表面上都处于相邻位置的点才能相连。

判断可见性的原则：只有当相贯线所属两立体表面对某一投影面的投影同时可见时，其投影才可见，否则不可见。

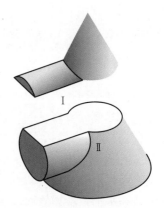

图 3-28　求两曲面立体相贯线的示意图

知识点：
圆柱和圆柱相贯

二、表面取点法求相贯线

在用表面取点法求相贯线时，由于相贯线的某个投影已知，于是将这类问题转化为属于立体表面的点和线的问题，即已知参与相贯的某一立体表面曲线（所求相贯线）的一个投影，求作其他投影。

例 3-19

求轴线正交两圆柱的相贯线（图 3-29）。

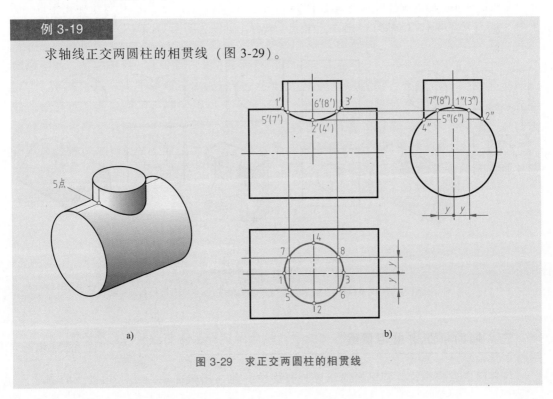

a)　　　　　　　　　　　　　　b)

图 3-29　求正交两圆柱的相贯线

解 两圆柱轴线正交，且同时平行于正平面，如图 3-29a 所示。相贯线为一条封闭空间曲线。由于相贯体参与相贯部分左右、前后对称，所以相贯线也左右、前后对称。相贯线的水平投影积聚在铅垂圆柱面的投影上，侧面投影积聚在侧垂圆柱面的投影上，只有正面投影需要求出。该题可用表面取点法求作相贯线的共有点。由于相贯线的水平投影和侧面投影均已知，可以直接确定相贯线上一系列点的水平投影，对应确定出这些点的侧面投影，利用点的投影特性求出这些点的正面投影。作图步骤如下：

1）求特殊点。在水平投影和侧面投影中取点 Ⅰ 的投影 1 和 1″，取点 Ⅲ 的投影 3 和 3″，求得点 Ⅰ（1′，1，1″）和点 Ⅲ（3′，3，3″），为相贯线的最高点。同时点 Ⅰ 又为最左点，点 Ⅲ 又为最右点，也是相贯线正面投影可见性的分界点。

在水平投影和侧面投影中取点 Ⅱ 的投影 2 和 2″，求得点 Ⅱ（2′，2，2″），为相贯线的最前点，也是最低点。与点 Ⅱ 前后对称的点 Ⅳ 是相贯线的最后点。

2）求一般点。按上面同样的方法求得一般点 Ⅴ（5′，5，5″）、Ⅵ（6′，6，6″）、Ⅶ（7′，7，7″）、Ⅷ（8′，8，8″）。视需要，可再求一些一般点。

3）依次光滑地连接各点的正面投影，并判断可见性。相贯线正面投影的前一半曲线 1′5′2′6′3′ 可见，且与后一半 7′4′8′（不可见）重合，用粗实线画出。

4）将相贯体看作一个整体，补上或去掉有关部分的转向线投影，并判别可见性。正面投影中两圆柱的正面投影转向线的投影均画到点 1′、3′ 为止。

在实际应用中，除例 3-19 外，正交两圆柱相贯还有两种情况，如图 3-30 所示。图 3-30a 表示了常见的外圆柱面与圆柱孔（内圆柱面）相贯；图 3-30b 表示了圆柱孔与圆柱孔相贯；图 3-30c 表示了空心圆柱（圆筒）与圆柱孔相贯，实际上此图为图 3-30a 和图 3-30b 的综合。

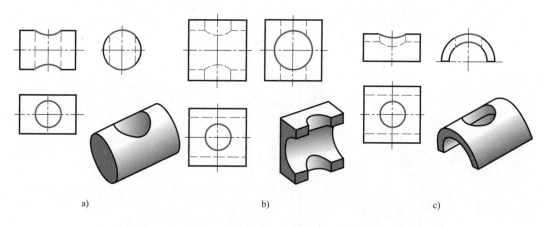

a)   b)   c)

图 3-30 圆柱与圆柱相贯

a）外圆柱面与内圆柱面相贯   b）圆柱孔与圆柱孔相贯   c）空心圆柱与圆柱孔相贯

三、辅助平面法求相贯线

知识点：
圆柱和圆锥相贯

与表面取点法相比，辅助平面法更具通用性。前述用表面取点法求相贯线的例题，也可用辅助平面法求解，但对于相贯线的各投影均未知的情况，表面取点法就无能为力了，需采用辅助平面法。

例 3-20

半圆柱和圆锥台轴线正交，求其相贯线（图3-31）。

解 半圆柱和圆锥台轴线正交，且同时平行于 V 面，相贯线为一条封闭空间曲线。由于相贯体参与相贯部分左右、前后对称，所以相贯线也左右、前后对称。相贯线的侧面投影积聚在侧垂圆柱面的投影上，相贯线的正面投影和水平投影都需求出。辅助面可选水平面，也可选择过圆锥台轴线的侧平面和正平面。作图步骤如下：

1）求特殊点。过圆锥台的轴线作正平面 S，求出两立体正面投影转向线上的点 Ⅰ（$1'$，1，$1''$）、Ⅱ（$2'$，2，$2''$），Ⅰ、Ⅱ 是最高点，同时也是最左、最右点。过圆锥台的轴线作侧平面 T，求出最低点 Ⅲ（$3'$，3，$3''$）、Ⅳ（$4'$，4，$4''$），同时它们也分别为最前点、最后点。

2）求一般点。作辅助水平面 P，求出 P 与两立体表面的交线，这些交线的水平投影分别是两直线和圆，其交点为相贯线上点的水平投影 5、6、7、8，求出 Ⅴ（$5'$，5，$5''$）、Ⅵ（$6'$，6，$6''$）、Ⅶ（$7'$，7，$7''$）、Ⅷ（$8'$，8，$8''$）。

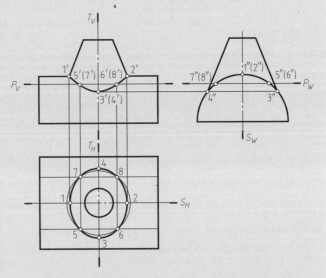

图 3-31 求轴线正交半圆柱和圆锥台的相贯线

3）依次光滑连接各点的正面投影和水平投影，并判断可见性。相贯线正面投影的前一半曲线$1'5'3'6'2'$可见，且与后一半 $2'8'4'7'1'$（不可见）重合，用粗实线画出；相贯线的水平投影可见，用粗实线依次连接各点水平投影即可。

4）将相贯体看作一个整体，补上或去掉有关部分的转向线投影，并判别可见性。正面投影中两立体对 V 面转向线的正面投影均画到点 $1'$、$2'$为止。

例 3-21

求圆锥与圆柱的相贯线（图3-32）。

解 轴线铅垂的圆锥与轴线侧垂的圆柱正交，相贯体前后对称。相贯线为一条空间曲线，且前后对称。由于圆柱垂直于侧面，相贯线的侧面投影积聚在圆柱的侧面投影上，故需求相贯线的正面投影和水平投影。辅助面可选取水平面、过锥顶的正平面或侧垂面。作图步骤如下：

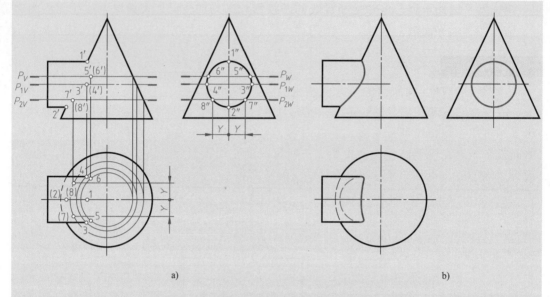

a)   b)

图 3-32 圆锥与圆柱的相贯线

1) 求特殊点。最高点 I($1'$, 1, $1''$) 和最低点 II($2'$, 2, $2''$) 均可直接求出（过圆柱与圆锥的轴线作正平面 T 求得）。过圆柱轴线作水平面 P_1，与圆柱的交线是两条直素线，与圆锥的交线是水平圆，它们的交点 III($3'$, 3, $3''$)、IV($4'$, 4, $4''$) 即为圆柱水平投影转向线上的点。

2) 求一般点。作水平面 P、P_2，求得点 V($5'$, 5, $5''$)、VI($6'$, 6, $6''$)、VII($7'$, 7, $7''$)、VIII($8'$, 8, $8''$)。

3) 依次光滑连接各点的同面投影，并判别可见性。相贯体前后对称，正面投影可见与不可见部分投影重合，故画粗实线。水平投影中 3、4 两点是可见性的分界点，因此，46153 段可见，48273 段不可见。

4) 审查整体轮廓，补上或去掉相关部分转向轮廓线投影，并判断可见性。

例 3-22

求半圆球与圆锥台的相贯线（图 3-33）。

解 相贯体前后对称，相贯线为一条封闭的空间曲线，且前后对称。由于半圆球与圆锥面的投影无积聚性，所以相贯线的三个投影均需求出。本题适于选用水平辅助面，此外还可采用过圆锥轴线的一个正平面和一个侧平面。

作图步骤如下：

1) 求特殊点。作过圆锥台轴线的正平面 R，求得圆球与圆锥台正面投影转向线上的交点 I($1'$, 1, $1''$)、II($2'$, 2, $2''$)，它们还是最高、最低和最左、最右点。

作过圆锥台轴线的侧平面 T，它与圆锥台的交线的侧面投影为转向线，与圆球面的交线为一侧平圆，其交点为 III($3'$, 3, $3''$)、IV($4'$, 4, $4''$)。

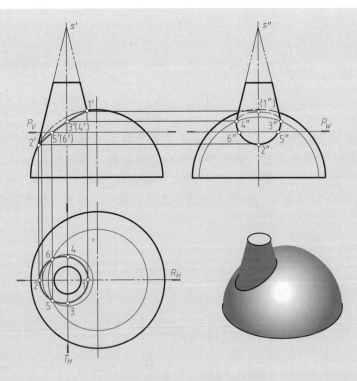

图 3-33　半圆球与圆锥台的相贯线

2）求一般点。在点 Ⅱ、Ⅲ 之间的适当位置作水平面 P，它与圆锥台和圆球的交线均为圆，它们交于 Ⅴ（5′，5，5″）、Ⅵ（6′，6，6″）两点。可视需要用同样的方法求出适当个一般点。

3）依次光滑连接各点的同面投影，并判别可见性。相贯体前后对称，正面投影可见与不可见部分投影重合，故画粗实线；水平投影均可见；侧面投影中 4″1″3″ 段不可见，其余可见。

4）审查整体轮廓，并判别可见性。正面投影中圆球轮廓 1′2′ 段无线；侧面投影中圆球轮廓线被圆锥台挡住部分应画成虚线，圆锥台的轮廓线应画到 3″、4″，并与相贯线的投影相切。

四、两回转体相贯线的特殊情况

知识点：
相贯线的特殊情况

两回转体相贯线在特殊情况下，可成为直线或平面曲线。

1. **两回转体相贯线为直线**

两共顶的锥体或轴线平行的柱体相贯时，其相贯线为两条直线，如图 3-34、图 3-35 所示。

2. **共轴回转体的相贯线为圆**

共轴回转体的相贯线为圆，如图 3-36 所示。

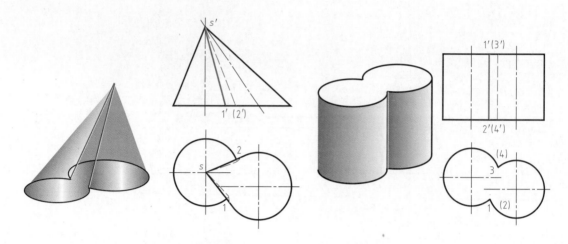

图 3-34 相贯线为相交两直线 　　　　　　　图 3-35 相贯线为平行两直线

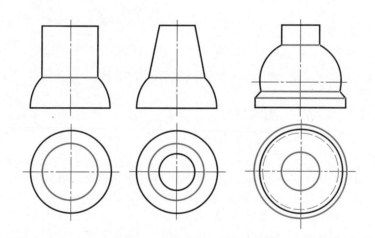

图 3-36 共轴回转体的相贯线为圆

3. 蒙诺定理

当两个二次曲面（如圆柱面、圆锥面、圆球面等）公切于第三个二次曲面时，相贯线为平面曲线。

1）当两个等径圆柱轴线正交时，两者必能同时外切于一圆球面，其相贯线为两个大小相等的椭圆。若两轴线均平行于 V 面，则相贯线的正面投影为直线段 $a'b'$ 及 $c'd'$，水平投影与直立圆柱面的水平投影重合（图 3-37a）。

2）当两个等径圆柱轴线斜交时，两者必能同时外切于一圆球面，相贯线也为两椭圆，但两者大小不等。若两轴线均平行于 V 面，则相贯线的正面投影为直线段 $a'b'$ 及 $c'd'$，水平投影仍与直立圆柱面的水平投影重合（图 3-37b）。

3）当圆柱与圆锥轴线相交时，若两者能同时外切于一圆球面，则相贯线也是两椭

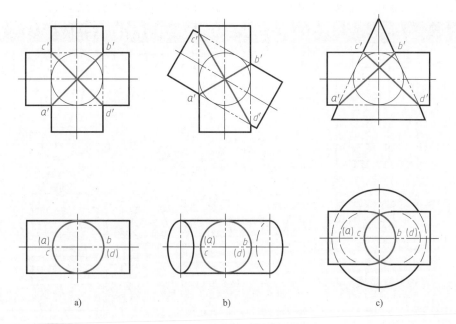

图 3-37　相贯线为平面曲线

圆。若两轴线均平行于 V 面，则相贯线的正面投影为直线段 $a'b'$ 及 $c'd'$，水平投影为相交的椭圆（图 3-37c）。

五、影响相贯线形状的因素

影响相贯线形状的因素有：两相贯体的几何性质、尺寸大小及相互之间的关系。

1）表 3-3 表示圆柱与圆柱、圆柱与圆锥轴线正交时，两相贯体之一的尺寸大小发生变化，相贯线形状的变化情况。

2）表 3-4 表示圆柱与圆柱、圆柱与圆锥轴线正交、斜交和交叉三种情况下相贯线形状的变化情况。

工程上常用具有相贯结构的工件有很多，图 3-38 列举了几种常见的具有相贯结构的工件。

图 3-38　几种常见的具有相贯结构的工件

表3-3　轴线正交时表面性质相同而尺寸不同对相贯线形状的影响

表面性质	尺寸变化（圆柱的直径变化）		
柱-柱相贯	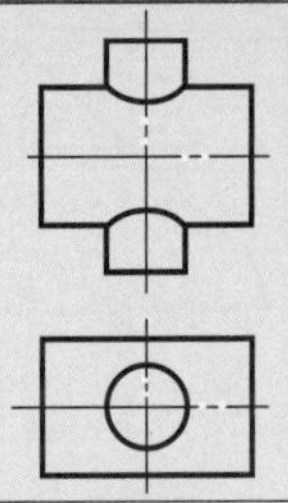	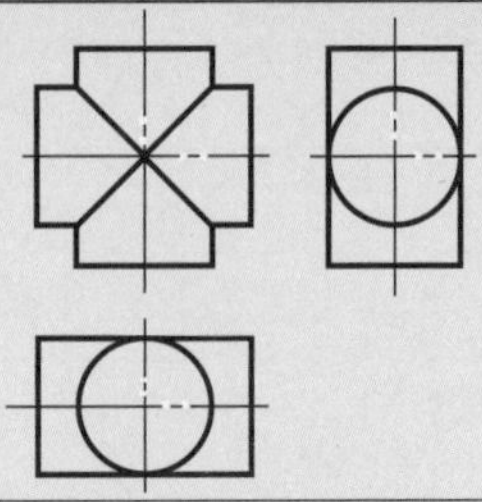	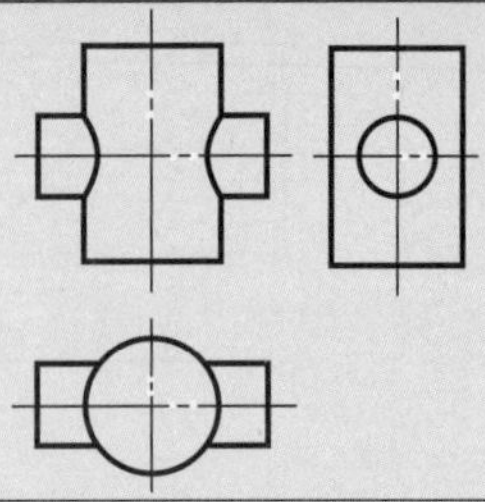
锥-柱相贯	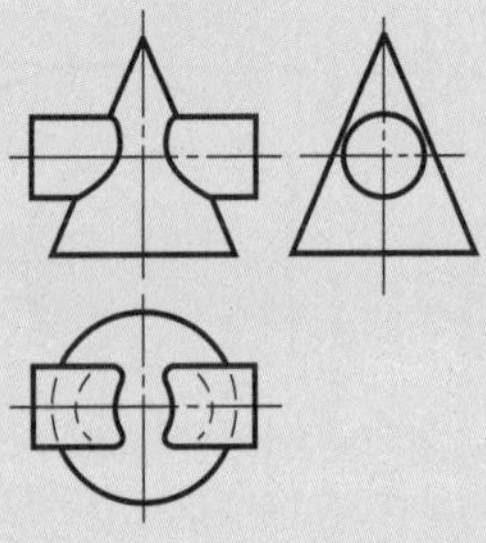	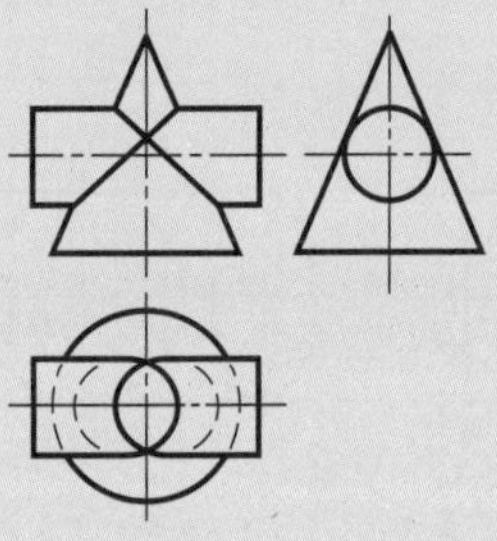	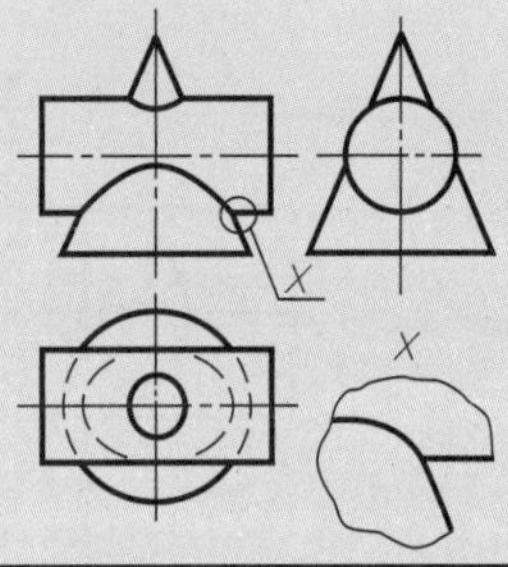

表3-4　表面性质和相对位置对相贯线的影响

表面性质	相对位置		
	轴线正交	轴线斜交	轴线交叉
柱-柱相贯	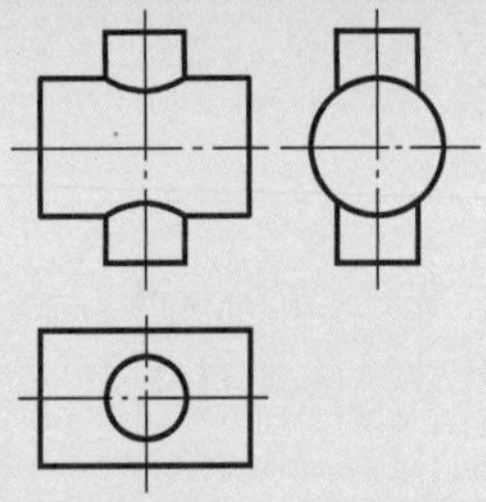	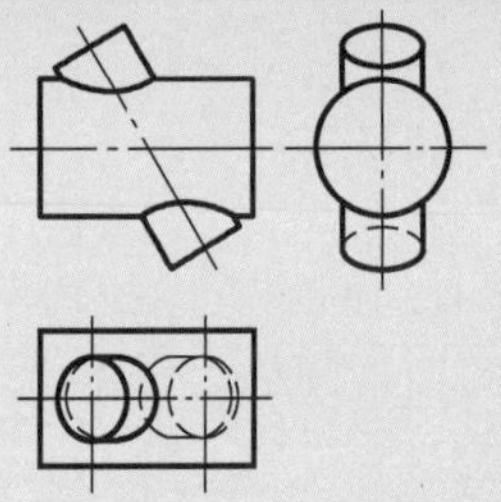	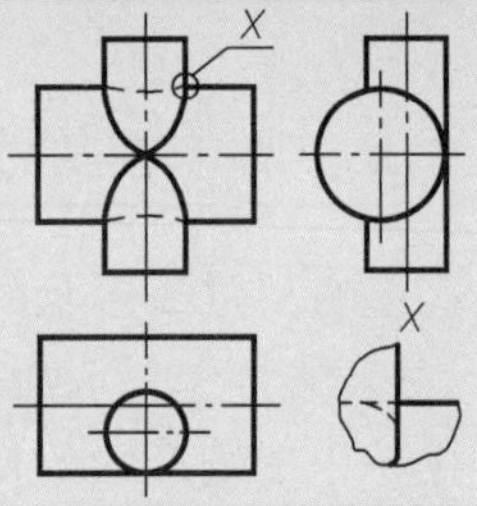
锥-柱相贯	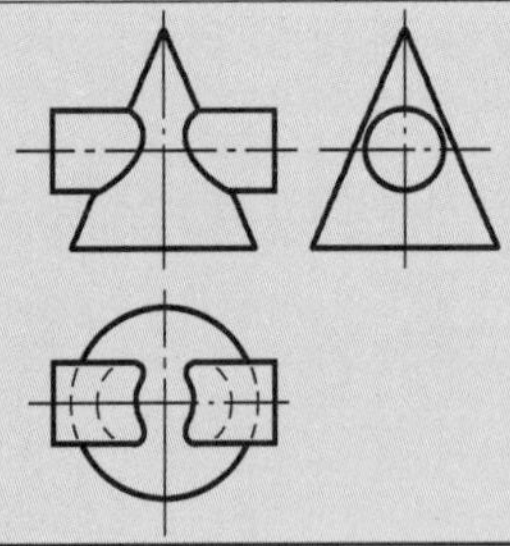	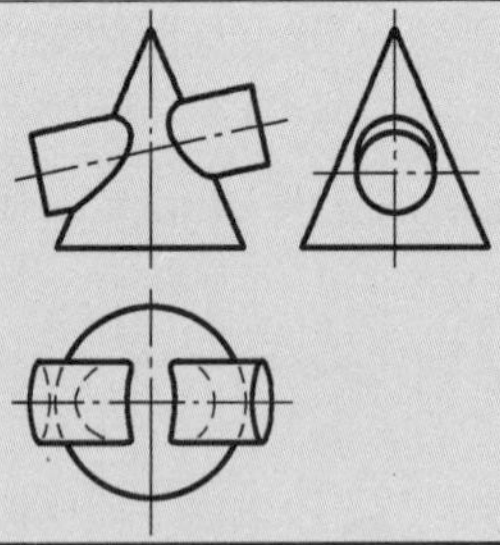	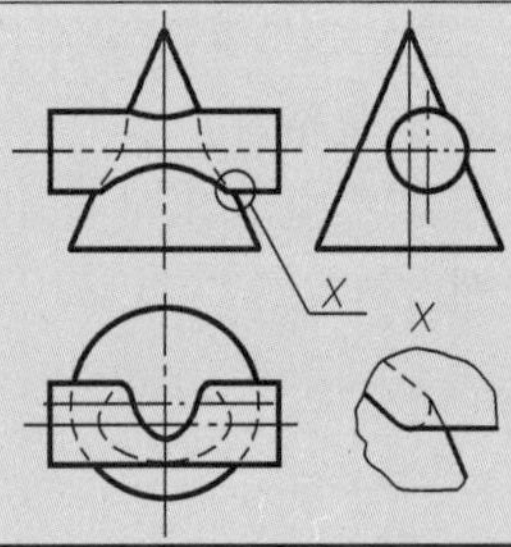

思政拓展

中国创造：笔头创新之路

第四章
制图的基本知识

第一节　制图的一般规定

　　机械图样是机械设计和制造过程中的重要文件，是机械工程技术人员交流技术思想的工具，为此必须有统一的标准和规定。我国不断吸收最新相关国际标准的成果，并密切结合国内工业生产及科学进步的实际需要，制定并颁布了《技术制图》和《机械制图》等国家标准。国家标准简称"国标"，代号为"GB"。

　　GB/T 14689—2008、GB/T 14690—1993、GB/T 14691—1993、GB/T 4457.4—2002、GB/T 4458.4—2003 分别对图纸幅面和格式、比例、字体、图线、尺寸注法等做了统一规定。必须树立标准化的概念，严格遵守、认真执行国家标准。

一、图纸幅面和格式（GB/T 14689—2008《技术制图　图纸幅面和格式》）

1. 图纸幅面

　　图纸幅面指图纸宽度与长度组成的幅面。标准规定，绘制技术图样时，应优先采用表 4-1 所规定的基本幅面。基本幅面的图纸分 A0～A4 五种。A0 幅面面积为 $1m^2$，长短边之比为 $\sqrt{2}$。A1 幅面为 A0 幅面的一半（以长边对折裁开），A2～A4 以此类推。必要时，也允许选用所规定的加长幅面。加长幅面的尺寸由基本幅面的短边成整数倍增加后得出，如图 4-1 所示。

表 4-1　幅面规格　　　　　　　　　　　　　　（单位：mm）

幅面代号	A0	A1	A2	A3	A4
$B \times L$	841×1189	594×841	420×594	297×420	210×297
e	20			10	
c	10			5	
a	25				

2. 图框格式

图框指图纸上限定绘图区域的线框。在图纸上必须用粗实线画出图框。其格式分为不留装订边和留有装订边两种，但同一产品的图样，只能采用一种格式。

1）不留装订边的图纸，其图框格式如图4-2a、b所示，尺寸按表4-1的规定。

2）留有装订边的图纸，其图框格式如图4-3a、b所示，尺寸按表4-1的规定。

图纸可横放或竖放。

3. 标题栏

标题栏指由名称及代号区、签字区、更改区和其他区组成的栏目。标题栏反映了一张图样的综合信息，是图样的重要组成部分。

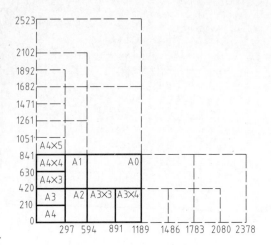

图 4-1　基本幅面和加长幅面

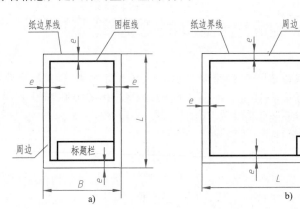

图 4-2　不留装订边的图框格式

a）Y 型图纸　b）X 型图纸

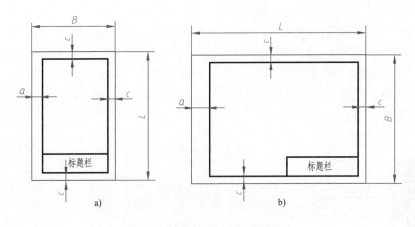

图 4-3　需要留装订边的图框格式

a）Y 型图纸　b）X 型图纸

每张图样上都必须画出标题栏。标题栏的格式和尺寸在 GB/T 10609.1—2008《技术制图　标题栏》中已做了规定。其格式和尺寸如图 4-4 所示。

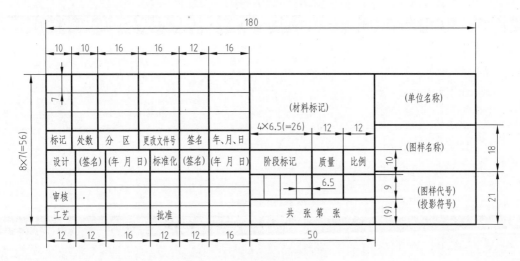

图 4-4　标题栏的格式和尺寸

教学用标题栏建议采用图 4-5 所示的格式和尺寸。

标题栏应位于图样的右下角。标题栏中的文字方向为读图方向。

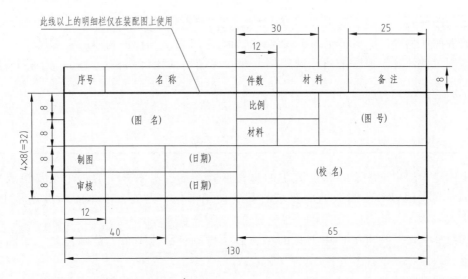

图 4-5　教学用标题栏的格式和尺寸

二、比例（GB/T 14690—1993《技术制图　比例》）

比例是指图样中图形与其实物相应要素的线性尺寸之比。

绘制图样时，应由表 4-2 规定的系列中选取适当的比例。实践证明，这些比例能够满足使用要求，为各行各业普遍采用。尤其是采用 1：1 的比例作图，画图和读图都十分方便。

表 4-2　比例系列（一）

种　类	比　例		
原值比例	1：1		
放大比例	5：1	2：1	
	$5 \times 10^{n}：1$	$2 \times 10^{n}：1$	$1 \times 10^{n}：1$
缩小比例	1：2	1：5	1：10
	$1：2 \times 10^{n}$	$1：5 \times 10^{n}$	$1：1 \times 10^{n}$

注：n 为正整数。

必要时，也允许选取表 4-3 中规定的比例。

表 4-3　比例系列（二）

种　类	比　例				
放大比例	4：1		2.5：1		
	$4 \times 10^{n}：1$		$2.5 \times 10^{n}：1$		
缩小比例	1：1.5	1：2.5	1：3	1：4	1：6
	$1：1.5 \times 10^{n}$	$1：2.5 \times 10^{n}$	$1：3 \times 10^{n}$	$1：4 \times 10^{n}$	$1：6 \times 10^{n}$

注：n 为正整数。

绘制图样时，应尽量采用 1：1 的比例。当物体不宜用 1：1 的比例画出时，也可用缩小或放大的比例画出。但不论缩小或放大，标注尺寸时必须标注物体的实际尺寸。

绘制机件的各个视图采用相同比例，并在标题栏的比例一栏中填写；当某个图形需采用不同的比例时，则须另行标注，如 $\dfrac{A}{2：1}$、$\dfrac{B}{5：1}$。

三、字体（GB/T 14691—1993《技术制图　字体》）

字体是指图中文字、字母、数字的书写形式，是技术图样中的一个重要组成部分，标注尺寸和说明设计、制造上的要求时都要使用字体。因此，字体的标准化是十分必要的。

该标准规定，技术图样中书写的字体必须做到：字体工整、笔画清楚、间隔均匀、排列整齐。

字体的号数就是字体的高度，用 h 表示。字体高度的公称尺寸系列为：1.8、2.5、3.5、5、7、10、14、20mm。如需要书写更大的字，其字体高度应按 $\sqrt{2}$ 的比率递增。用来表示指数、分数、极限偏差、注脚等的数字及字母，字号一般应采用小一号的字体。

1. 汉字

汉字应写成长仿宋体字，并采用国家正式公布推行的简化字。汉字的高度 h 不应小于 3.5mm，其字宽一般为 $h/\sqrt{2}$。

长仿宋体汉字示例如图 4-6 所示。

10号字

字体工整　笔画清楚　间隔均匀　排列整齐

7号字

装配时作斜度深沉最大小球厚直网纹均布水平镀抛

光研视图向旋转前后表面展开两端中心孔锥销键

图 4-6　长仿宋体汉字示例

长仿宋体汉字的书写要领是：横平竖直、注意起落、结构匀称、填满方格。

为了保证所写汉字大小一致、整齐，书写时应先画好格子，然后再写字。

2. 字母

在技术图样中，常用的字母有拉丁字母和希腊字母。拉丁字母用得比较多。从字型上可分 A 型和 B 型。A 型字体的笔画宽度为字高的 1/14，B 型字体的笔画宽度为字高的 1/10。同时，又各有斜体、直体和大写、小写之分。斜体字字头向右倾斜，与水平基准线成 75°。在同一图样上，只允许选用一种形式的字体。为了与汉字协调，建议采用 A 型字体。

拉丁字母示例如图 4-7 所示。

大写斜体

小写斜体

图 4-7　拉丁字母示例

希腊字母示例如图 4-8 所示。

3. 数字

在技术图样中，常用的数字有阿拉伯数字和罗马数字，这两种数字也分 A 型、B 型和斜体、直体。

阿拉伯数字示例如图 4-9 所示。

罗马数字示例如图 4-10 所示。

小写斜体

图 4-8　希腊字母示例

斜体

直体

图 4-9　阿拉伯数字示例

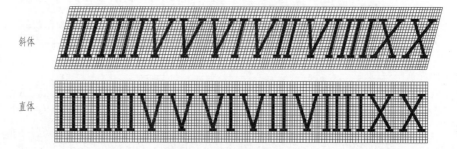

斜体

直体

图 4-10　罗马数字示例

四、图线及其画法（GB/T 4457.4—2002《机械制图　图样画法　图线》）

1. 图线型式及应用

各种图线的名称、型式以及在图样上的应用如图 4-11 所示，也可根据表 4-4 所列应用。

在机械图样中，采用粗、细两种线宽，它们之间的比例为 2∶1。粗线宽度推荐系列为 0.25、0.35、0.5、0.7、1、1.4、2mm。粗线宽度优先采用 0.5、0.7mm。

图线中不连续的独立部分称为线素，如点、长度不同的画和间隙。各线素的长度应符合表 4-5 的要求。表中 d 表示该图线的宽度。

2. **图线画法**

1）图样中各类图线应粗细分明。同一图样中同类图线的宽度应一致。

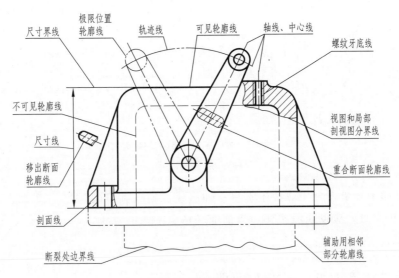

图 4-11 各种线型的应用

表 4-4 线型

线型名称和表示	应　　　用
细实线 ———————	尺寸线、尺寸界线、指引线、剖面线、过渡线等
粗实线 ———————	可见轮廓线、相贯线、螺纹牙顶线、螺纹长度终止线等
细虚线 — — — — —	不可见轮廓线等
细点画线 —·—·—·—	轴线、对称中心线、齿轮的分度圆、剖切线等
细双点画线 —··—··—	相邻辅助零件的轮廓线、轨迹线等
波浪线 〜〜〜	断裂处边界线、视图与剖视图的分界线
双折线 ——〜——	断裂处边界线、视图与剖视图的分界线

表 4-5 线素长度

线　素	线　　型	长　度	示　　　例
点	点画线、双点画线	$\leqslant 0.5d$	
短间隔	虚线、点画线、双点画线	$3d$	
画	虚线	$12d$	
长画	点画线、双点画线	$24d$	

2）绘制圆的中心线时，圆心应为线段的交点；细点画线和细双点画线的始末两端应是线段而不是点。用作轴线、中心线及对称中心线的细点画线，两端要超出轮廓线 2 ~ 5mm。在较小图形中绘制细点画线、细双点画线有困难时，可用细实线代替。圆中心线的画法如图 4-12 所示。

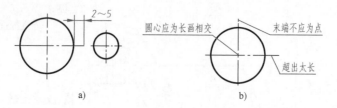

图 4-12　圆中心线的画法

a）正确　b）错误

3）当某些图线重合时，应按粗实线、细虚线、细点画线的顺序，只画前面的一种图线。当图线相交时，应以线段相交。当细虚线是粗实线的延长线时，衔接处应留出空隙，如图 4-13 所示。

五、尺寸注法 （GB/T 4458.4—2003《机械制图　尺寸注法》）

图形只能表达物体的形状，而物体的大小则必须通过标注尺寸才能确定。标注尺寸是一项极为重要的工作，必须认真细致、一丝不苟。如果尺寸有遗漏或错误，都会给生产带来困难或损失。

下面介绍 GB/T 4458.4—2003《机械制图　尺寸注法》中的一些基本内容。有些内容将在后面的有关章节中讲述。

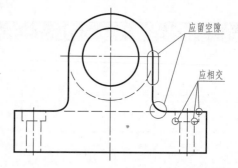

图 4-13　图线相交和衔接处的画法

1. 基本规则

1）物体的真实大小应以图样上所注的尺寸数值为依据，与图形的比例及绘图的准确度无关。

2）图样中（包括技术要求和其他说明）的尺寸，当以 mm（毫米）为单位时，不需标注计量单位的代号或名称。如采用其他单位，则必须注明相应的计量单位的代号或名称。

3）图样中所标注的尺寸，为该图样所示物体的最后完工尺寸，否则应另加说明。

4）物体的每一个尺寸，一般只标注一次，并应标注在反映该结构最清晰的图形上。

2. 尺寸组成

一个完整的尺寸一般应包括尺寸数字、尺寸界线、尺寸线及终端箭头，如图 4-14 所示。

（1）尺寸数字　线性尺寸的数字一般应注写在尺寸线的上方或左方，也允许注写在

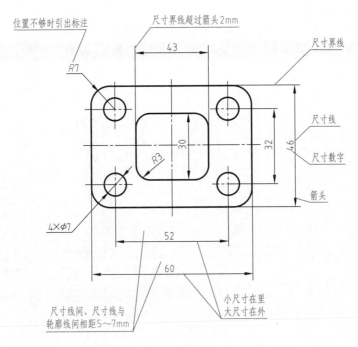

图 4-14　尺寸的组成及标注示例

尺寸线的中断处。线性尺寸数字方向一般应按表 4-6 第一栏中所示的方法注写。国家标准还规定了一些标注尺寸的符号或缩写词（附表 1 及表 4-6）。例如，标注直径时，应在尺寸数字前加注符号 "ϕ"；标注半径时，应在尺寸数字前加注符号 "R"（通常对小于或等于半圆的圆弧注半径 "R"，对整圆或大于半圆的圆弧注直径 "ϕ"）；在标注球面的直径或半径时，应在符号 "ϕ" 或 "R" 前加注 "S"。

（2）尺寸线　尺寸线用细实线表示，不能用其他图线代替，一般也不得与其他图线重合或画在其延长线上。标注线性尺寸时，尺寸线必须与所标注的线段平行。当有几条互相平行的尺寸线时，大尺寸要注在小尺寸的外面，以免尺寸线与尺寸界线相交。在圆或圆弧上标注直径或半径时，尺寸线一般应通过圆心或其延长线通过圆心。

如图 4-15 所示，尺寸线的终端为箭头，它适用于各种类型的图样。箭尾的宽度 d 等于粗实线的宽度。

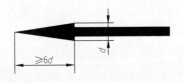

图 4-15　尺寸箭头的形状

（3）尺寸界线　尺寸界线用细实线绘制，并应由图形的轮廓线、轴线或对称中心线引出，也可利用轮廓线、轴线或对称中心线作为尺寸界线。尺寸界线一般应与尺寸线垂直，并超出尺寸线终端 2mm 左右。

3. 尺寸注法示例（表4-6）

表4-6 尺寸注法示例

标注内容	示 例	说 明
线性尺寸的数字方向	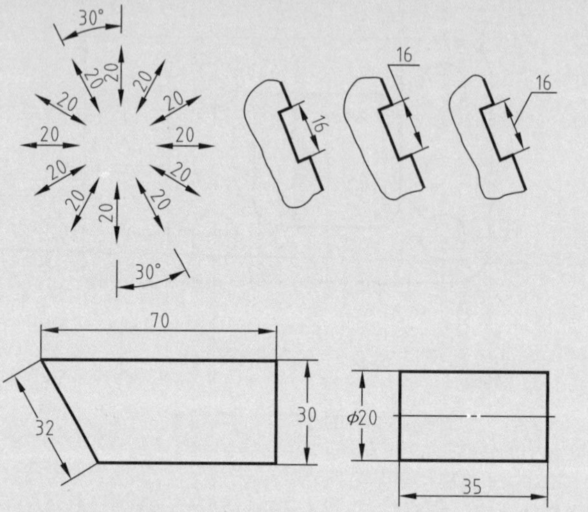	第一种方法:尺寸数字应按左上图所示方向注写,并尽可能避免在图示30°范围内标注尺寸。当无法避免时可按右上图的形式标注 第二种方法:在不致引起误解时,对于非水平方向的尺寸,其数字可水平地注写在尺寸线的中断处,如左、右下图的形式 在一张图样中,应尽可能采用同一种方法,一般应采用第一种方法注写
角度	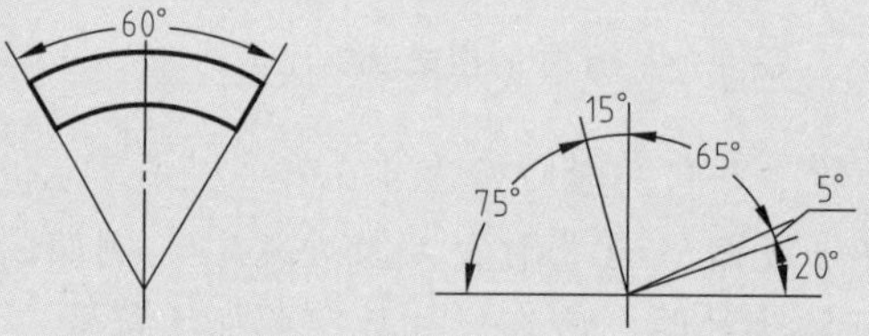	尺寸界线应沿径向引出,尺寸线应画成圆弧,圆心是角的顶点。尺寸数字应一律水平书写,一般注在尺寸线的中断处,必要时也可按右图的形式标注
圆	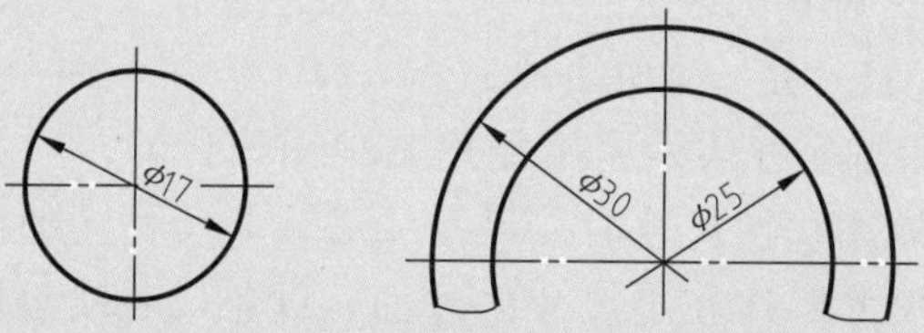	整圆或大于半圆的圆弧标注直径尺寸时,尺寸线一般按这两个图例绘制
圆弧	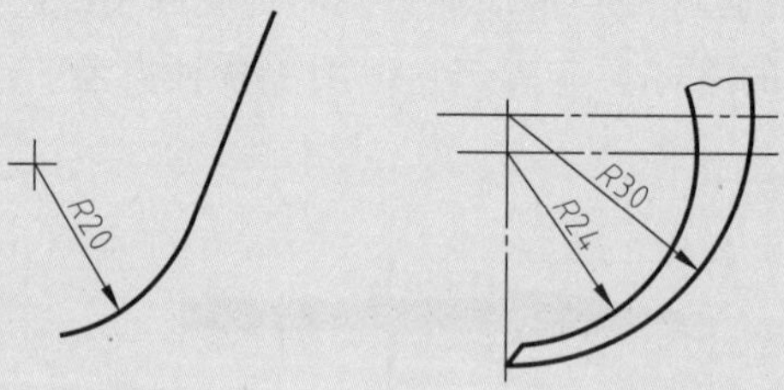	半圆或小于半圆的圆弧应标注半径尺寸,其注法按这两个图例所示
大圆弧	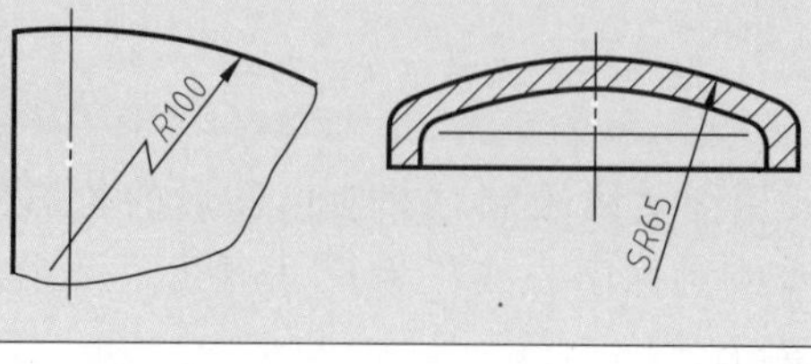	在图纸范围内无法标出圆心位置时,可按左图标注;不需标注圆心位置时,可按右图标注

（续）

标注内容	示　例	说　明
小尺寸	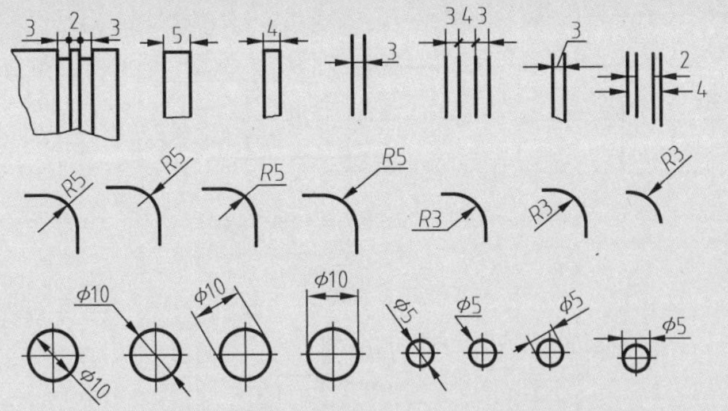	没有足够的位置时，箭头可画在外面，或用小圆点或 45°斜线代替两个箭头；尺寸数字也可以写在外面或引出标注。圆和圆弧的小尺寸，可按这些图例标注
球面	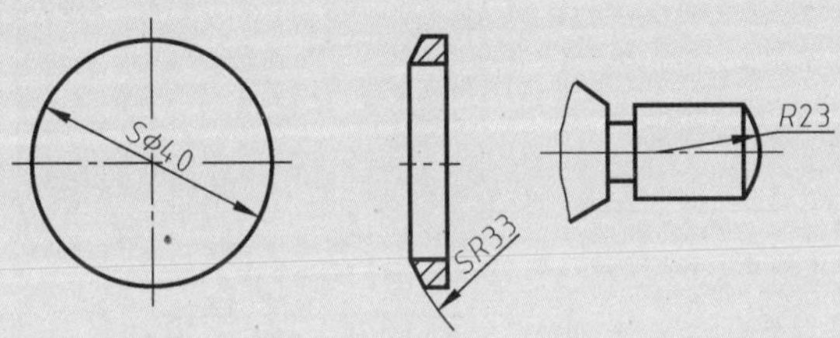	应在"ϕ"或"R"前加注"S"。在不致引起误解时，则可省略，如右图中的右端球面
弧长和弦长	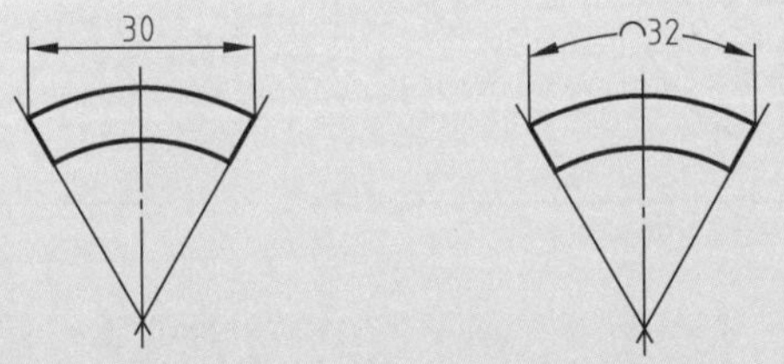	尺寸界线应平行于弦的垂直平分线。标注弧长尺寸时，尺寸线用圆弧，尺寸数字前应加注"⌒"
对称物体只画出一半或大于一半时	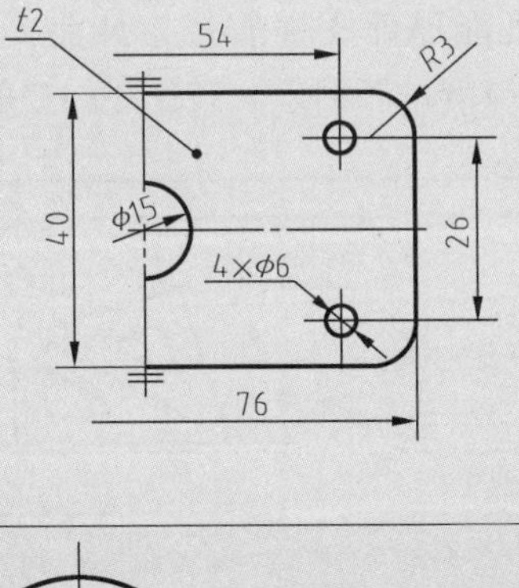	尺寸线应略超过对称中心线或断裂处的边界线；仅在尺寸线一端画出箭头；在对称中心线两端画出的两条与其垂直的平行细实线，此为对称符号
当零件为薄板时		当零件为薄板时，可在厚度尺寸数字前加符号"t"
光滑过渡处	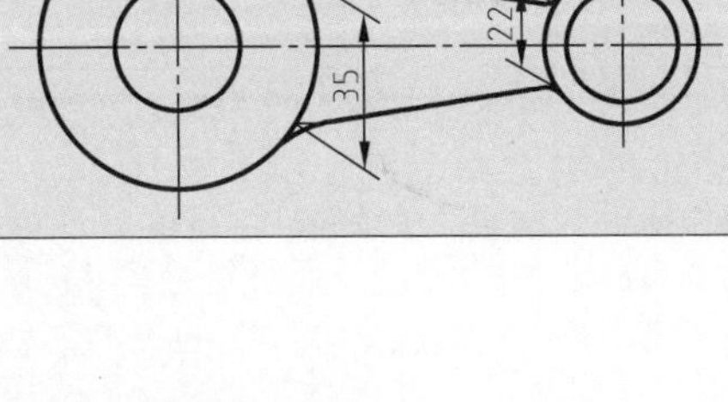	在光滑过渡处，必须用细实线将轮廓线延长，并从它们的交点引出尺寸界线。尺寸界线接近轮廓线时，尺寸界线允许倾斜画出

（续）

标注内容	示 例	说 明
正方形结构	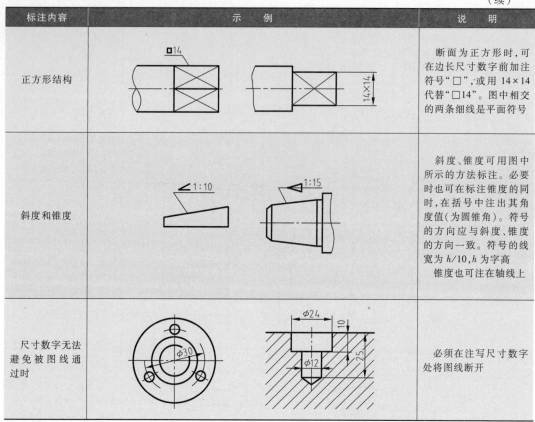	断面为正方形时，可在边长尺寸数字前加注符号"□"，或用 14×14 代替"□14"。图中相交的两条细线是平面符号
斜度和锥度		斜度、锥度可用图中所示的方法标注。必要时也可在标注锥度的同时，在括号中注出其角度值（为圆锥角）。符号的方向应与斜度、锥度的方向一致。符号的线宽为 $h/10$，h 为字高 锥度也可注在轴线上
尺寸数字无法避免被图线通过时		必须在注写尺寸数字处将图线断开

第二节 绘图工具简介

　　正确使用和维护绘图工具，既能保证图样质量，又能提高绘图速度，而且能延长绘图工具的使用寿命。一般的绘图工具包括图板、丁字尺、三角板、铅笔和圆规等。

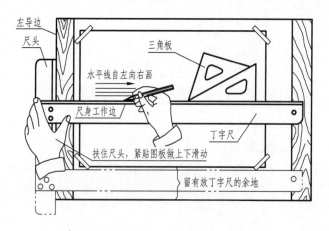

图 4-16　图板、丁字尺、三角板

一、图板

图板供铺放图纸用，它表面平坦、光滑，左右两导边必须平直。

二、丁字尺

丁字尺主要用作画水平线。丁字尺由尺头和尺身组成，两者结合处必须牢固。尺头内侧边及尺身工作边必须平直。使用时，左手扶住尺头，使尺头内侧边紧靠图板左导边（左导边是工作边，不能用图板的其余边），然后执笔沿尺身工作边画水平线。将丁字尺沿图板左导边上下滑动，可画出一系列相互平行的水平线，如图 4-16 所示。

三、三角板

一副三角板有 45°角和 30°-60°角的直角三角板各一块。三角板常与丁字尺配合使用，可用来画铅垂线和 15°倍角的斜线。

画铅垂线时，三角板的一直角边紧靠丁字尺工作边，然后左手按住尺身和三角板，使笔紧贴另一直角边自下而上画线。用手指使三角板紧贴尺身做左、右移动，可画出一系列平行的铅垂线，如图 4-17 所示。

两块三角板配合使用，可画任意斜线的平行线及其垂线，如图 4-18 所示。

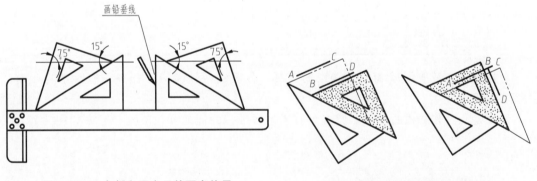

图 4-17　三角板和丁字尺的配合使用　　　　图 4-18　用一副三角板可画任意
　　　　　　　　　　　　　　　　　　　　　　　　　斜线的平行线及其垂线

三角板尽量用同一面接触图纸面，还应经常用细布揩拭干净，以免弄脏图纸。

四、铅笔

画图时常采用 B、HB、H 和 2H 的绘图铅笔。铅芯的软硬用字母 B 和 H 来表示，B 越多表示铅芯越软（黑），H 越多则铅芯越硬。画细线和写字时，铅芯应磨成锥状；而画粗实线时，可以磨成四棱柱（扁铲）状，如图 4-19 所示。

画图时，铅笔可略向前进方向倾斜，尽量使铅笔靠紧尺面，且铅芯与纸面垂直，如图 4-20 所示。

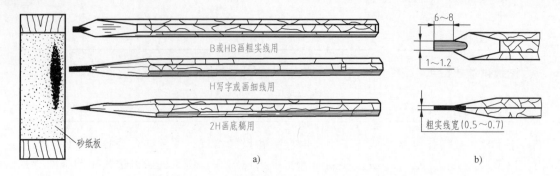

图 4-19　铅芯的形状及一般使用情况

a）不同软硬铅芯的形状及用途　b）粗实线铅笔的削法

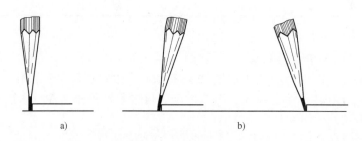

图 4-20　铅笔的使用方法

a）正确　b）不正确

五、分规及圆规

分规是用来量取线段和等分线段的工具。分规的两针尖应一样齐，作图才能准确，如图 4-21 所示。

圆规是画圆和圆弧的工具。圆规附有铅芯、带针的插腿和一支延长杆，如图 4-22 所

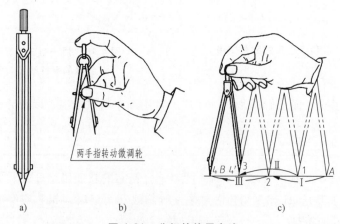

图 4-21　分规的使用方法

a）两针尖要一样齐　b）量取精确距离时，调整弹簧分规的方法

c）分割线段时，分规摆转顺序

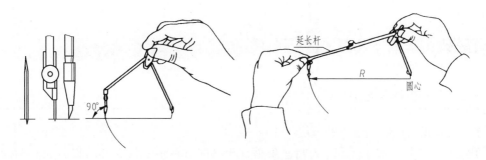

图 4-22　圆规的使用方法

示。圆规的定心针有两个尖端，带有台阶的一端做画圆定心用，另一端做分规用，定心针尖略比铅芯尖长。使用圆规画圆时，圆规的针脚和铅芯都要垂直于纸面。画圆时，一般按顺时针方向前进，并使圆规向前进方向稍微倾斜。

六、曲线板

曲线板是描绘非圆曲线的常用工具，其内外轮廓由多段不同曲率半径的曲线组成。当找到曲线上的一系列点后，选用曲线板上一段与连续四个点贴合最好的轮廓，画线时只连前三点，然后再连续贴合后面未连线的四个点，仍然连前三点，这样中间有一段前后重复贴合两次，依次作下去即可连出光滑曲线，如图 4-23 所示。

七、多功能模板

画图的模板种类很多，使用它们作图，可以大大提高绘图速度。图 4-24 所示的模板可用于画小圆、符号、小圆角，也可用来擦去图中多余的图线，因此它又称为擦图片。

除了上述绘图工具外，还需有小刀、磨铅笔砂布（纸）、橡皮、胶带纸及毛刷等工具。

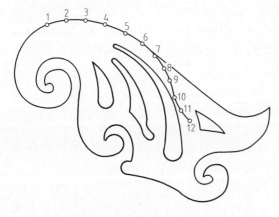

图 4-23　曲线板的使用方法

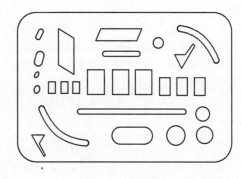

图 4-24　擦图片

第三节　几何作图

一、正六边形的画法

1）已知正六边形对角线的长度，作正六边形。

画法一：如图 4-25a 所示，先画两条垂直相交的对称中心线，然后以其交点为圆心、$D/2$ 为半径作外接圆；再分别以对称中心线与圆的左、右两交点为圆心、$D/2$ 为半径画弧交圆于两点；最后依次连接圆上的六个分点即为正六边形。

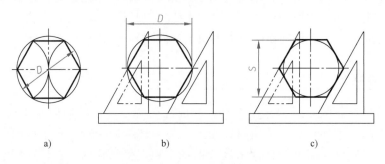

图 4-25　正六边形的画法

画法二：如图 4-25b 所示，先画对称中心线及外接圆（直径为 D），然后用丁字尺、30°-60° 三角板确定各顶点，分别画出各边，即得到圆的内接正六边形。

2）已知对边距离 S，作正六边形。先画对称中心线及内切圆（直径为 S），然后用丁字尺、30°-60° 三角板分别画出与圆相切的各边，即得到圆的外切正六边形，如图 4-25c 所示。

二、正五边形的画法

已知正五边形外接圆直径，作正五边形。

如图 4-26 所示，先画对称中心线及外接圆（直径为 D），作 OP 中点 M；以 M 为圆心、MA 为半径作弧交 ON 于点 K，AK 即为所求正五边形边长；自点 A 起，以 AK 为边长，顺次等分圆周，得到点 B、C、D、E，顺次连接各点，即得所求正五边形。

三、斜度和锥度

1. 斜度

斜度是一直线（或平面）对另一直线（或平面）的倾斜程度，其大小用该两直线（或平面）间夹角的正切来表示，如图 4-27a 所示，并把比值化为 1：n 的形式，即

$$斜度 = \tan\alpha = H：L = 1：L/H = 1：n$$

标注斜度时，应在斜度值前标注斜度符号。斜度符号按图 4-27b 所示绘制，符号的方向应与斜度方向一致。

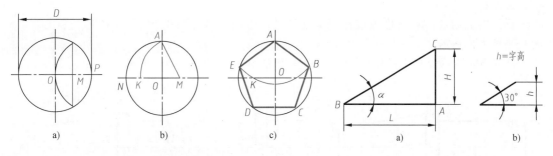

图 4-26　正五边形的画法

a）步骤 1　b）步骤 2　c）步骤 3

图 4-27　斜度及其符号

图 4-28a 所示工字钢翼缘的斜度为 1：6，其作法和标注如图 4-28b 所示。

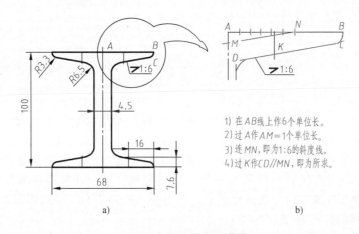

1) 在 AB 线上作 6 个单位长。
2) 过 A 作 AM=1 个单位长。
3) 连 MN，即为 1:6 的斜度线。
4) 过 K 作 CD//MN，即为所求。

图 4-28　斜度的作图步骤

a）工字钢　b）作法

2. 锥度

锥度是指正圆锥体底圆直径与圆锥高度之比。如果是圆台，则是两底圆直径之差与锥台高度之比，如图 4-29a 所示。

$$锥度 = D/L = (D-d)/l = 2\tan\alpha$$

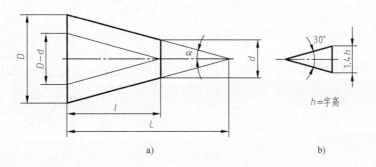

图 4-29　锥度及其符号

锥度也以 $1:n$ 的形式标注。

标注锥度时，应在锥度值前标注锥度符号。锥度符号按图 4-29b 所示绘制，符号的方向与锥度方向一致。

图 4-30a 所示量规上的锥度为 $1:3$，其作法和标注如图 4-30b 所示。

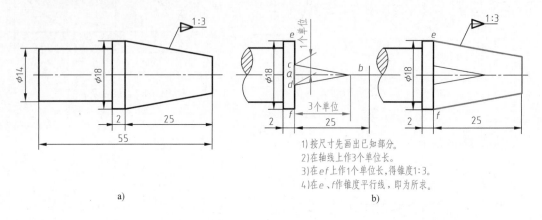

1) 按尺寸先画出已知部分。
2) 在轴线上作3个单位长。
3) 在 ef 上作1个单位长，得锥度1:3。
4) 在 e、f 作锥度平行线，即为所求。

a)　　　　b)

图 4-30　锥度的作图步骤

四、圆弧连接

在绘制物体的图形时，常遇到一条线（直线或圆弧）光滑地过渡到另一条线的情况，这种光滑过渡就是平面几何中的相切。在制图中称为**连接**，切点称为**连接点**。常见的是用圆弧连接已知两条直线、两圆弧或一直线与一圆弧。这个连接其他线段的圆弧称为**连接弧**。作图时，连接弧半径一般是给定的，而连接弧的圆心和连接点则需由作图确定。

1. 圆弧连接的作图原理

1) 作半径为 R 的圆弧与已知直线相切，其圆心轨迹为一直线，该直线与已知直线平行，并且距离为 R。自选定的圆心 O 向已知直线作垂线，垂足 M 即为切点。反之，也可由切点 M 确定圆心 O（图 4-31）。

2) 作半径为 R 的圆弧与已知圆弧（圆弧的圆心 O_1、半径 R_1 均已确定）相切，其圆心轨迹是已知圆弧的同心圆。设该圆的半径为 R_0（它要根据相切情形而定），两圆外切时，$R_0 = R_1 + R$；两圆内切时，$R_0 = | R_1 - R |$。选定一圆心 O，并连接 OO_1，OO_1 与已知圆弧的交点 M 就是切点，如图 4-32 所示。

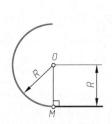

图 4-31　圆弧与直线相切

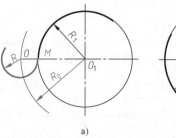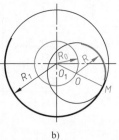

a)　　　　b)

图 4-32　圆弧与圆弧相切

a）两圆外切　b）两圆内切

掌握了这两条几何原理，便可完成各种相切的作图。

2. 圆弧连接作图举例

例 4-1

用半径为 R 的圆弧连接两已知直线，如图 4-33 所示。

解　根据上述第一条原理，作法如下：

（1）定连接圆弧的圆心　分别在两相交直线的内侧，作两条与已知直线平行且距离各为 R 的辅助线，两辅助线的交点 O 即为连接弧的圆心。

（2）找切点　自点 O 分别向两已知直线作垂线，垂足 M、N 即为切点。

（3）画连接弧　以 O 为圆心、R 为半径，在 MN 间画弧，即完成作图。

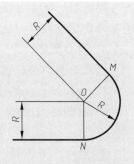

图 4-33　用圆弧连接两已知直线

例 4-2

用半径为 R 的圆弧连接已知直线和圆弧，如图 4-34 所示。

解　根据上述两条几何原理，作法如下：

（1）定连接弧圆心　作与已知直线平行且距离为 R 的辅助线。再以 O_1 为圆心、以 R_1+R 为半径作辅助圆弧。辅助线与辅助圆弧的交点 O 即为连接弧的圆心。

（2）找切点　自 O 点向已知直线作垂线得切点 N。连心线 OO_1 与已知圆弧的交点 M 为另一切点。

（3）画连接弧　以 O 为圆心、R 为半径，在 MN 之间画弧，即完成作图。

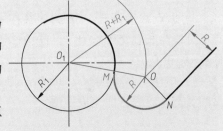

图 4-34　用圆弧连接一直线和一圆弧

例 4-3

用半径为 R 的圆弧连接两已知圆弧，并知连接弧与已知弧 O_1 外切，与另一已知弧 O_2 内切，如图 4-35 所示。

解　根据第二条原理，作法如下：

（1）定连接弧圆心　分别作出两已知圆弧的同心圆，其半径分别为 R_1+R 和 $R-R_2$，该两辅助圆的交点 O 即为连接弧的圆心。

（2）找切点　连心线 OO_1 和 OO_2 分别交两已知圆弧于点 M 和 N，M 与 N 即为切点。

（3）画连接弧　以 O 为圆心、R 为半径，在 MN 间画弧，即完成作图。

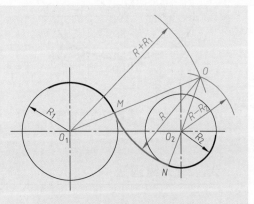

图 4-35　用半径为 R 的圆弧连接两已知圆弧

五、椭圆的画法

绘图时，除了直线和圆弧外，还会遇到一些非圆曲线，如椭圆、双曲线、渐开线和阿基米德螺旋线等。这里只介绍椭圆的两种常用画法。

1. 同心圆法

已知椭圆的长、短轴 AB、CD，用同心圆法作椭圆，如图 4-36 所示。

1）分别以长、短轴为直径作两同心圆。

2）过圆心 O 作等分射线，分别交大圆于 Ⅰ、Ⅱ、Ⅲ、…各点，交小圆于 1、2、3、…各点。

3）过 Ⅰ、Ⅱ、Ⅲ、…各点引垂线，过 1、2、3、…各点作水平线，分别相交于 M_1、M_2、M_3、…各点。

4）光滑地连接 C、M_1、M_2、B、M_3、…即完成椭圆的作图。

2. 四心扁圆法

已知椭圆长、短轴 AB、CD，用四心扁圆法作近似椭圆，如图 4-37 所示。

1）过 O 作长轴 AB 及短轴 CD。

2）连 A、C 两点。以 O 为圆心、OA 为半径作圆弧，交 OC 的延长线于点 E。

3）以点 C 为圆心、CE 为半径作圆弧与 AC 相交于 F。作出 AF 的垂直平分线，该垂直平分线与长轴交于点 O_3，与短轴交于点 O_1。再以 O 为对称中心，定出 O_1、O_3 点的对称点 O_2 和 O_4。

4）以 O_1、O_2 为圆心，以 O_1C 为半径；再以 O_3、O_4 为圆心，以 O_3A 为半径，分别作出圆弧至连心线，即完成作图。

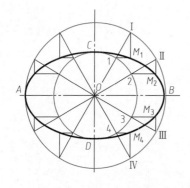

图 4-36　同心圆法作椭圆

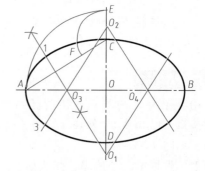

图 4-37　四心扁圆法作近似椭圆

六、渐开线画法

圆的渐开线广泛用于齿轮的齿廓曲线。当一直线在圆周上做纯滚动时，直线上一点的运动轨迹即为该圆的渐开线（图 4-38a）。渐开线的画法如图 4-38b 所示。

1）画出基圆，并将基圆分为 n 等份（图 4-38b 中 $n=12$）。

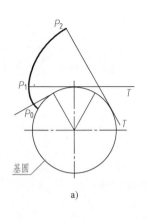 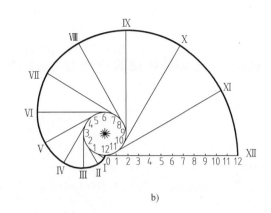

图 4-38 渐开线及其画法

2）由等分点 1 起，自各等分点向同一方向作圆的切线，并依次在各切线上量取一段长度，其长度分别等于基圆周展开长度 πD 的 1/n、2/n、…、n/n，得点 Ⅰ、Ⅱ、Ⅲ 等，此即为渐开线上的点。

3）依次光滑连接各点，即为圆的渐开线。

第四节 平面图形的尺寸分析及绘图步骤

一、平面图形的尺寸分析

知识点：
平面图形的尺寸分析及绘图步骤

现以图 4-39 所示的手柄为例讨论这个问题。尺寸按其在平面图形中所起的作用，可分为**定形尺寸**和**定位尺寸**两类。要想确定平面图形中线段上下、左右的相对位置，必须引入**基准**的概念。

1. 基准

在平面图形中确定尺寸位置的点、直线称为尺寸基准，简称基准。一般平面图形中常以对称图形的对称线、较大圆的中心线或较长的直线等作为基准线。图 4-39 所示的手柄是以水平对称轴线和较长的铅垂线作为基准线的。

图 4-39 手柄

2. 定形尺寸

确定平面图形中各线段形状与大小的尺寸称为定形尺寸，如直线的长度、圆及圆弧的直径或半径、角度的大小等。图 4-39 中的 15、$\phi20$、$\phi5$ 以及各圆弧半径的尺寸均为定形尺寸。

3. 定位尺寸

确定线段及圆弧位置的尺寸称为定位尺寸。如图 4-39 所示，确定 $\phi5$ 小圆位置的尺寸 8 是 x 方向的定位尺寸，$R10$ 在 x 方向的定位尺寸为 75，它们在 y 方向的定位尺寸均为 0，省略不注。

有的尺寸可能既有定位功能，也有定形作用，如 $\phi30$、75。

二、平面图形中圆弧线段的分类

1. 已知线段

圆弧的定形尺寸及圆心的两个定位尺寸均为已知的，称为已知线段，如图 4-39 中的 $\phi5$、$R15$ 和 $R10$ 的圆弧。

2. 中间线段

圆弧的定形尺寸及圆心的两个定位尺寸中有一个为已知的，称为中间线段。如图 4-39 中 $R50$ 圆弧。

3. 连接线段

圆弧的定形尺寸为已知，而圆心的两个定位尺寸均为未知，要靠两个连接条件才能画出的圆弧称为连接线段。如图 4-39 中 $R12$ 圆弧。

画连接弧时，先画已知线段，再画中间线段，最后画出连接线段。

三、平面图形的画图步骤

画平面图形的步骤如图 4-40 所示，可归纳如下：

1）画出基准线，并根据各个封闭图形的定位尺寸画出定位线。

2）画出各已知线段。

3）按尺寸及相切条件找出中间线段 $R50$ 的圆心及切点，画两段 $R50$ 的中间线段。

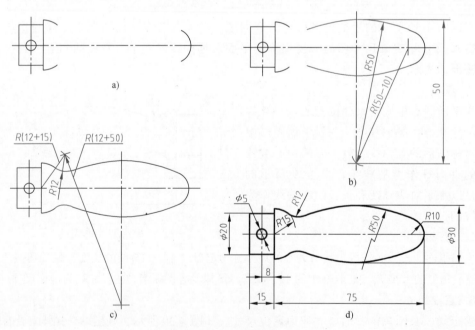

图 4-40 手柄的画图步骤

a）画基准线和已知线段 b）画中间线段 c）画连接线段 d）加深及标注尺寸

4）按尺寸及相切条件找出连接线段 *R*12 的圆心及切点，画两段 *R*12 的连接线段。

四、平面图形的尺寸标注

常见平面图形的尺寸标注如图 4-41 所示。

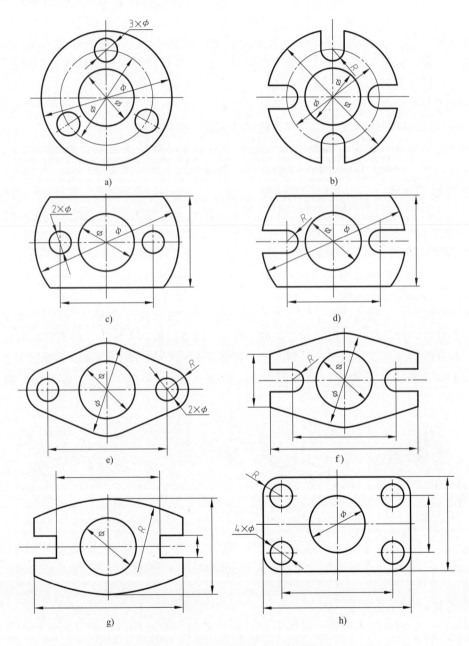

图 4-41 常见平面图形的尺寸标注

a）标注示例 1 b）标注示例 2 c）标注示例 3 d）标注示例 4 e）标注示例 5

f）标注示例 6 g）标注示例 7 h）标注示例 8

第五节　草图绘制的方法

草图是指以目测估计图形与实物的比例，按一定画法要求徒手（或部分使用绘图仪器）绘制的图。

在机器测绘、讨论设计方案、技术交流、现场参观时，受现场条件或时间限制，经常要绘制草图。有时草图也可直接供生产使用，但大多数情况下要将草图整理成正规图。所以，工程技术人员必须具备徒手绘图的能力。

草图绘制的要求：①画线要稳，图线要清晰；②目测尺寸要准（尽量符合实际），各部分比例匀称；③绘图速度要快；④标注尺寸无误，字体工整。

画草图的铅笔要比用仪器画图的铅笔软一号，铅芯削成圆锥状，画粗实线要秃些，画细线可尖些。要画好草图，必须掌握徒手绘制各种线条的基本方法。

1. 握笔的方法

手握笔的位置要比用仪器绘图时略高些，以利运笔和观察目标。笔杆与纸面成45°~60°角，执笔要稳而有力。

2. 直线的画法

画直线时手腕要靠近纸面，沿着画线方向移动，以保证图线尽可能画直。眼睛要注意终点方向，便于控制图线。

画水平线时自左至右运笔，按图 4-42a 所示的画线方向最为顺手，这时图纸可倾斜放置；画垂直线时自上而下运笔，如图 4-42b 所示；斜线一般不太好画，故画图时可以转动图纸，使欲画的斜线正好处于顺手的方向，如图 4-42c 所示。画短线常以手腕运笔，画长线则以手臂动作。为了便于控制图形大小、比例和各图形间的关系，可利用方格纸画草图。

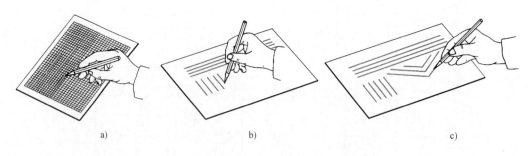

| a) | b) | c) |

图 4-42　直线的画法

3. 圆和曲线的画法

画圆时，应先定圆心位置，过圆心画对称中心线，在对称中心线上距圆心等于半径处截取四点，过四点画圆即可，如图 4-43a 所示。画稍大的圆时，可再加画一对十字线，并同样截取四点，然后过八点画出圆形，如图 4-43b 所示。

对于圆角、椭圆及圆弧连接的画法，也要尽量利用其与正方形、长方形、菱形相切

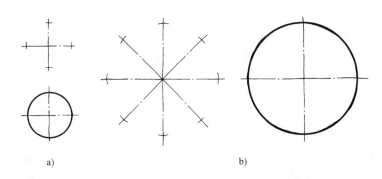

a)　　　　　　　　　　　b)

图 4-43　圆的画法

的特点，如图 4-44 所示。

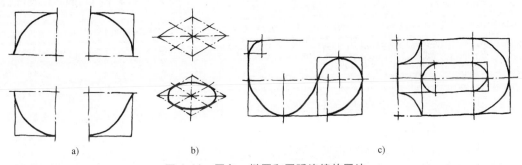

a)　　　　　　　　b)　　　　　　　　c)

图 4-44　圆角、椭圆和圆弧连接的画法

a）圆角的画法　b）椭圆的画法　c）圆弧连接的画法

第六节　绘图的一般步骤

绘制图样时，一般按下述步骤进行：

1. 做好准备工作

将铅笔按照绘制不同线型的要求削好。圆规用的铅芯也要按同样的要求削磨好，并调整好圆规两脚的长短。图板、丁字尺、三角板等用具要用干净的抹布或软纸擦拭干净。各种用具应放在固定的位置，不用的物品不要放在图板上。

2. 分析所画的对象

要弄清所画对象的构成情况，有哪些图线。哪些是定位的基准线，哪些是已知线段，哪些是中间线段，哪些是连接线段，从而确定画图线的顺序。

3. 确定所用比例及图纸幅面

根据所画图形的情况，选取适当的比例和图纸幅面。选取时应遵守国家标准的规定。

4. 固定图纸

鉴别图纸的反正面，然后用胶带纸将图纸固定在图板上。图纸的上、下边应与丁字尺的工作边平行，图纸下边与图板下边应有一定距离。

5. 画图框及标题栏

按国家标准画出图框，并在其右下角画出标题栏。

6. 布置图形

图形布置应尽量匀称，要避免一张图上有的地方过挤，有的地方太空。同时，应考虑留有注写尺寸和文字说明的地方。图形布置方案确定后要画出各图的基准线，如中心线、对称线及其他主要图线等。

7. 绘制底稿

画底稿时，要先画主要轮廓，再画细节。要用较硬的（2H～3H）铅笔，尽量将图线画得轻、细，以便于修改。

8. 加深图线

完成底稿后，要进行细致的检查，将不需要的作图线擦去。如果没有错误，即可按下述步骤进行加深：

1）加深粗实线（用 B 的铅笔，圆规的铅芯用 2B 的为宜）。

① 一般先加深所有圆和圆弧。

② 用丁字尺由上到下加深所有的水平线。

③ 用丁字尺配合三角板从左到右加深所有的垂直线。

④ 加深斜线。

2）加深虚线。其步骤同加深粗实线。

3）加深中心线。

4）画剖面线（剖面线一般不画底稿，直接加深）。

5）绘制尺寸界限。尺寸线和箭头。

6）注写尺寸数字和其他文字说明。

7）填写标题栏。

9. 检查

加深完毕后应仔细检查，若无错误，则在标题栏的"制图"栏内签上姓名和日期。

思政拓展
信物百年：不曾发行的
设计手册

第五章

组合体

空间形体可分为基本形体和组合形体。基本形体简称为基本体，组合形体简称为组合体。机械设备上的零件简化后的模型可看作组合体。

工程中常用的基本形体有棱柱体、棱锥体、圆柱体、圆锥体、圆球体、圆环体等。基本形体的几何性质及其投影在本书第三章中已有论述。组合形体则是由若干个基本形体按一定方式组合而成的较为复杂的形体。本章将研究组合体的构形、画图、读图及尺寸标注。

第一节　组合体及其组合分析

一、组合体的组合分析

对组合体的组合分析从两方面入手：首先分析组合体是由哪些基本形体、以什么方式组合而成的；其次分析各形体相邻表面之间的关系。

1. 组合方式

组合体的组合方式可分为叠加、挖切以及叠加和挖切的综合。所谓叠加，即各基本形体的并集。图 5-1a 所示螺栓毛坯可以看作是由圆柱Ⅰ和六棱柱Ⅱ叠加而形成的。所谓挖切，即各基本形体的差集。图 5-1b 所示螺母毛坯可以看作是由六棱柱Ⅲ挖去圆柱Ⅱ而形成的。图 5-1c 所示顶尖可以看作是由圆锥Ⅰ、圆柱Ⅱ、圆锥台Ⅲ共轴线叠加后再挖去Ⅳ而形成的。

许多情况下，叠加与挖切并无严格的界限，同一形体既可以按叠加方式进行分析，也可以按挖切方式进行分析。在分析时应视具体情况进行，以便于作图及分析理解。

2. 组合体中相邻表面之间的关系及画法

由基本形体组成组合体时，相邻两基本体表面之间形成了几种不同的连接方式。常

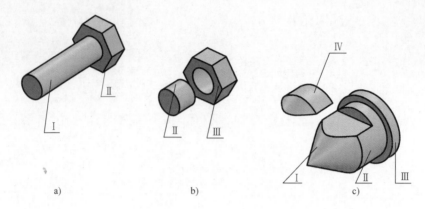

图 5-1　组合体的组合方式

a）叠加　b）挖切　c）叠加并挖切

见的有下列几种：共面与不共面、相切、相交。

（1）共面与不共面　当两个形体的相邻表面共面而成为一个表面时，其投影为一个封闭的线框，无面与面的交线，如图 5-2a 所示；当两个形体的相邻表面不共面时，实为两个表面，应分别画成两个封闭的线框，如图 5-2b 所示。

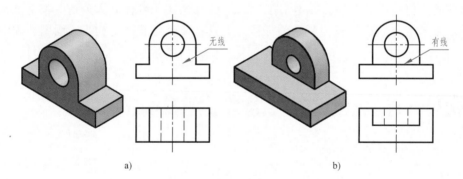

图 5-2　外表面共面与不共面

图 5-3a、b 所示分别为内表面挖切方式中共面与不共面的图例。

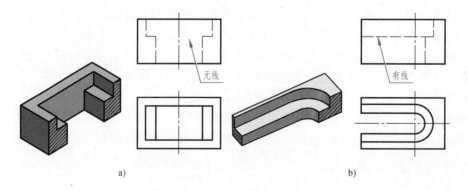

图 5-3　内表面挖切中的共面与不共面

（2）相切　两个形体间，如果存在由一个表面以相切形式过渡到另一个表面的情况称为相切。在相切处两表面是光滑过渡的。画具有相切形式立体的视图时，关键是要正确地画出相切处的投影。此时，应注意两点：第一是相切处无轮廓线，如图 5-4 所示；第二是相关表面的投影应画至相切处为止，如图 5-4 所示平面 P 的正面投影应画至点 $1'$（$2'$），其侧面投影应画至点 $1''$、$2''$。图 5-5 所示为内表面挖切方式中表面相切的图例。

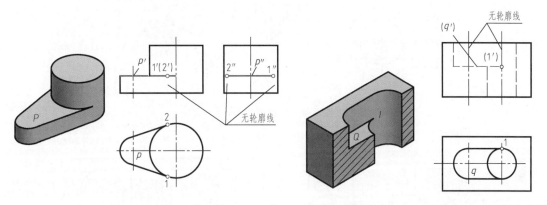

图 5-4　外表面相切　　　　　　　　　　图 5-5　内表面相切

只有在平面与曲面或两个曲面之间才会出现相切的情况。画图时，只有当与曲面相切的平面或两曲面的公切面垂直于另一投影面时，才在该投影面上画出公切面的投影，如图 5-6a 所示；否则不应画出公切面的投影，如图 5-6b 所示。

（3）相交　当两个立体表面相交时，可为平面与曲面相交，也可为两曲面相交。当平面与曲面相交时，产生的截交线如图 5-7 所示；当两曲面相交时，产生的相贯线如图 5-8所示。

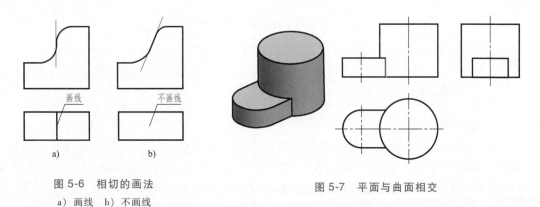

图 5-6　相切的画法
a）画线　b）不画线

图 5-7　平面与曲面相交

组合体中的截交线和相贯线应按第三章中讲过的方法画出。对于轴线正交、两直径不等的圆柱相交这种常见的相交情况，其相贯线在轴线所平行的投影面上的投影可用圆弧代替。即以大圆柱的半径为半径，在小圆柱的轴线上找圆心，朝向大圆柱轴线弯曲画弧，如图 5-9 所示。

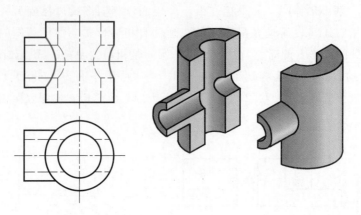

图 5-8　两曲面相交

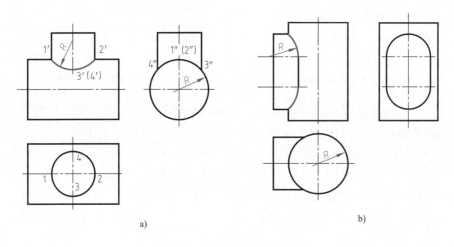

a)　　　　　　　　　　　　　　　　　b)

图 5-9　相贯线的近似画法

a）示例 1　b）示例 2

二、形体的分析方法

1. 形体分析法

组合体的形状虽然是多种多样的，但从形体的角度进行分析，都可以看成是由基本形体（或简单形体）组合而成的。形体分析法就是假想把组合体分解成若干基本形体（或简单形体），并确定各部分的形状、相对位置、组合（构形）方式以及相邻表面之间的关系，从而形成组合体整体概念的方法。

用形体分析法可以把复杂的问题变得简单。只要掌握了基本形体以及形体相邻表面不同关系的作图，就能解决组合体画图、读图问题。所以形体分析法是组合体画图、读图和标注尺寸的最基本方法。

2. 线面分析法

在绘制或阅读组合体视图时，对比较复杂的组合体通常在运用形体分析法的基础上，对不易表达或读懂的局部，还要结合线、面的投影进行分析，如分析形体的表面形状、形体上面与面的相对位置，以及线、面与投影面的相对位置及投影特性、形体的表面交线等，来帮助表达或读懂这些局部形状，这种方法称为线面分析法。

线面分析法是组合体画图、读图和标注尺寸的辅助方法。

第二节　画组合体的三视图

画组合体三视图的基本方法就是形体分析法。下面以图5-10a所示的轴承座为例说明形体分析法的基本应用及画图步骤。

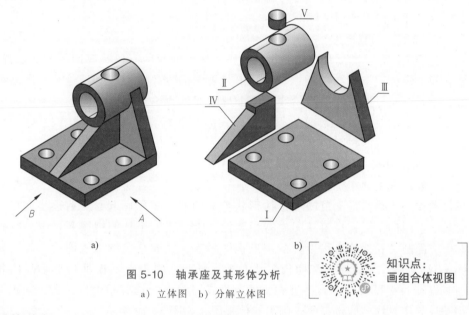

图 5-10　轴承座及其形体分析

a）立体图　b）分解立体图

知识点：
画组合体视图

一、形体分析

画三视图之前，应对组合体进行分析，了解该组合体是由哪些基本形体（或简单形体）组成的，其构形方式及相邻表面之间的关系等，为画三视图做好准备。如图5-10b所示，轴承座是由底板Ⅰ、空心圆柱Ⅱ、支承板Ⅲ、肋板Ⅳ叠加在一起，然后挖去圆柱Ⅴ而形成的。圆柱孔与空心圆柱Ⅱ的内、外表面相交，产生相贯线。空心圆柱Ⅱ与支承板Ⅲ的两侧斜面相切。肋板Ⅳ与空心圆柱Ⅱ表面相交，产生截交线。底板Ⅰ的顶面与支承板Ⅲ和肋板Ⅳ的底面互相叠加。

二、选择主视图

在三视图中，主视图是最主要的视图，应选择能反映组合体形体特征的方向作为主视图的投射方向。该投射方向是指能较多地反映组合体各部分的形体特征、组合形式以及它们之间相对位置的方向。此外，还应考虑组合体的自然安放位置、尽量减少视图中的虚线以及合理利用图纸等因素。为了画图简便，应使组合体的主要表面处于平行或垂直于投影面的位置。图5-10a中箭头 A、B 所示方向均能满足上述要求，可作为主视图的投射方向。现以 A 向作为主视图的投射方向。主视图确定后，俯视图和左视图的投射方向也就确定了。

三、画图步骤

1. 选定比例，确定图幅

画图时，应尽量选用1∶1的比例。按选定的合适比例，根据组合体的长、宽、高，大致估算各视图所占面积大小。各视图之间应留出适当的间距，还应留有画标题栏的位置，这样即可确定合适的标准幅面。

2. 布图，画基准线

先固定图纸，然后根据各视图的大小和视图间应留有的足够间距，确定视图的位置，使各视图匀称地布置在图纸上。再画出各视图的主要中心线和定位线，即基准线。基准线是指画图时标注尺寸的起始线，每个视图都需要确定两个方向的基准线。一般常用对称线、主要轴线和较大平面的积聚投影作为基准线。因考虑两视图之间还要标注尺寸，故视图之间、视图与图框之间应保持适当的间距，如图5-11a所示。

3. 依次画出各形体的三视图

一般的画图顺序是：先主体、后细节；先叠加、后挖切；先形体、后交线。对每个形体的作图，往往是从反映该形体形状特征的那个视图画起，然后逐步完成三视图。如底板Ⅰ上的四个圆孔在俯视图中有积聚性，所以底板Ⅰ从俯视图开始画。空心圆柱Ⅱ和其上方的圆柱孔都从有积聚性的圆形视图画起，完成它们的三视图后再画出相贯线，如图5-11b所示。支承板Ⅲ和肋板Ⅳ从左视图画起，因为支承板Ⅲ与空心圆柱Ⅱ相切的表面，以及肋板Ⅳ与空心圆柱Ⅱ相交的表面在左视图中均有积聚性，画出左视图后，切点和交线的位置均已确定，便于画出其他视图，如图5-11c所示。

为保证各形体投影对应，不要画完一个视图再画另一个视图，而应将三个视图对应起来一起画。

4. 检查、加深

底稿完成后，应仔细检查有无错误和遗漏。在改正错误和补充遗漏后，应擦去多余的作图线，确认无误后，再按规定线型加深全图，如图5-11d所示。

四、画图举例

> 知识点：
> **画组合体视图2**

画出图5-12所示垫块的三视图。

1. 形体分析

图5-12所示垫块，可看作由正截面为梯形的四棱柱经过挖切而形成。先用一个平面切去形体Ⅰ（图5-12a），再用两个相交平面切去形体Ⅱ（图5-12b）。画图时，必须注意分析，每当切掉一个基本体后，应在形体表面上添加所产生交线的投影。

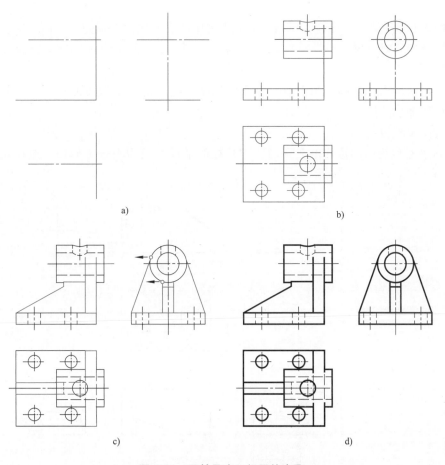

a)

b)

c)

d)

图 5-11　画轴承座三视图的步骤

a）画基准线　b）画底板Ⅰ、空心圆柱Ⅱ的三视图
c）画支承板Ⅲ、肋板Ⅳ的三视图　d）加深

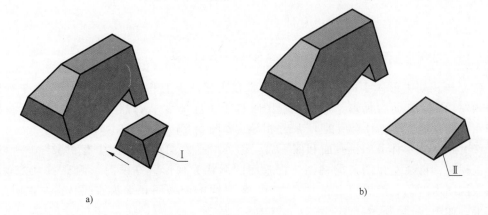

Ⅰ

Ⅱ

a)

b)

图 5-12　垫块

2. 选择主视图

如图 5-12a 所示，选择箭头所指方向为主视图的投射方向。因为该方向能明显地表示被挖切部分的相对位置。

3. 画图步骤

对于挖切形成的立体，画图时，一般应先画出挖切前完整形体的投影，然后再依次画出各挖切部分的投影。

其具体步骤为：

（1）画对称线和四棱柱的三视图　四棱柱的平行棱线均垂直于侧面，应从左视图画起，如图 5-13a 所示。

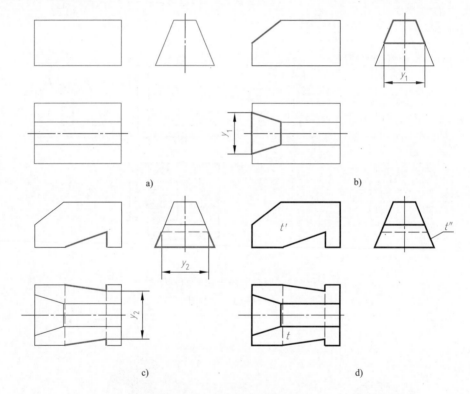

a)

b)

c)

d)

图 5-13　画垫块三视图的步骤

（2）画出切去形体 I 的正垂面　因为它在主视图上有积聚性，所以应先画主视图；接着画左视图。该面为梯形，可由左视图求梯形下底宽度 y_1；然后画出梯形的俯视图，它与左视图是类似形，且对应的 y_1 尺寸相等，如图 5-13b 所示。

（3）画切去形体 II 的正垂面和侧平面　因为两平面均在主视图中有积聚性，所以应先画主视图，再画左视图及俯视图。正垂面的形状为梯形，左视图与俯视图为类似形，可由左视图求出 y_2，然后画出它的俯视图。侧平面的俯视图积聚为直线，在左视图中反映实形，如图 5-13c 所示。

（4）检查、加深　此时应注意 T 平面的投影，该面为侧垂面，t' 和 t 为 T 的类似形。最后，经检查无误，按规定的线型加深完成全图，如图 5-13d 所示。

读组合体视图

　　画图和读图是学习本课程的两个重要环节。画图是对空间形体进行形体分析，按正投影法画成平面图形；而读图则是根据已画出的平面图形用形体分析法和线面分析法想象出空间形体的实际形状。本节介绍读组合体视图的基本知识和方法。

一、读组合体视图的基本知识

1. 几个视图联系起来看
　　一个视图通常不能确定组合体的形状，因此读图时，要将几个视图联系起来。

　　如图 5-14 所示，它们的主视图均相同，图 5-14a、b、c 所示的左视图也相同，图 5-14a、d 所示的主、俯两视图相同，但它们却是不同形状组合体的投影。因此，读图时一定要将几个视图互相对照，同时进行分析，才能正确想象出该组合体的形状。

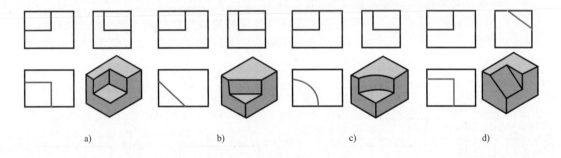

a)　　　　　　　　b)　　　　　　　　c)　　　　　　　　d)

图 5-14　几个视图联系起来看

2. 从明显反映组合体形状及位置特征的视图入手
　　一般而言，由于主视图较多地反映了组合体的形状特征和位置特征，所以读图时应从主视图开始。但是，组合体各组成部分的形状特征和位置特征并不一定都集中在主视图上，如图 5-15 所示，主视图反映形状特征，组合体上Ⅰ、Ⅱ两部分哪个凸起，哪个凹进无法确定，而左视图明显地反映了其位置特征。因此，在读图时，一定要找出能反映组合体形状及位置特征的视图，再与其他视图联系起来，便可以较快地想象出它的真实形状。

3. 掌握视图上图线和封闭线框的含义
　　读图时，还要弄清图中每一条线、每一个线框的含义。

　　（1）图线的含义

　　1）具有积聚性平面或曲面的投影，如图 5-16a 所示标注"△"的图线。

　　2）表面与表面交线的投影，如图 5-16a 所示标注"×"的图线。

　　3）回转面（曲面）转向线的投影，如图 5-16a 所示标注"○"的图线。

　　（2）封闭线框的含义

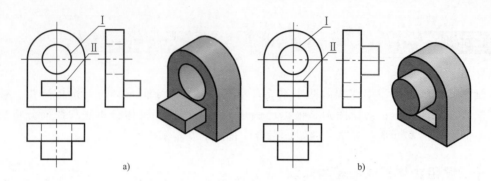

图 5-15　从明显反映组合体形状及位置特征的视图入手

a）示例1　b）示例2

1）一个封闭线框可表示形体上一个平面或曲面的投影。

2）一个封闭线框可以表示曲面及与其相切平面（或曲面）形成的组合表面的投影，如图 5-16b 所示。

（3）线框之间反映出的位置关系

1）相连的两个线框表示相邻的两个面在分界线的位置处发生转折或错位的情况，如图 5-17 所示。

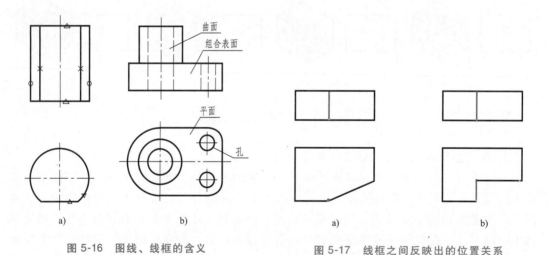

图 5-16　图线、线框的含义　　　　图 5-17　线框之间反映出的位置关系

2）大线框套小线框表示小线框所对应的表面在空间呈凸起、凹进或通孔状态，如图 5-18a、b、c 所示。

二、读组合体视图的基本方法

1. 形体分析法

形体分析法是读图的最基本方法。通常是将组合体的视图按线框分割成若干部分，再按投影规律分离出各部分在其他视图上的投影，然后分析各部分的形状和它们的相对

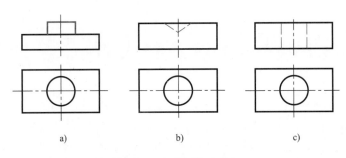

a)　　　　　　　　　　b)　　　　　　　　　　c)

图 5-18　大线框套小线框

知识点：
形体分析法读图

知识点：
线面分析法读图

位置，最后综合想象出组合体的整体形状。这个过程可简单概括为：按线框分部分，对投影识形体，定位置想整体。

下面以图 5-19 所示支架为例说明读图的方法和步骤。

（1）按线框分部分　一般将反映组合体形体特征最明显的主视图分割成几个线框。如图 5-19 所示，将主视图分割为四个部分。

（2）对投影识形体　按投影规律分离出各部分在俯视图中的投影，想象各部分的形状。如图 5-20 所示，由图中粗实线部分的投影关系得知：线框Ⅰ表示一直立空心圆柱（图 5-20a），线框Ⅱ表示一平放的 U 形块（图 5-20b），线框Ⅲ表示一正垂空心圆柱（图 5-20c），线框Ⅳ表示一圆头 V 形底板（图 5-20d）。

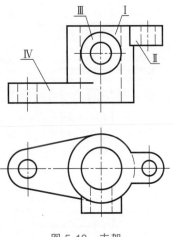

图 5-19　支架

（3）定位置想整体　直立空心圆柱Ⅰ居中，U 形块Ⅱ在其右上方，两形体顶面共面，U 形块侧面与圆柱面相交；正垂空心圆柱Ⅲ在Ⅰ的前面，两形体的内、外表面分别相交；圆头 V 形底板Ⅳ在Ⅰ的左边，两形体底面共面，底板的侧面与圆柱面相切。由此，综合想象出支架的整体形状，如图 5-20e 所示。

在学习读图时，常采用给出两视图，在想象出该形体形状的基础上，补画第三视图的方法，这一过程简称为二求三，是提高读图能力的一种重要手段。其画图顺序是按读图时分割的各部分，逐一画出它的第三视图。图 5-21a～d 所示即为这个过程。

2. 线面分析法

用线面分析法读图就是将组合体的视图按线框分解成若干表面，再按投影规律分离出各表面的其余投影，然后分析每一个表面对投影面的相对位置和各表面之间的相对位置，最后综合想象出组合体的整体形状。这个过程可简单概括为：按线框分表面，对投影识特性，定位置想整体。

下面以图 5-22 所示压板为例，说明用线面分析法读图的步骤。

如果将图 5-22 所示两视图中的缺角补上，可以看出其原始形体为一长方体。从主视图可知，长方体的左上方和左下方各被切去一个角；从俯视图看，长方体的左端又被切

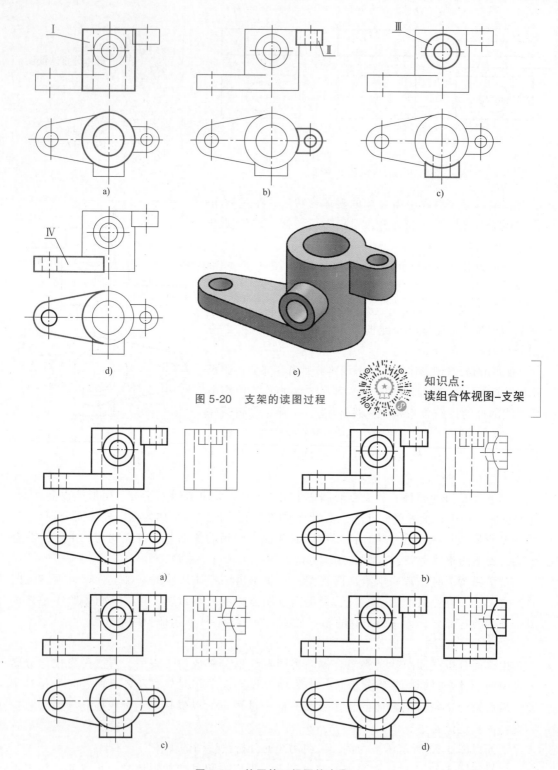

图 5-20　支架的读图过程

知识点：
读组合体视图–支架

图 5-21　补画第三视图的步骤

a）画形体Ⅰ和Ⅱ　b）画形体Ⅲ　c）画形体Ⅳ　d）加深全图

掉前、后两个角。由形体分析该立体可知，它是长方体经挖切而
成。若要看懂两个视图，并画出它的第三视图，必须做线面
分析。

分析线框时，先从较复杂的线框开始，如图 5-22 所示俯视
图中左边的封闭线框。该线框是一个前后对称的六边形，它对应
主视图中一条斜直线，说明该面为正垂面。用这个正垂面切去长
方体左上方一角，如图 5-23a 所示。

再分析主视图左边的封闭线框，该线框是一个不规则的六边
形，它对应俯视图中前、后两条直线，由此可知这是前后对称的
两个铅垂面。用这两个铅垂面分别切去长方体左端前后两个角，
如图 5-23b 所示。

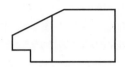
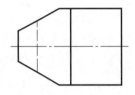

图 5-22　压板

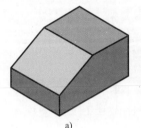 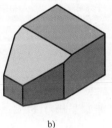 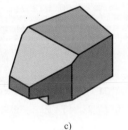

a)　　　　　　　　　b)　　　　　　　　　c)

图 5-23　压板立体图

知识点：
压板读图

 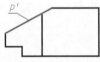 

a)　　　　　　　　　　　　　　　　　　　b)

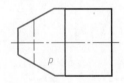 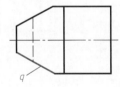

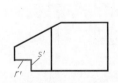 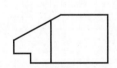

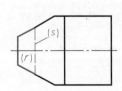 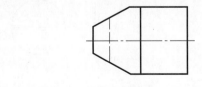

c)　　　　　　　　　　　　　　　　　　　d)

图 5-24　补画压板左视图的步骤

最后，分析俯视图中左边带有虚线的梯形。此梯形对应主视图中的一条水平线，说明该面是水平面。虚线表示的是一个侧平面。用一个水平面和一个侧平面在长方体的左下方切去一棱柱体。综合以上分析即可知道整个立体的形状，如图 5-23c 所示。

图 5-24 表示了画压板第三视图的过程。

图 5-24a 画出了长方体及正垂面 P 的左视图，要保证 p″与 p 为类似形。

图 5-24b 画出了两个铅垂面 Q 的左视图，要保证 q″与 q′为类似形。

图 5-24c 补齐了水平面 R 和侧平面 S 的左视图。

图 5-24d 所示为加深后的全图。

应指出，在一般情况下，对于形体清晰的组合体仅用形体分析法读图就可以了。但是对于形体较复杂，特别是经挖切而形成的组合体，其局部较复杂的投影需用线面分析法来读图。这可以概括为：形体分析识形体，线面分析攻难点。

第四节　组合体的尺寸注法

知识点：
组合体的尺寸标注

组合体的视图只表示了组合体的形状，其大小应由所标注的尺寸来确定，而与图形的比例无关。因此，标注尺寸是表示形体的重要手段。由于组合形体由基本立体经过一定的构形方式组合而成，所以标注组合体尺寸也应从基本立体或简单立体入手。

一、简单立体的尺寸注法

1. 基本几何体的尺寸注法
常见的几种基本几何体的尺寸注法如图 5-25 所示。

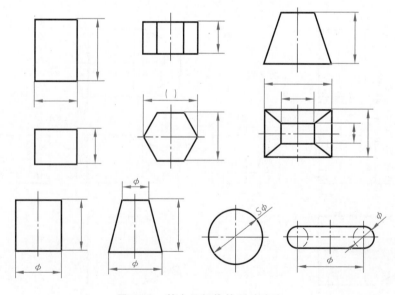

图 5-25　基本几何体的尺寸注法

2. 具有切口的基本体和相贯体的尺寸注法

具有切口的基本体和相贯体的尺寸注法如图 5-26 所示。

3. 常见薄板的尺寸注法

常见薄板的尺寸注法如图 5-27 所示。

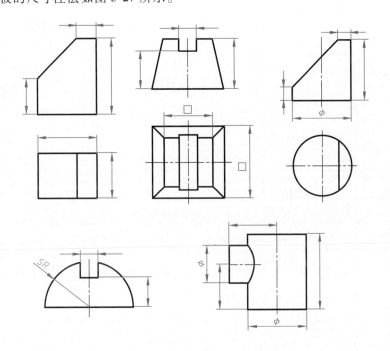

图 5-26　具有切口的基本体和相贯体的尺寸注法

二、组合体尺寸标注要求及示例

标注组合体尺寸的基本要求是要符合国家标准，尺寸数量不能多，更不能少，尺寸在图样上的配置要得当。标注尺寸的基本要求可以概括为：正确、完整、清晰、合理。关于合理标注尺寸，将在零件图一章介绍。本节主要讨论如何使尺寸标注得完整、清晰。

（一）尺寸标注应完整

要达到这个要求，应按形体分析法将组合体分解为若干基本形体，注出确定各基本形体大小的尺寸——定形尺寸，再标注确定各基本形体相对位置的尺寸——定位尺寸，必要时，还应注出组合体的总长、总宽和总高——总体尺寸。下面分别介绍这三种尺寸。

1. 定形尺寸

常见的几种基本形体定形尺寸的标注如图 5-25 所示。

2. 定位尺寸和尺寸基准

各基本形体之间的相对位置要靠定位尺寸来确定。如图 5-28 所示俯视图中，尺寸 10、11、12、13 都是定位尺寸。

（1）尺寸基准　标注定位尺寸时，首先要选择尺寸基准。尺寸基准就是确定尺寸位

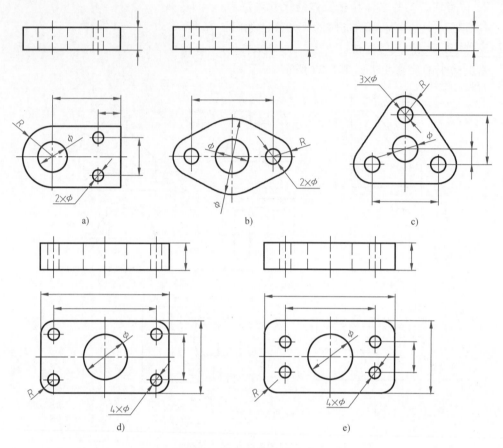

图 5-27 常见薄板的尺寸注法

置的几何元素。通常沿立体的长、宽、高三个方向，每个方向有一个主要基准。一般取立体上较大的平面、对称面、回转体轴线作为主要基准。如图 5-28 所示，长度方向的主要尺寸基准为 $\phi15$ 圆柱的轴线，高度方向的主要尺寸基准是底板的底平面，宽度方向的主要尺寸基准是组合体的前、后对称面。

（2）定位尺寸的标注　标注定位尺寸就是标注出组合体各基本形体之间（包括孔、槽等）相对于三个基准的位置尺寸。以下几点需要说明：

1）当基本形体的对称面（或轴线）与某个方向的尺寸基准重合时，该形体在这个方向上的定位尺寸不标注。如图 5-28 中直立空心圆柱长度和宽度两个方向的对称面与基准面重合，不标注定位尺寸。

2）当两个相同的基本形体对称于某个方向的基准时，这两个形体在该方向的定位尺寸应以对称于基准的一个尺寸标注。如图 5-28 中两对 $\phi5$ 圆柱孔，对称于宽度方向基准，它们在该方向的定位尺寸以尺寸 13 形式标注，而不能只标注一半。

3）每个形体的定位尺寸可以从主要基准直接注出，也可以从其他辅助基准注出。如图 5-28 所示俯视图中定位尺寸 11、10 是从主要基准注出的，定位尺寸 12 是以右边小孔轴线为辅助基准注出的。

3. 总体尺寸

总体尺寸指组合体的总长、总宽、总高，一般应直接注出。如图 5-28 所示，组合体的总长 38、总高 20 就是总体尺寸。如果标注了总体尺寸，将产生多余尺寸，就要对已标注的定形尺寸和定位尺寸做适当的调整。

当组合体某方向的一端或两端为回转体时，需要标注中心定位尺寸和回转半（直）径，该方向不标注总体尺寸，如图 5-27a、b、c 所示。

在有的零件图中，似乎出现了冗余尺寸（图 5-27d），但从零件加工角度考虑，这样标注尺寸是合理的。其中总长、总宽两尺寸用于制作底板，孔心定位尺寸用于加工孔。由于零件制作时有误差，不论底板做得大小，总是根据中心距尺寸加工四个孔。此时底板圆角与四个小孔可能不同心，如图 5-27e 所示。这样标注尺寸，孔心距不随底板大小而变化，从而保证了使用要求。

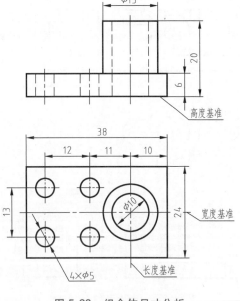

图 5-28 组合体尺寸分析

4. 标注尺寸举例

下面以图 5-29d 所示支架为例，说明标注尺寸的方法和步骤。

（1）形体分析 支架由四部分组成。

（2）选择基准 以底板的底面为高度基准，以直立空心圆柱轴线为长度基准，以前、后对称面为宽度基准。

（3）逐个注出各基本体的定形、定位尺寸 如图 5-29 所示。

图 5-29a 所示为标注直立空心圆柱及与其相交空心圆柱的定形、定位尺寸，其中 24、26 为定位尺寸。图 5-29b 所示为标注右方 U 形块的定形、定位尺寸，其中 26 为定位尺寸。图 5-29c 所示为标注底板的定形、定位尺寸，其中 40 为定位尺寸。

（4）调整标注总体尺寸 总高 40 已注出。宽度不必注出，因为此方向一端有直径 $\phi36$。总长也不必注出，因为此方向两端有半径尺寸 R10 和 R8。支架的全部尺寸排列如图 5-29d 所示。

（二）尺寸标注要清晰

要想使尺寸标注清晰，尺寸的布置应满足以下要求：

1）尺寸应尽量注在反映形体特征明显的视图上，且同一形体的尺寸应尽量集中标注。如图 5-29 中底板和 U 形块在俯视图中反映形体特征，因此其定形和定位尺寸集中标注在俯视图上。

2）尺寸应尽量注在视图之外，并尽量注在与该尺寸有关的两个视图之间，如图 5-29a 所示。

3）对于回转体，直径尺寸尽量注在非圆视图上，半径尺寸则必须注在投影为圆弧的视图上，如图 5-29d 中的 $\phi36$、$\phi22$、R10、R8。

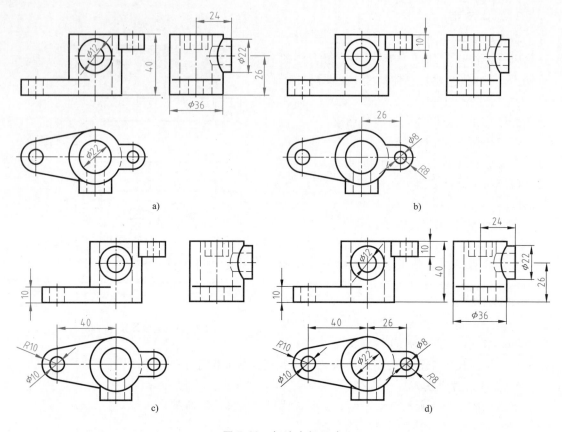

图 5-29 标注支架尺寸

4）尺寸排列应整齐，尺寸并列时应把小尺寸注在里边，即靠近视图，大尺寸注在外边，即远离视图，避免尺寸线与其他尺寸界线相交，如图 5-29d 所示主视图中的 10 和 40。串联尺寸的尺寸线应首尾相连注在同一条线上，如图 5-29d 所示俯视图中的 40 和 26。

5）组合体上有交线时，不应在交线上标注尺寸，如图 5-30 所示。

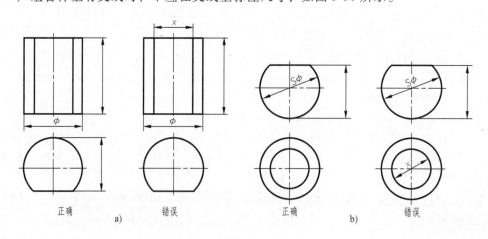

图 5-30 交线上不能注尺寸

a）示例 1 b）示例 2

第五节　组合体的构形设计

任何一个产品其设计过程都可分为三步，即概念设计、技术设计和施工设计。概念设计是以功能分析为核心，即对用户的需求通过功能分析寻求最佳的构形概念；技术设计是将概念设计过渡到技术上可制造的三维模型，构形设计又是技术设计中的重要组成部分；施工设计主要是使该三维模型成为真正能使用的零件、部件成品。

组合体的构形设计是零件构形设计的基础。

一、构形原则

1. 以几何体构形为主

一般地，各种形体都是有规律的，其成形的原因与用途有关。任何形体都是由两部分结构组成的，即工作部分和连接部分。组合体构形设计的目的，主要是利用基本几何体构成组合体的方法及视图的画法，培养和提高空间思维能力。它一方面提倡所设计的组合体应尽可能体现工程产品或零部件的结构形状和功能，以培养观察、分析和综合的能力；另一方面又不强调设计必须工程化，即所设计的组合体也可以凭自己想象，以更有利于扩大思路、活跃思想，从而培养创造力和想象力。如图 5-31 所示的组合体，基本上表现了一部载货汽车的外形，但并不是所有的细节都完全逼真。

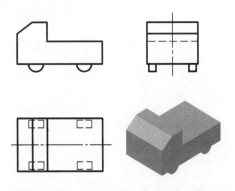

图 5-31　表达载货汽车外形的组合体构形

2. 构形设计力求新颖、多样

构成一个组合体所使用的基本形体类型、组合方式和相对位置应尽可能多样化和富于变化，并力求打破常规，以构想出与众不同的新颖方案。如图 5-32a 所示，给定俯视图，设计组合体。所给视图有四个线框，表示从前向后可看到四个表面，它们可以是平面，也可以是曲面，其位置可高可低，整体外框可表示底面，也可以是平面或曲面，这样就可以构造出多种方案。图 5-32b 所示方案是由平面立体

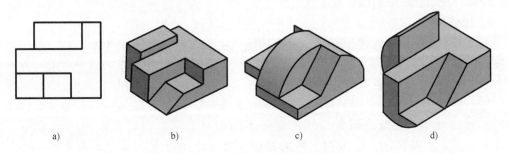

a)　　　　　b)　　　　　c)　　　　　d)

图 5-32　构形设计力求新颖

构成的，显得单调。图 5-32c、d 所示均是由圆柱体挖切而成的，且高低错落、形式活泼、构思新颖。

3. 应构成实体和便于成形

1）两个形体组合时，不能出现线接触和面连接。如图 5-33 所示，接触线 *L* 不能把两个形体连接成一个实体，连接面 *P* 没有厚度，不是体。

2）在满足用户要求的前提下，尽量采用平面或回转面造型，没有特殊要求不用其他曲面，这样有利于绘图、标注尺寸和制造。

3）一般不要出现封闭内腔的造型，如图 5-34 所示。

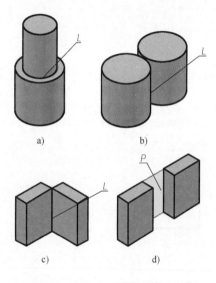

a)　　　　　　b)

c)　　　　　　d)

图 5-33　不能出现线接触和面连接

a)、b)、c) 线接触　d) 面连接

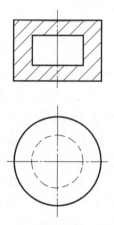

图 5-34　不要出现
封闭内腔

二、构形方法

1. 叠加构形

组合体可以由多个基本体通过叠加方式构成。图 5-35a 所示形体由两个四棱柱叠加而成；图 5-35b 所示形体由一个三棱柱和一个半圆柱叠加而成；图 5-35c 所示形体则由两个三棱柱和一个四分之一圆柱叠加而成。

2. 挖切构形

一个基本立体经过数次挖切，也可以构成一个组合体。如图 5-36所示，已知主、俯视图，该组合体可以认为是由一个四棱柱或圆柱分别经过 1~5 次挖切而形成的，分别用五个左视图表示，以代表不同的形体。

将一个立体挖切一次即可得到一个新的表面，该表面可以是平面、曲面，可凹、可凸，可挖空等，变换挖切方式和挖切面间的相互关系，即可生成多种组合体。如图 5-37a 所示的圆柱体，若采用不同的挖切方式挖切，则可以有图 5-37b 所示的多种构形。

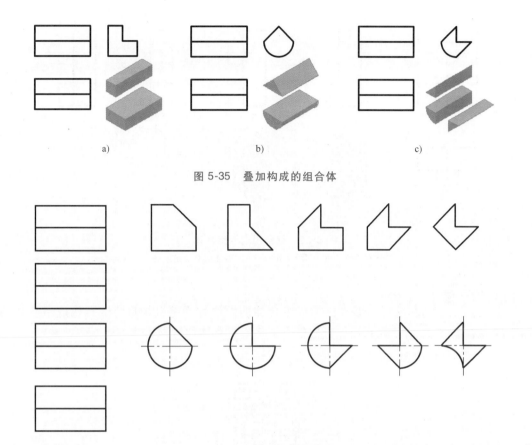

图 5-35　叠加构成的组合体

图 5-36　棱柱、圆柱挖切构成的组合体

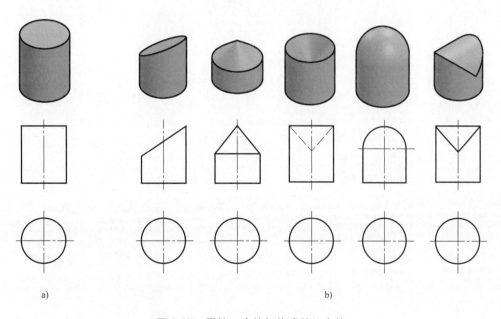

图 5-37　圆柱一次挖切构成的组合体

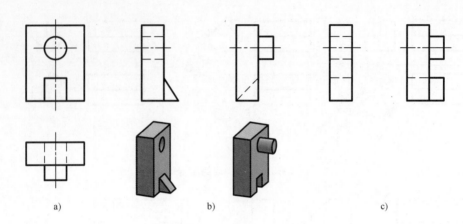

图 5-38 综合构成的组合体

a）已知条件 b）可能的形体 c）不合题意及错误的形体

3. 综合构形

同时运用叠加和挖切构形方法构成组合体的方法称为综合构形。这是构成组合体的常用方法。图 5-38 所示为利用综合构形方法构成组合体的过程。

思政拓展
中国创造：外骨骼机器人

第六章

轴测图

第一节　轴测图的基本知识

知识点：
轴测图的基本知识

　　工程上一般采用正投影法绘制立体的多面投影图，它可以完全确定立体的形状大小。因此，依据这种图样可以制造出所表示的立体。但是它立体感不强，缺乏制图知识的人不易看懂。轴测图是单面投影，它能同时反映物体长、宽、高三个方向的形状，并富有立体感，因此经常作为辅助图样应用。

一、轴测图的形成

　　将物体连同其参考直角坐标体系，沿不平行于任一坐标平面的方向，用平行投影法将其投射在单一投影面上所得到的图形，称为轴测投影，简称轴测图（图6-1）。

二、术语

　　（1）轴测投影面 P　被选定的投影面。

　　（2）轴测投射方向 S　被选定的投射方向。

　　（3）轴测投影坐标系 O_1-$X_1Y_1Z_1$　空间物体参考坐标系 O-XYZ 在轴测投影面 P 上的投影。O_1X_1、O_1Y_1、O_1Z_1 称为轴测投影轴，简称轴测轴。

　　（4）轴间角　轴测图中两轴测轴之间的夹角，如图 6-1 中的 $\angle X_1O_1Y_1$，$\angle X_1O_1Z_1$，$\angle Y_1O_1Z_1$。

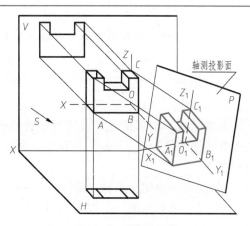

图 6-1　轴测投影的形成

(5) 轴向伸缩系数 轴测轴上的单位长度与相应投影轴上的单位长度的比值（图 6-1）。分别为

X 轴向伸缩系数 p

$$p = \frac{O_1 A_1}{OA}$$

Y 轴向伸缩系数 q

$$q = \frac{O_1 B_1}{OB}$$

Z 轴向伸缩系数 r

$$r = \frac{O_1 C_1}{OC}$$

三、轴测图的投影特性

由于轴测投影仍是平行投影，因此平行投影的投影性质对它也是适用的。特别是平行直线段的投影一定平行，且投影长度之比等于其实际长度之比的性质，应用于轴测投影可得到重要的规律，即

1）立体上平行于参考坐标轴的直线段的轴测投影仍与相应的轴测投影轴平行。

2）平行于参考坐标轴的直线段的轴测投影的伸缩系数与相应的轴向伸缩系数相等。

因此，当确定了物体在参考直角坐标系中的位置后，就可按选定的轴向伸缩系数和轴间角作出立体的轴测图。

四、轴测图的分类

1. 按投射方向是否垂直于投影面分类

（1）正轴测投影 用正投影法得到的轴测投影，即投射方向与轴测投影面垂直。

（2）斜轴测投影 用斜投影法得到的轴测投影，即投射方向与轴测投影面倾斜。

2. 按轴向伸缩系数是否相等分类

（1）等测 三个轴向伸缩系数都相等，即

$$p = q = r$$

（2）二等测 只有两个轴向伸缩系数相等，如

$$p = r \neq q$$

（3）三测 三个轴向伸缩系数各不相等，即

$$p \neq q, \quad p \neq r, \quad q \neq r$$

总的来说，轴测投影可有三种正轴测投影，三种斜轴测投影。但是，根据图形的直观性和画图方便与否，GB/T 4458.3—2013《机械制图 轴测图》规定，一般采用下列三种轴测图：

1）正等轴测图，简称正等测（图 6-2）。

2）正二等轴测图，简称正二测（图 6-3）。

3）斜二等轴测图，简称斜二测（图 6-4）。

 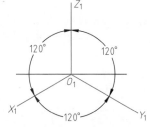

图 6-2　正等轴测图及轴测轴

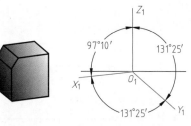

图 6-3　正二等轴测图及轴测轴

 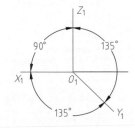

图 6-4　斜二等轴测图及轴测轴

 知识点：
正等轴测图

第二节　正等轴测图

一、正等轴测图的轴间角与轴向伸缩系数

1. 轴间角

正等轴测投影轴的轴间角如图 6-2 所示。

$$\angle X_1 O_1 Y_1 = \angle X_1 O_1 Z_1 = \angle Y_1 O_1 Z_1 = 120°$$

2. 轴向伸缩系数

$$p = q = r \approx 0.82$$

为了简化作图，取简化轴向伸缩系数 $p_1 = q_1 = r_1 = 1$。

因此，应用简化轴向伸缩系数作出的图形的大小将是真实投影的 1.22 倍（1/0.82）。

二、点的正等轴测图的画法

点是最基本的几何元素，故首先介绍点的正等轴测图画法。

如图 6-5a 所示，已知点 A 的投影图，作其正等轴测图。作图步骤如下（图 6-5b）：

1）画正等轴测图轴测投影坐标系 O_1-$X_1 Y_1 Z_1$。

2）在 $O_1 X_1$ 轴上取 $O_1 a_{X1} = O a_X$，得点 a_{X1}。

3）过 a_{X1} 作 $O_1 Y_1$ 的平行线，并取 $a_{X1} a_1 = a_X a$，得点 a_1。即水平投影 a 的轴测投影，称它为水平次投影。

4）过 a_1 作 $O_1 Z_1$ 的平行线，并取 $a_1 A_1 = a_X a'$，得 A_1，点 A_1 即为点 A 的轴测投影。

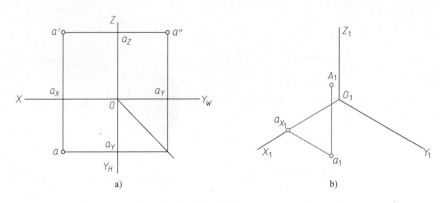

图 6-5 点的轴测投影图

三、平面立体正等轴测图的画法

例 6-1

作三棱锥的正等轴测图（图 6-6）。

解 三棱锥由四个顶点即可确定其形状，因此，先分别求出各顶点的轴测投影，然后再连接相应各顶点，即得其轴测图。作图步骤如下：

1）选定投影图上的坐标系为参考坐标系。

2）画出正等轴测图轴测投影坐标 O_1-$X_1Y_1Z_1$。

3）作出各点的轴测图。

4）连接相应的顶点，并判别可见性。

因为设定的投射方向是从左前上方投向右后下方。图中 A_1C_1 处在立体的右后下方，所以不可见，应画为虚线。但在轴测图中一般只画出可见部分，必要时才画出不可见部分，故可省去虚线不画。

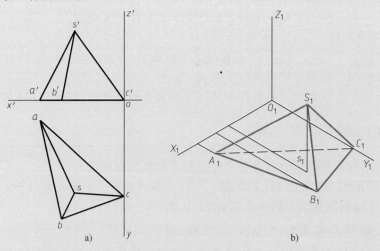

图 6-6 三棱锥的正等轴测图

a）投影图 b）正等轴测图

例 6-2

画出正六棱柱的正等轴测图（图 6-7）。

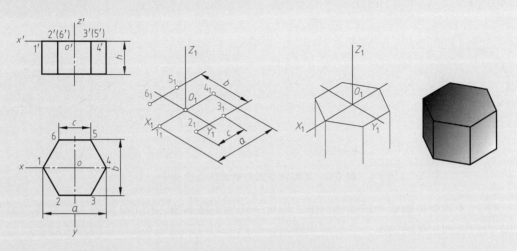

图 6-7　正六棱柱的正等轴测图

　　解　此题中未给出投影轴。不管投影图中给定投影轴与否，画轴测图时均可根据立体的情况，从方便画图的角度出发，重新选定空间参考坐标系。

　　根据本题的投影图可知，正六棱柱顶面的六条边和底面的六条边对应平行且相等，六条棱线皆为铅垂线。因此，选择正六棱柱顶面的中心为参考坐标系的原点，可以省去画出底面上不可见棱线，加快画图速度。作图步骤如下：

　　1）选择正六棱柱的顶面中心 O 为参考坐标系的原点，确定坐标系 $O\text{-}XYZ$。

　　2）画出正等轴测图轴测投影坐标系 $O_1\text{-}X_1Y_1Z_1$。

　　3）根据各顶点的坐标画出顶面的正等轴测图 1_1、2_1、3_1、4_1、5_1、6_1，并连线。

　　4）过顶面各点作平行于 O_1Z_1 轴的可见棱线并取长度 h，定出底面上顶点。

　　5）画出底面可见棱线的轴测投影。

四、圆的正等轴测图的画法

　　为了画图方便，圆的正等轴测图——椭圆，常采用近似方法绘制，其画法如图 6-8 所示，具体作图步骤如下：

　　1）通过圆心 O 作参考坐标系，并作圆的外切正方形，切点为 1、2、3、4，如图 6-8a 所示。

　　2）作轴测投影坐标系和切点的轴测图 1_1、2_1、3_1、4_1，并通过它们作外切正方形的轴测投影菱形，然后再画出其对角线，如图 6-8b 所示。

　　3）过点 1_1、2_1、3_1、4_1 作各边的垂线，交得圆心 A_1、B_1、C_1、D_1。A_1、B_1 为短对角线的顶点（证明略），C_1、D_1 在长对角线上，如图 6-8c 所示。

4）分别以 A_1、B_1 为圆心，$A_1 1_1$ 为半径，作 $\overset{\frown}{1_1 2_1}$、$\overset{\frown}{3_1 4_1}$；再分别以 C_1、D_1 为圆心，$C_1 1_1$ 为半径，作 $\overset{\frown}{1_1 4_1}$、$\overset{\frown}{2_1 3_1}$，连成近似椭圆，如图 6-8d 所示。

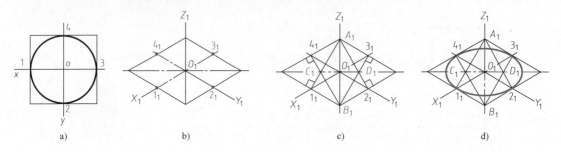

图 6-8　正等轴测图中椭圆的近似画法

平行于各坐标面圆的正等轴测图，均可采用近似法画出。图 6-9 所示为立方体表面上三个内切圆的正等轴测图，它们都为椭圆，各椭圆均可采用图 6-8 所示的方法绘制。

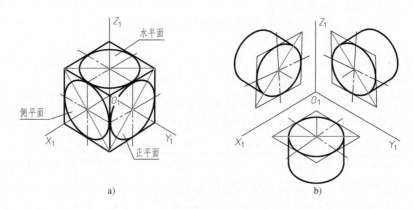

图 6-9　平行于三坐标面的圆的正等轴测图
a）示例 1　b）示例 2

从图 6-9 中可得出正等轴测图上平行于坐标面的圆的轴测投影规律：椭圆长轴垂直于与圆所在平面相垂直的轴测轴，椭圆短轴则平行于与圆所在平面相垂直的轴测轴。例如水平面上的圆的正等轴测的投影情况为：椭圆的长轴垂直于 $O_1 Z_1$ 轴，椭圆的短轴则平行于 $O_1 Z_1$ 轴。

用简化轴向伸缩系数画出的圆的正等轴测椭圆，其长轴长度等于圆直径的 1.22 倍，短轴长度等于圆直径的 0.7。

五、回转体正等轴测图的画法

1. 圆柱的正等轴测图画法

例 6-3

画铅垂圆柱的正等轴测图（图 6-10）。

解 作图步骤如下：

1）选定参考坐标系 O-XYZ，以圆柱顶面中心为 O-XYZ 坐标系的原点。

2）画出正等轴测图轴测投影坐标系 O_1-$X_1Y_1Z_1$。

3）画出顶面的轴测投影椭圆。

4）按圆柱的高度确定出底面的中心，画出底面的轴测投影椭圆。

5）画出圆柱面的转向轮廓线，即平行于轴线且切于两椭圆的平行线。

6）判断可见性。底圆轴测投影的不可见部分，可省去不画出。

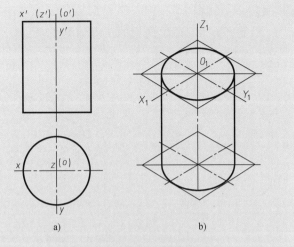

图 6-10 圆柱正等轴测图的画法
a）投影图 b）正等轴测图

2. 圆锥的正等轴测图画法

例 6-4

画铅垂圆锥的正等轴测图（图 6-11）。

解 作图步骤如下：

1）选定参考坐标系 O-XYZ，以圆锥底面中心为 O-XYZ 坐标系的原点。

2）画出正等轴测图轴测投影坐标系 O_1-$X_1Y_1Z_1$。

3）画出底面的轴测投影椭圆。

4）画出顶点 S 的轴测投影 S_1。

5）画出圆锥面的转向轮廓线，即过锥顶 S_1 作椭圆的切线。

6）判断可见性。底圆不可见部分，可省去不画出。

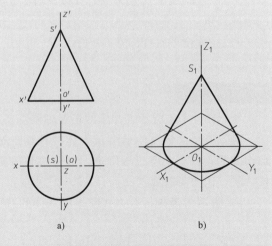

图 6-11 圆锥正等轴测图的画法
a）投影图 b）正等轴测图

六、组合体正等轴测图的画法

绘制组合体的轴测图时，可按形体分析法分步叠加或挖切绘制。

例 6-5

绘制图 6-12a 所示底板的正等轴测图。

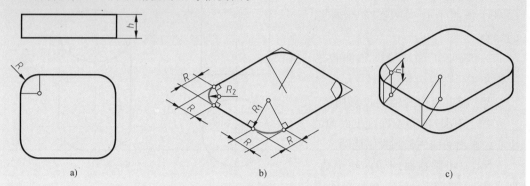

图 6-12　底板正等轴测图的画法

a）底板视图　b）画底板顶面的四个圆角　c）全图

解　可认为该底板是长方形板被切去四个圆角而得到，立体上圆角的正等轴测图可用圆弧近似画法作出。作图步骤如下：

1）在长方形底板的边上量取圆角半径 R 作切点，如图 6-12b 所示。

2）从量得的点（切点）作边线的垂线。

3）以两垂线的交点为圆心，以圆心到切点的距离为半径画弧，所画得弧即为轴测图上的圆角。

4）完成全图，如图 6-12c 所示。

例 6-6

绘制图 6-13a 所示组合体的正等轴测图。

解　可认为该立体是由长方体被挖切形成的。挖去的两块中，一块是由一个正垂面切去了立体左上角的三角块，另一块是由正平面和水平面共同切去立体前上方的四棱柱块。作图步骤如下：

1）选取参考坐标系 $O\text{-}XYZ$，以立体的右后下角顶点为坐标原点。

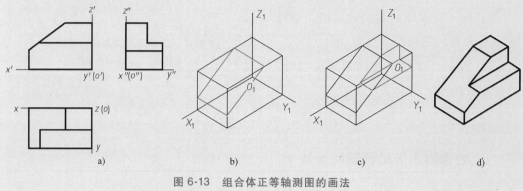

图 6-13　组合体正等轴测图的画法

2）画出正等轴测图轴测投影坐标系 $O_1\text{-}X_1Y_1Z_1$。

3）画出长方体的轴测投影（图 6-13b）。

4）画出切去左上角三角块的轴测投影（图 6-13b）。

5）画出切去前上方四棱柱块的轴测投影。此时应注意截平面间产生的交线，如图 6-13c 所示。

6）按正等轴测投射方向，分析判别可见性。由于坐标原点处于不可见位置，因而与它连接的三条棱线均不可见，图中省略未画，如图 6-13d 所示。

例 6-7

绘制图 6-14a 所示切口圆柱体的正等轴测图。

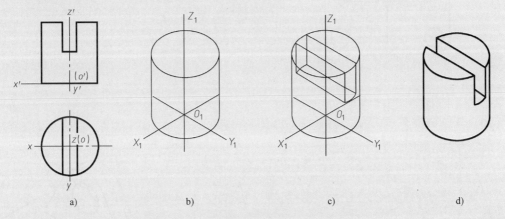

图 6-14 切口圆柱体正等轴测图的画法

解　可认为该立体是由圆柱体被挖切形成的。其中挖去的部分是由两个侧平面和一个水平面共同切去该圆柱体上方中间的部分。作图步骤如下：

1）选取参考坐标系 $O\text{-}XYZ$，如图 6-14a 所示，以圆柱体的轴线与底面的交点为坐标原点。

2）画出正等轴测图轴测投影坐标系 $O_1\text{-}X_1Y_1Z_1$。

3）画出圆柱体的轴测投影，如图 6-14b 所示。

4）画出由两个侧平面和一个水平面共同切去部分的轴测投影。此时应注意截平面间产生的交线，如图 6-14c 所示。

5）按正等轴测投射方向判别可见性，完成全图，如图 6-14d 所示。

例 6-8

画出图 6-15a 所示机件的正等轴测图。

解　机件由两大部分叠加而成，其中第一部分底板的原始形状可认为是长方形板，其靠前的面两角为圆角，且左右对称挖出两个小孔；第二部分是靠中后部的支承板，它是个圆弧顶的梯形板，左右对称，其上中方有一圆孔。作图步骤如下：

1）选择机件底板后下棱中点为参考坐标系 O-XYZ 的原点（图 6-15a）。

2）画出正等轴测图轴测投影坐标系 O_1-$X_1Y_1Z_1$（图 6-15b）。

3）画出第一部分长方形板的外形轮廓（图 6-15b）。

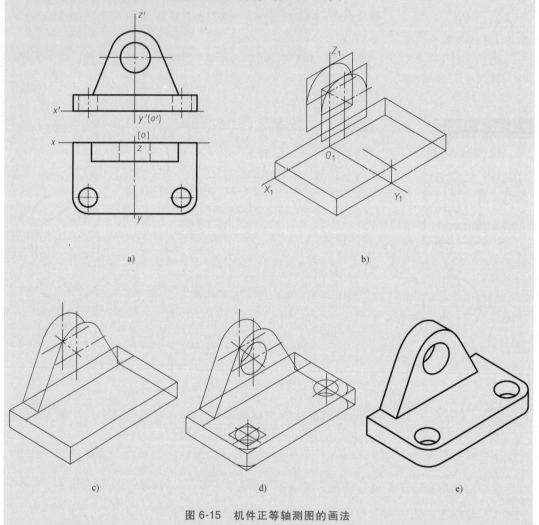

图 6-15 机件正等轴测图的画法

4）画出第二部分圆弧顶梯形板的外形轮廓（图 6-15c）。此处，可先画出上部圆孔的轴线位置，再画出圆孔及上部圆弧顶柱面的轴测投影。而上部圆弧顶柱面轮廓可先按一完整圆柱来画图，然后再舍去多余部分。其次，再画出圆弧顶梯形板底面的轮廓，并由左右两端向上部圆弧作切线，求出切点，定出要保留的椭圆弧部分。

5）完成一些细节作图（图 6-15d）。如底板上的两个小圆孔，作它们的图形时，应先画出它们的轴线位置，然后画出形体轮廓。

6）判断可见性，完成全图（图 6-15e）。机件的右后下方不可见。此外，正面圆孔的后左上方和两铅垂圆孔的前下方不可见。

第三节 斜二等轴测图

一、斜二等轴测图的轴间角与轴向伸缩系数

1. 轴间角

在机械制图中，一般取正面平行面作为轴测投影面，其轴测轴的配置如图 6-4 所示。

$$\angle X_1O_1Z_1 = 90°, \quad \angle X_1O_1Y_1 = \angle Y_1O_1Z_1 = 135°$$

2. 轴向伸缩系数

$$p = r = 1, \quad q = 0.5$$

二、斜二等轴测图的画法

正面斜二等轴测图的特点是平行于正面的图形的轴测投影仍保持实形。因此，对于画仅平行于正面的圆或其他复杂图形的轴测图是非常方便的。

例 6-9

绘制图 6-16a 所示立体的正面斜二等轴测图。

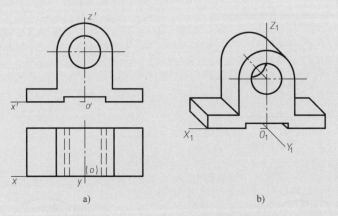

a)   b)

图 6-16 立体的斜二等轴测图画法

解 图中立体仅在 XOZ 平行面上具有较复杂的轮廓，而 Y 向均为平行的轮廓线，因此适于采用正面斜二等轴测图。作图步骤如下：

1）选定立体的前下棱的中点为参考坐标系 $O\text{-}XYZ$ 的原点。

2）画出正面斜二等轴测图轴测投影坐标系 $O_1\text{-}X_1Y_1Z_1$。

3）画出立体前面的斜二等轴测投影。

4）画出立体后面图形的可见部分的轴测投影。

5）画出 Y 向可见轮廓线，即完成作图（图 6-16b）。

第四节 轴测剖视图

为了表示物体内部结构，在轴测图中经常用剖切平面剖开所画物体，即画成轴测剖视图。画轴测剖视图的方法有两种：一种方法是先画立体外形，然后剖切，再擦掉多余的外形轮廓，并在剖面部分画上剖面线，最后加深；另一种方法是先画出剖面形状的轴测图，然后补全内、外轮廓，最后画剖面线并加深。

例如，绘制图 6-17 所示立体的正等轴测剖视图。首先，分析该立体的结构，由带阶梯孔的圆柱和底板组成。由于该立体是前后、左右对称的结构，为了表达其内部结构，常将立体的一半或局部剖切掉。采用第一种画法绘制它的正等轴测剖视图，如图 6-18 所示。图 6-19 所示为采用第二种画法的绘制过程。

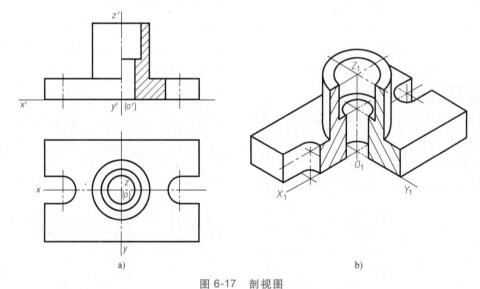

图 6-17 剖视图

a) 投影图 b) 正等轴测剖视图

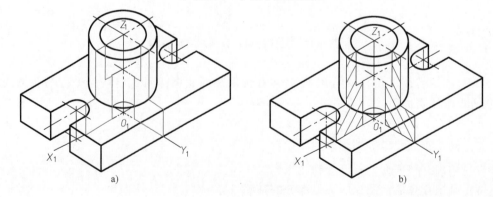

图 6-18 轴测图剖视画法 （一）

a) 步骤 1 b) 步骤 2

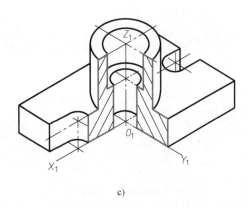

c)

图 6-18 轴测图剖视画法（一）（续）

c）步骤 3

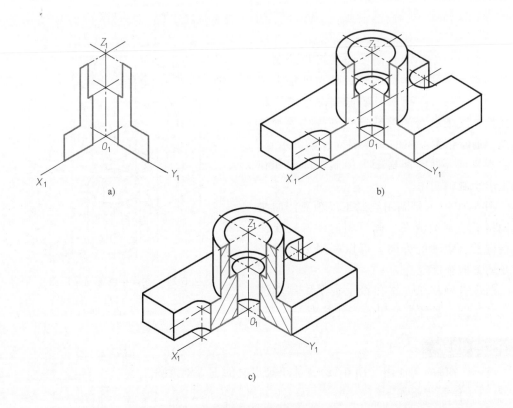

图 6-19 轴测图剖视画法（二）

a）步骤 1 b）步骤 2 c）步骤 3

在轴测剖视图中，剖面线的方向应按图 6-20 所示方法绘制。图 6-20a、b 所示分别是正等轴测图和斜二等轴测图的剖面线画法。

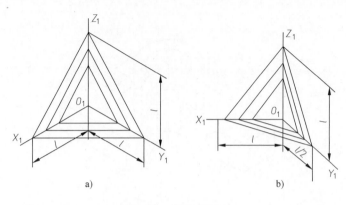

图 6-20 剖面线画法

第五节 徒手画轴测图

徒手绘制立体的轴测图与用尺规绘制立体的轴测图方法是相同的，只是在度量上依靠目测。因此，在画图时要做到图形基本符合比例，线条之间的关系要正确。徒手画轴测图，通常依据立体的立体图或投影图来画，方法有两种，即在网格纸上绘制轴测图和在白纸上绘制轴测图。

图 6-21 所示是利用绘制正等轴测图的坐标网格纸绘制轴测图。画草图时，特别要注意椭圆长、短轴的方向，可以利用菱形网格对角的方向来确定。

若没有网格纸，在白纸上徒手绘制轴测图也是绘图人员经常使用的一种方法。

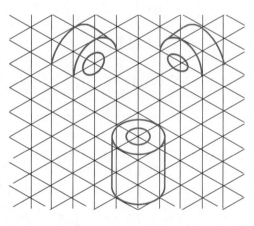

图 6-21 在网格纸上画轴测图

例 6-10

已知立体的三视图（图 6-22），徒手画出它的正等轴测图。

解　作图步骤如下：

1）目测物体的长、宽、高，在三条轴测轴的方向上截取三条边的长度，画出长方体（图 6-23a）。

2）根据立体前上角挖切部分的大小画出它的结构（图 6-23b）。

3）根据立体前方所开槽的部位和大小，画出四棱柱的槽（图 6-23c）。

4）擦去作图线，加深形体轮廓线，完成形体的正等轴测草图（图 6-23d）。

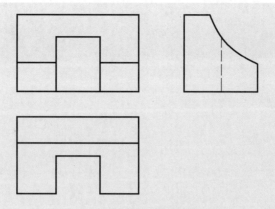

图 6-22 立体的三视图

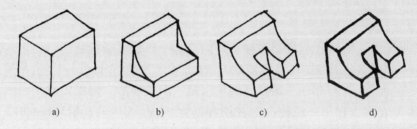

图 6-23 徒手画立体的正等轴测图

a）画长方体 b）挖切前上角 c）开前侧槽 d）加深轮廓线

第七章

图样画法

在生产实际中，物体的形状是多种多样的，对于形状复杂的物体，仅用前面所介绍的三视图难以把它们的内外结构表达清楚。因此，GB/T 4458.1—2002《机械制图　图样画法　视图》和 GB/T 4458.6—2002《机械制图　图样画法　剖视图和断面图》中规定了物体的各种表达方法——视图、剖视图和断面图等。GB/T 16675.1—2012《技术制图　简化表示法　第 1 部分：图样画法》和 GB/T 16675.2—2012《技术制图　简化表示法　第 2 部分：尺寸注法》对物体的简化表示法进行了规定。

第一节　视图

视图是物体向投影面投射所得的图形。一般只画物体的可见部分，必要时才画出其不可见部分。视图分为基本视图、向视图、局部视图和斜视图。

一、基本视图

为了清楚地表示出物体上、下、左、右、前、后的不同形状，根据实际需要，除了已学过的三视图外，在原有三个投影面的基础上，对应地再增加三个投影面，这六个投影面形成正六面体的六个面，称为基本投影面（图 7-1）。将物体放在正六面体内，分别向六个基本投影面投射所得的六个视图称为基本视图。除主视图、俯视图和左视图外，其他视图的名称及投射方向规定如下：

1）右视图——由物体的右方向左投射所得的视图。

2）仰视图——由物体的下方向上投射所得的视图。

3）后视图——由物体的后方向前投射所得的视图。

六个基本投影面的展开方法如图 7-2 所示，即正立投影面保持不动，其他投影面按箭头所示方向旋转，使其与正立投影面共面。投影面展平后，各基本视图的配置关系如图

7-3 所示。

同一张图纸内各基本视图按图 7-3 所示的规定配置，一律不标注视图的名称。

实际画图时，应根据物体的结构形状和复杂程度，选用必要的基本视图。

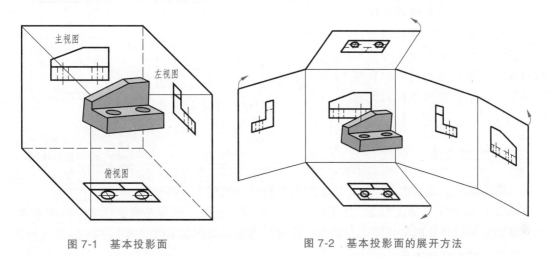

图 7-1 基本投影面   图 7-2 基本投影面的展开方法

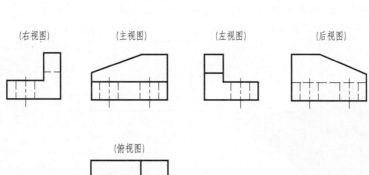

图 7-3 六个基本视图的规定配置

知识点：
向视图

二、向视图

在实际设计绘图中，如果按图 7-3 所示的形式配置各视图不方便，则可以采用一种能自由配置的视图——向视图。

向视图的上方应标注名称"×"（"×"为大写拉丁字母），在相应视图的附近用箭头指明投射方向，并标注相同的字母（图7-4）。由于向视图是基本视图的另一种表达形式，所以，表示投射方向的箭头应尽可能配置在主视图上，以便所获视图与基本视图一致。由于表示后视图投射方向的箭头在主视图中反映不出来，所以只能标注在其他视图上。

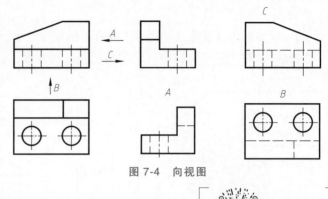

图 7-4　向视图

知识点：局部视图

三、局部视图

将物体的某一部分向基本投影面投射所得到的视图称为局部视图。

如图 7-5b 所示，物体在主、俯视图中已基本表达清楚，只有左侧凸台的形状尚未表达清楚，又没有必要画出完整的左视图，这时可用局部视图表示凸台的形状。

画局部视图时应注意以下几点：

1）局部视图要用带大写拉丁字母的箭头指明表达部位和投射方向，并在相应的局部视图上方标注名称"×"（相同的字母）。

2）局部视图的范围应以波浪线表示，如图 7-5c 所示。但当所表示的结构完整，且外形轮廓构成封闭图形，与整体的相对位置明确时，可不画波浪线，如图 7-5d 所示。

3）局部视图一般配置在箭头所指的方向，必要时也允许配置在其他适当位置。

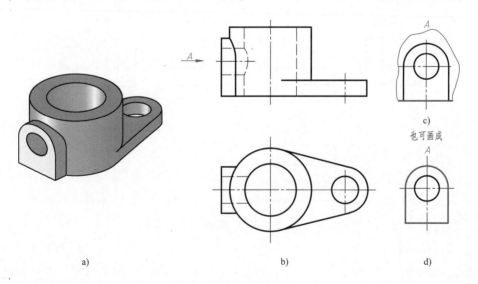

图 7-5　局部视图

4）局部视图按投影关系配置，中间没有其他图形分隔时，可省略标注，如图 7-6b 所示。

5）为了节省绘图时间和图幅，对称物体（或零件）的视图可以只画一半或四分之一，并在对称中心线的两端画出两条与其垂直的平行细实线，如图 7-6a、b 所示。

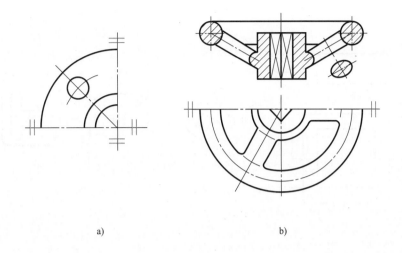

a)　　　　　　　　　　　　b)

图 7-6　对称物体局部视图的画法

知识点：
斜视图

四、斜视图

当物体上具有不平行于基本投影面的倾斜部分时，为了表达倾斜部分的真实形状，可用换面法，选择一个与零件倾斜部分平行并垂直于基本投影面的辅助投影面，将该倾斜部分的结构形状向辅助投影面投射，再将辅助投影面旋转到与其垂直的基本投影面上（图 7-7a）。将物体的倾斜结构形状，向不平行于基本投影面的辅助投影面投射，所得的视图称为斜视图。

画斜视图时应注意以下几点：

1）必须在斜视图的上方标注斜视图的名称"×"（"×"为大写拉丁字母），在相应的视图附近用箭头指明投射方向，并标注同样的字母，如图 7-7b 所示。

2）斜视图主要是为了表达倾斜部分的形状，其余部分不必画出，可用波浪线断开，如图 7-7b 所示。

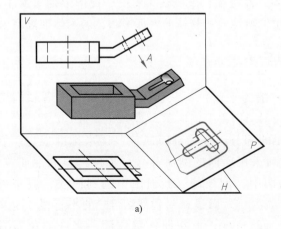

a)

图 7-7　斜视图

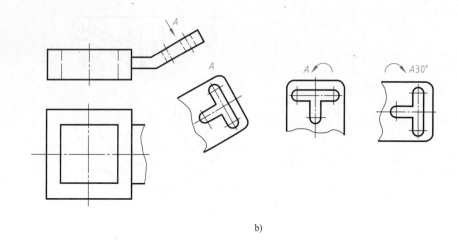

b)

图 7-7 斜视图（续）

3）斜视图一般按投影关系配置，必要时也可配置在其他位置。在不致引起误解时，允许将斜视图旋转配置。此时，应标注旋转符号，其画法如图 7-8 所示。旋转符号表明该视图旋转的方向，表明视图名称的大写拉丁字母应靠近旋转符号的箭头端，也允许将旋转的角度标注在字母之后，如图 7-7b 所示。

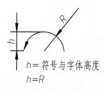

h = 符号与字体高度
h = R

图 7-8　旋转符号画法

第二节　剖视图

知识点：
剖视图的基本知识

前面所述，零件上不可见的结构形状，规定用虚线表示。但当物体的内部形状复杂时，视图上的虚线过多，且实线、虚线交叉重叠，使图形的层次不清晰，看图和标注尺寸都会感到困难。为了清晰地表达物体的内部形状，国家标准规定采用剖视图。

一、剖视图的基本概念

假想用剖切面（一般为平面）剖开物体，将处在观察者和剖切面之间的部分移去，将其余部分向投影面投射，所得的图形称为剖视图（图 7-9）。

剖切面与物体接触的部分，称为剖面区域。国家标准规定，在剖面区域上要画出剖面符号。不同的材料采用不同的剖面符号，各种材料的剖面符号见表 7-1。其中规定在同一金属零件的图中，剖视图、断面图中的剖面线，应画成间隔相等、方向相同且一般与剖面区域的主要轮廓线或对称线成 45°的平行线。必要时，剖面线也可画成与主要轮廓线成适当的角度。但在同一物体的一张图样中所有剖面线的倾斜方向和间隔必须一致。

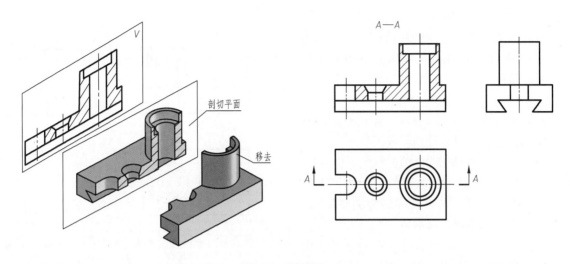

图 7-9　剖视图

表 7-1　剖面符号（GB 4457.5—2013《机械制图　剖面区域的表示法》）

材料名称	剖面符号	材料名称	剖面符号
金属材料 （已有规定剖面符号者除外）		木质胶合板 （不分层数）	
线圈绕组元件		基础周围的泥土	
转子、电枢、变压器和电抗器等的叠钢片		混凝土	
非金属材料 （已有规定剖面符号者除外）		钢筋混凝土	
型砂、填砂、粉末冶金、砂轮、陶瓷刀片、硬质合金刀片等		砖	
玻璃及供观察用的其他透明材料		格网 （筛网、过滤网等）	

二、剖视图的画法及标注

1. 剖视图的画法

首先应根据物体结构特征确定哪个视图需要取剖视，然后确定剖切面的位置。

剖切面一般应通过物体的对称面或轴线，且平行于剖视图所在的投影面。如图7-9所示主视图中的剖视图，剖切平面即通过物体的对称平面，且平行于正面。

移去剖切平面与观察者之间的部分，将其余部分向投影面投射，并在剖面区域画上剖面符号即可得到剖视图。

画剖视图时应注意的问题：

1）由于剖切是假想的，因此，除作剖视的视图外，其他视图仍应完整画出，且不影响其他视图取剖视。

2）位于剖切平面后面的可见轮廓线应全部画出，不能遗漏。应特别注意，画阶梯孔时不要丢线，如图7-10所示。其不可见轮廓线一般不必画出。

剖视图中容易漏线的示例见表7-2。

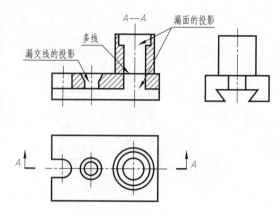

图 7-10　剖视图中漏线、多线的错误

表 7-2　剖视图中容易漏线的示例

立体图	正　确	错　误

（续）

立体图	正　确	错　误
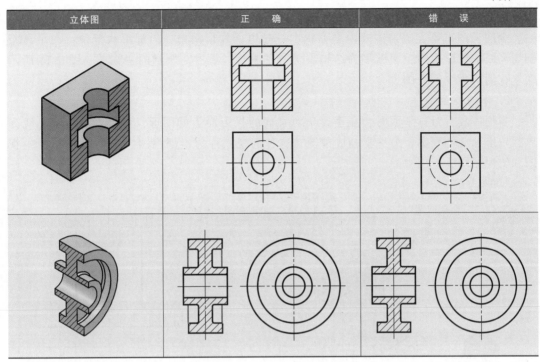		

3）在剖视图上已表达清楚的结构，在其他视图中的虚线应省略不画。如图 7-9 所示的俯视图与左视图的虚线均已省略。

2. 剖切位置与剖视图的标注

1）剖切符号由粗短线和箭头组成。粗短线表示剖切平面的位置，箭头表示投射方向，且与粗短线垂直，并标上相同的大写拉丁字母。在相应的剖视图上方的中间位置用同样的字母标注剖视图的名称"×—×"，如图 7-9 所示。

2）当单一剖切平面通过物体的对称平面剖切，且剖视图放在基本视图位置，中间没有其他图形隔开时，可省略标注，如图 7-11 所示。

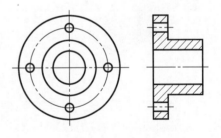

图 7-11　全剖视图

3）当剖视图放在基本视图位置，且中间没有其他图形隔开时，可省略箭头，如图 7-12 所示。

4）一般剖切符号的起迄处应画在轮廓线外边，尽可能不与图形的轮廓线相交。在起迄和转折处，应标注相同的大写拉丁字母，字母均应水平书写。但转折处若因地方有限，不标又不致引起误解时，允许省略字母。

三、剖视图的种类

国家标准规定：剖视图分为全剖视图、半剖视图和局部剖视图三种。

1. 全剖视图

用剖切面完全地剖开物体所得的剖视图，称为全剖视图。

全剖视图主要表达物体的内部形状，一般用于外形简单、内部形状复杂，在平行于剖切平面的投影面内，图形多为结构不对称的物体。图 7-9 所示的主视图、图 7-11 所示的左视图均为全剖视图。

2. 半剖视图

当物体具有对称平面时，在垂直于对称面的投影面上的图形，可以以对称中心线为界，一半画成剖视图，另一半画成视图，这种剖视图称为半剖视图。图 7-12 所示的主视图和俯视图均为半剖视图。

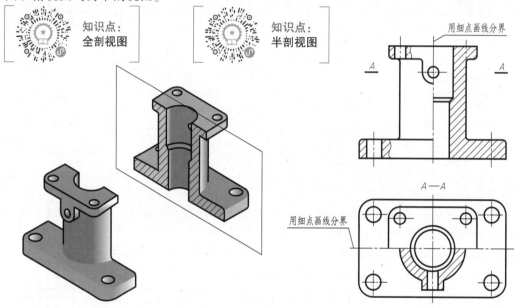

图 7-12　半剖视图（一）

半剖视图的标注形式与全剖视图相同。

画半剖视图时应注意以下几点：

1）视图与剖视图的分界线必须是对称中心线，不能画成实线。

2）由于物体对称，物体的内外结构形状已分别表达清楚，图中的虚线一般应省略不画。

3）物体形状接近于对称，且不对称部分已另有图形表达清楚时，也可画成半剖视图，如图 7-13 所示。

4）同一物体在不同剖面区域内的剖面符号应保持一致。如图 7-12 所示，主视图和俯视图中剖面线的方向和间隔都应相同。

3. 局部剖视图

用剖切平面将物体局部剖开，所得到的剖视图称为局部剖视图。

局部剖视图常用于内、外结构形状均需表达，且物体又不对称的情况。如图 7-14 所示，主视图中，局部地剖切了物体的一部分，用以表达物体的内部结构，保留一部分外形视图，用以表达凸台的形状和位置；俯视图中也采用了局部剖视，剖视部分表达凸台上的孔，视图部分表达底板及直立圆柱的形状。

局部剖视图的标注与全剖视图相同，但在单一剖切平面的剖切位置明显时，可省略标注。

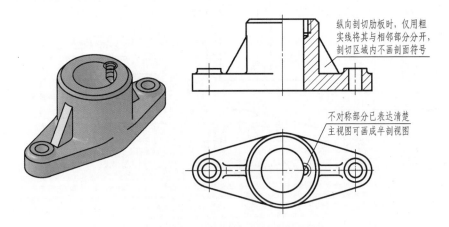

纵向剖切肋板时，仅用粗实线将其与相邻部分分开，剖切区域内不画剖面符号

不对称部分已表达清楚主视图可画成半剖视图

图 7-13　半剖视图（二）

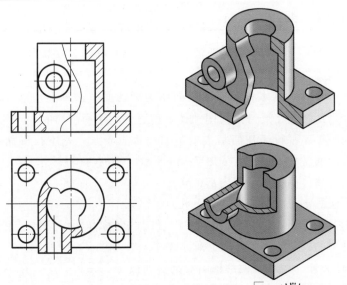

图 7-14　局部剖视图

知识点：
局部剖视图的画法

画局部剖视图时应注意以下几点：

1）局部剖视部分与视图之间以波浪线为界线，如图 7-14 所示。波浪线表示物体断裂的痕迹，所以波浪线不能超出视图轮廓线。在剖切平面与观察者之间的通孔、通槽的范围内，不能画波浪线，如图 7-15a 所示；波浪线也不能是其他图线的延长线，如图 7-15b 所示；波浪线不能与其他图线重合，不能用其他线代替，如图 7-15c 所示。

2）局部剖视图应用比较灵活。运用恰当，可使图形简明清晰。但在一个视图中，局部剖视图的数量不宜过多，否则会使图形过于破碎，给读图带来困难。

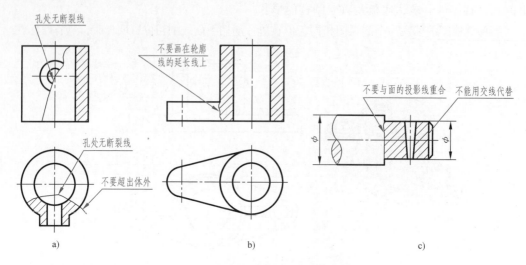

图 7-15 局部剖视图中波浪线的错误画法

四、剖切面的种类

根据物体的结构特点，可选择以下几种剖切面剖开物体，以获得上述三种剖视图。

1. 单一剖切面

一种是用平行于某一基本投影面的平面作为剖切面。这种剖切形式应用较多，如前述的全剖视图、半剖视图、局部剖视图都是采用这种剖切面剖切的。

另一种是用一个不平行于任何基本投影面而垂直于某一基本投影面的剖切面剖开物体，这种剖切方法通常称为斜剖，如图 7-16a 所示。斜剖与斜视图一样，都采用换面法原理。斜剖用于表达物体倾斜部分的内部形状。

用斜剖的方法画剖视图时应注意以下几点：

1）不论剖视图放置何处，都必须标注剖视图的名称和剖切符号。粗短线和箭头均不可省。剖切面是斜的，但标注的字母必须水平书写，如图 7-16b 所示。

2）为了看图方便，应尽量使剖视图与剖切面投影关系相对应。在不致引起误解的情况下，允许将图形旋转，此时，必须标注出旋转符号，如图 7-16c 所示。

2. 几个平行的剖切面

当物体上有较多的内部结构，且它们的轴线不在同一平面内时，可用几个互相平行的剖切面剖切。如图 7-17 中物体上部两个相同的小孔与下部圆筒轴孔的深度都需要表达。用单一剖切面剖开物体，不能将上部小孔和下部圆筒轴孔的深度同时表达清楚。为此，需用两个相互平行的剖切面分别剖切上部小孔和下部圆筒轴孔，将所得的两部分剖视图合起来构成全剖视图。

图 7-18 所示的 A—A 剖视图为用几个平行的剖切面剖切获得的半剖视图。图 7-19 所示的 A—A 剖视图为用几个平行的剖切面剖切获得的局部剖视图。

采用几个平行的剖切面剖切画图时应注意以下几点：

1）不应在剖视图中画出各剖切面的界线。剖切面虽为一组平行平面，但仍画在同一视图上，所以不应在剖视图中画出各剖切面的界线。图 7-20a 所示的画法是错误的。

2）剖切面不能互相重叠，剖视图内不应出现不完整要素。采用几个平行的剖切面剖切时应正确选择剖切位置。一般情况下，应避免在剖视图上出现不完整要素或通过中心转折。图 7-20b 所示的不完整孔就是错误的画法。

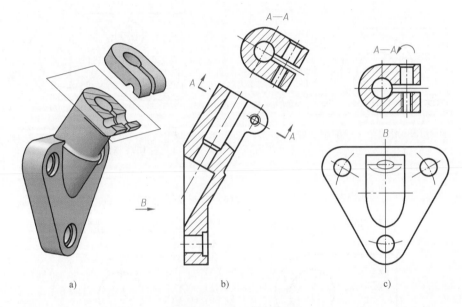

a)   b)   c)

图 7-16 单一斜剖切面

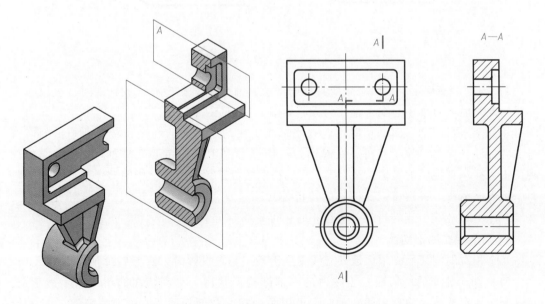

图 7-17 用几个平行的剖切面剖切获得的全剖视图

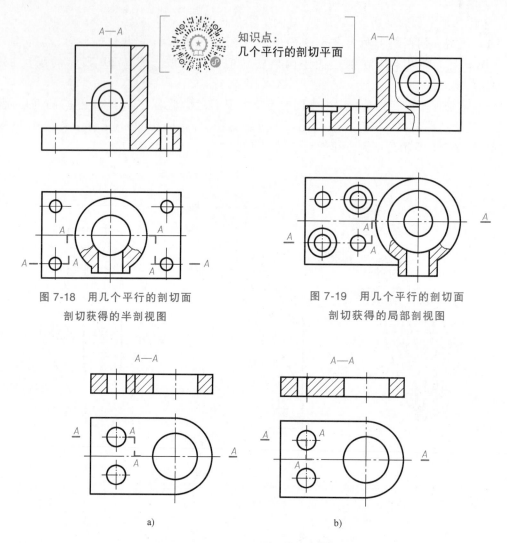

图 7-18　用几个平行的剖切面
剖切获得的半剖视图

图 7-19　用几个平行的剖切面
剖切获得的局部剖视图

a)　　　　　　　　　　　b)

图 7-20　用几个平行的剖切面剖切的错误画法

3）国家标准规定，仅当两个要素在图形上具有公共对称中心线或轴线时，可以各画一半，此时应以对称中心线或轴线为界，如图 7-21 所示。

用几个平行的剖切面剖切时不能省略标注。在剖切平面的起讫和转折处画出剖切符号，并标注相同大写拉丁字母，在起讫处剖切符号上用箭头表示投射方向，在相应的剖视图上方标注剖视图的名称"×—×"。当剖视图按投影关系配置，中间又无其他图形间隔时，可省略箭头。各剖切位置符号的转折处必须是直角，且不应与视图中的粗实线（或虚线）重合或相交，当转折处地方很小时，可省略字母。

3. 几个相交的剖切面

几个相交的剖切面必须保证其交线垂直于某一基本投影面，如图 7-22 所示。

（1）两个相交的剖切面　当物体的内部结构形状用一个剖切面剖切不能表达完全，且这个物体在整体上又具有回转轴时，可用两个相交的剖切面（交线垂直于某一基本投影面）剖开。

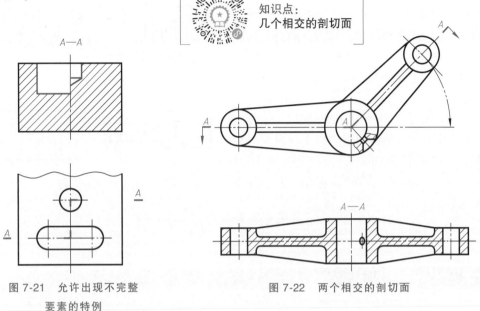

图 7-21 允许出现不完整
要素的特例

图 7-22 两个相交的剖切面

图 7-22 所示为用两个相交的剖切面（交线垂直于正面）剖开物体，然后将倾斜剖切面剖到的结构及其有关部分绕交线（物体的轴线）旋转，使其与水平面平行后再进行投影，即得到全剖视图 A—A。相交的剖切面剖切多用于表达具有公共回转轴线结构的物体。

用两个相交的剖切面剖切画图时应注意以下几点：

1）两剖切面的交线应与物体上的公共回转轴线重合。

2）倾斜剖切面后面的其他结构一般仍按原来位置投影，如图 7-22 所示圆筒上的油孔。当剖切后产生不完整要素时，应将此部分按不剖切绘制，如图 7-23 所示的臂。

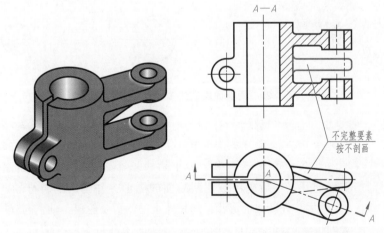

不完整要素
按不剖画

图 7-23 用几个相交的剖切面剖切获得的剖视图产生不完整要素的情况

3）用相交的剖切面剖切必须标注，其规定与用几个平行的剖切面剖切相同。

（2）复合的剖切面 当物体的内部结构形状较多，用相交的剖切面剖切或用平行的剖切面剖切仍不能表达完全时，可以采用几个相交的剖切面剖开物体，这种方法通常称为复合剖，如图 7-24 所示。

采用复合剖画图时应注意以下几点：

1）组合的剖切面可以由平行或倾斜于某一基本投影面的若干剖切面组成，但这些剖切面必须同时都垂直于另一基本投影面。

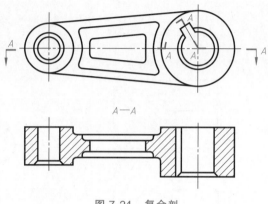

图 7-24　复合剖

2）复合剖的标注规定与用平行剖切面的剖切规定相同。

第三节　断面图

一、断面图的定义

假想用剖切平面将物体的某处切断，仅画出该剖切面与物体接触部分的图形，称为断面图，简称断面，如图 7-25 所示。

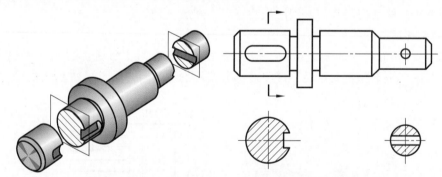

图 7-25　用断面图表达轴上键槽等结构

图 7-25 所示轴的左端有一个键槽，右端还有一个孔。在主视图上能表示出键槽和孔的形状和位置，但不能表示其深度。如果画出其左视图，则全是大小不同的圆，而且键槽与孔的投影成虚线，线条重叠很不清晰。为了解决这个矛盾，可采用断面图，假想在键槽和孔处用剖切平面剖开，然后画出被切断断面的图形，并画出剖面符号。

断面图常用于表示物体某处断面的形状，如物体上的肋板、轮辐、轴上的键槽和孔等。

根据断面图配置的位置不同，断面图分为移出断面图和重合断面图。

1. 移出断面图

画在视图外面的断面图称为移出断面图，如图 7-25、图 7-26 所示。

（1）移出断面图的画法

1）移出断面图的轮廓线用粗实线绘制。

2）移出断面图一般配置在剖切符号或剖切面迹线的延长线上，如图 7-25 所示。必要时也可以配置在其他适当位置，如图 7-26 所示的 A—A 断面、B—B 断面。

3）当剖切面通过回转面形成的孔或凹形坑的轴线时，这些结构按剖视图绘制，如图 7-27 所示。

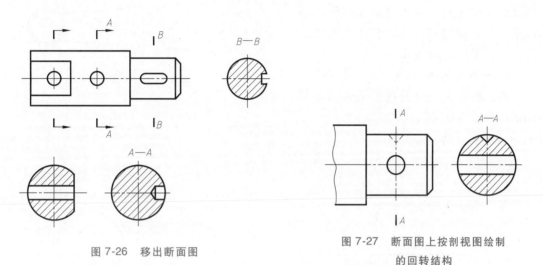

图 7-26　移出断面图

图 7-27　断面图上按剖视图绘制
的回转结构

当剖切面通过非圆孔，出现完全分离的两个断面时，应按剖视图绘制，如图 7-28 所示。

4）由两个或多个相交的剖切面剖切得到的移出断面图，中间一般应断开，且配置在某一剖切面迹线的延长线上，如图 7-29 所示。

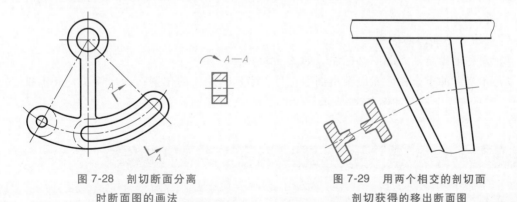

图 7-28　剖切断面分离
时断面图的画法

图 7-29　用两个相交的剖切面
剖切获得的移出断面图

5）当物体较长，且其断面图形对称时，断面图也可画在视图的中断处，如图 7-30 所示。

（2）移出断面图的标注

1）画移出断面图时，一般应用剖切符号表示剖切位置和投射方向，并注上大写拉丁字母，在断面图上方用同样的大写拉丁字母标注断面图的名称，如图 7-26 所示的 A—A 断面。

2）配置在剖切面迹线延长线上的对称移出断面，以及配置在视图中断处的对称移出断面均不标注，前者用点画线表示剖切位置，如图 7-25 所示右侧的断面和图 7-30 所示的断面。

3）配置在剖切符号延长线上的不对称移出断面可省略字母，如图 7-25 所示左侧的断面。

4）不对称的移出断面按投影关系配置，以及对称的移出断面不配置在剖切符号的延长线上，可以省略箭头，如图 7-26 所示的 B—B 断面。

5）当倾斜移出断面不配置在剖切面迹线延长线上时，在不致引起误解的情况下，允许将图形旋转，但必须画出旋转符号，如图 7-28 所示。

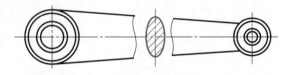

图 7-30　断面图画在视图的中断处

2. 重合断面图

画在剖切位置上与视图重合的断面图形称为重合断面图。

（1）重合断面图的画法

1）重合断面图的轮廓线用细实线绘制，如图 7-31、图 7-32 所示。

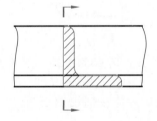

图 7-31　角钢的重合断面图

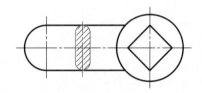

图 7-32　手柄的重合断面图

2）当视图中的轮廓线与重合断面的轮廓线重叠时，视图中的轮廓线仍应连续画出，不可间断，如图 7-31 所示。

（2）重合断面图的标注

1）对称的重合断面图不必标注，如图 7-32 所示。

2）不对称的重合断面图应画出剖切符号，表示剖切面的位置；画出箭头，表示投射方向，不必标注字母，如图 7-31 所示。

第四节　局部放大图、规定画法和简化画法

一、局部放大图

当物体上的部分结构在视图中表达不够清楚，或不便于标注尺寸时，可将这部分结构用大于原图所采用的比例画出，这种图形称为局部放大图。局部放大图可视需要画成视图、剖视图或断面图，它与被放大部分原来的表达方法无关。局部放大图应尽可能配置在被放大部分附近，一般要用细实线圈出被放大部位，如图 7-33 所示。

当同一物体上有几处被放大部分时，必须用罗马数字依次标明被放大部位，并在局部放大图的上方标出相应的罗马数字和所采用的比例，罗马数字与比例之间的横线用细实线画出，如图7-33a所示。

当物体上只有一处被放大部分时，在局部放大图的上方只需注明所采用的比例，如图7-33b所示。

局部放大图上标注的比例，是指该图形中物体要素的线性尺寸与实际物体相应要素的线性尺寸之比，而不是与原图之比。

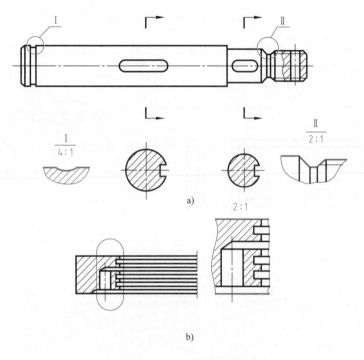

图7-33 局部放大图

二、规定画法与简化画法

这里只介绍GB/T 16675.1—2012《技术制图 简化表示法 第1部分：图样画法》和GB/T 16675.2—2012《技术制图 简化表示法 第2部分：尺寸注法》中较常用的规定画法和简化画法。

1）当物体上具有若干相同结构（如齿、槽），并按一定规律分布时，只需画出几个完整的结构，其余用细实线连接，但在零件图上必须注明该结构的总数，如图7-34所示。

2）当物体上有若干个直径相同且按规律分布的孔（如圆孔、螺纹孔、沉孔）时，可以只画出一个或少量几个，其余只需用细点画线或"十"表示其中心位置，在尺寸标注中注明孔的总数，如图7-35所示。

3）对于物体上的肋板、轮辐及薄壁等，如按纵向剖切，这些结构都不画剖面符号，而用粗实线（即这些结构与其他结构相邻部分的轮廓线）将其与相邻部分分开。当物体

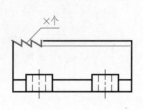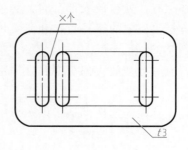

图 7-34 相同结构的简化画法

回转体上均匀分布的肋板、轮辐和孔等结构不处于剖切面上时，可将这些结构旋转到剖切面上画出，如图 7-36 所示。

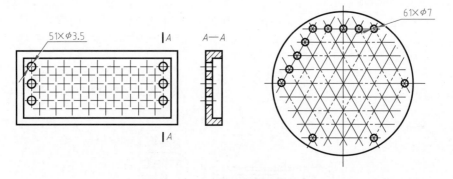

图 7-35 多孔结构的简化画法

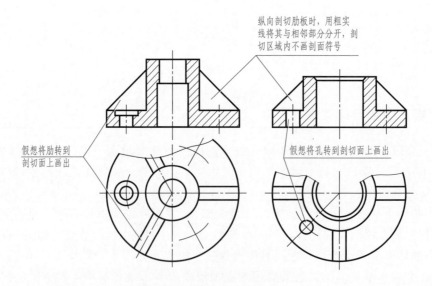

图 7-36 肋、孔的简化画法

4）圆柱形法兰盘和类似物体上均匀分布的孔可按图 7-37 所示的画法表示。

5）移出断面图在不致引起误解时，剖面符号可以省略，但剖切位置和断面图的标注必须遵照原规定，如图7-38所示。

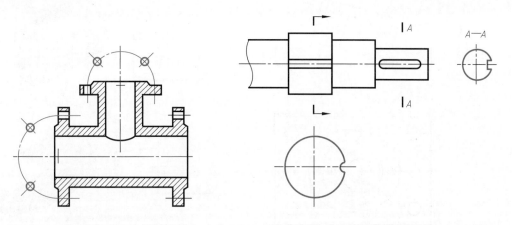

图 7-37　法兰盘上均布孔的简化画法　　　　图 7-38　移出断面图的简化画法

6）较长的物体（如轴、杆、型材及连杆等）沿长度方向形状一致或按一定的规律变化时，可断开后缩短绘制，如图7-39所示。

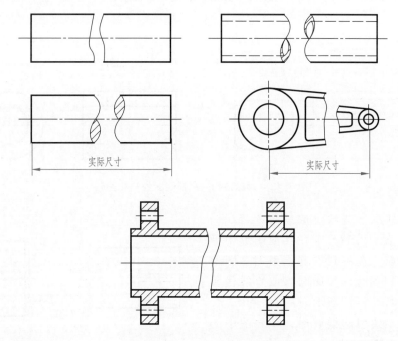

图 7-39　较长物体的简化画法

7）与投影面倾斜角度小于或等于30°的圆或圆弧，手工绘图时，其投影可以用圆或圆弧来代替，如图7-40所示。

8）当平面在图形中不能充分表达时，可用平面符号（相交的两条细实线）表示，如图7-41所示。

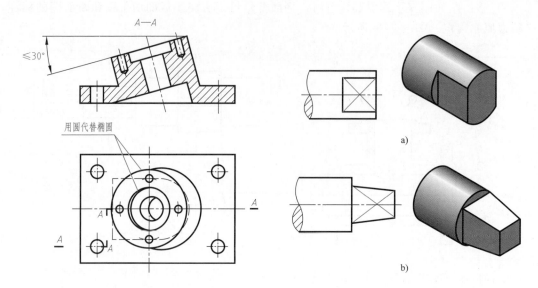

图 7-40　倾斜圆投影的简化画法

图 7-41　平面结构的简化画法

9）物体上对称结构的局部视图，其画法如图 7-42 所示。

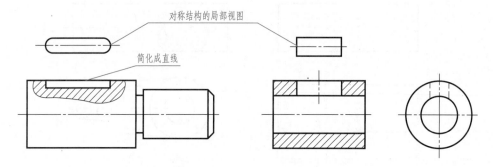

图 7-42　对称结构的局部视图的简化画法

10）物体上一些较小的结构，若在一个图形中已表示清楚，则在其他图形中可以简化或省略。在不致引起误解时，图形中相贯线可以简化，如用圆弧或直线代替非圆曲线，如图 7-43 所示。

11）在不致引起误解时，零件图中的小圆角、锐边的小倒圆角或 45°的小倒角允许省略不画，但必须注明尺寸或在技术要求中加以说明，如图 7-44 所示。

12）物体上斜度不大的结构，若在一个视图中已表达清楚，则在其他视图上可按小端画出，如图 7-45 所示。

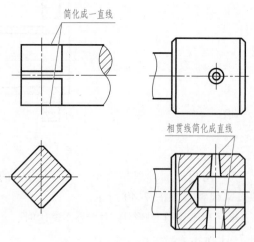

图 7-43　较小结构的简化画法

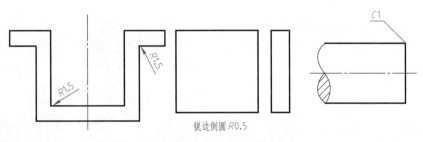

图 7-44　倒圆、倒角的简化画法

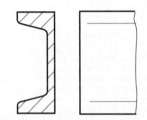

图 7-45　斜度不大结构的简化画法

第五节　图样画法综合举例

前面介绍了物体的各种图样画法。对于复杂程度不同的各种物体，选用哪些画法，应根据物体的结构具体分析。确定视图表达方案的原则是：在完整、清晰地表达物体各部分内外结构形状及其相对位置的前提下，力求使看图方便、画图简单。因此，既要注意使每个视图、剖视图和断面图等具有明确的表达内容，又要注意彼此之间相互联系和分工。下面以图 7-46 所示的物体为例，讨论如何确定视图表达方案。

一、确定视图表达方案

图 7-46 所示的物体，其内外结构形状较复杂。为了完整、清晰地将其表达出来，首先分析各组成部分的形状、彼此的相对位置和组合关系。由分析可知，该物体由底板、壳体、肋板、支承板和两个带圆形法兰盘的圆柱筒组成；从结构上看，其左右对称。接下来，确定表达方案。对于一个较复杂的物体，需对多种表达方案进行认真分析、比较，选定一个较好的表达方案。图 7-47 所示为两种表达方案。

方案一如图 7-47a 所示。

该表达方案采用了三个基本视图、一个局部视图和一种简化画法。

主视图采用局部剖视，它主要表达圆柱筒内孔与壳体内腔的连通情况、物体各部分外形及其相对位置。法兰盘上孔的分布情况采用简化画法表示。左视图取全剖视，主要表达物体的内部结构及肋板形状。俯视图取 A—A 半剖视，并画出一部分虚线，主要表达肋板与支承板的连接情况、底板的形状、底板上小孔分布情况及底面凹坑形状等。上述三个基本视图尚未将物体后面的形状表达清楚，因此采用局部视图 *B* 补充。

方案二如图 7-47b 所示。

该表达方案采用了三个基本视图和一个局部视图。

由于物体左右对称，主视图取 *A—A* 半剖视。其剖视部分主要表达物体内部的结构形状、圆柱筒内孔与壳体内腔的连通情况；视图部分主要表达各部分外形及长度、高度方向的相对位置。左视图取局部剖视，剖视部分反映了壳体内部的结构形状，而视图部分反映了圆形法兰盘上孔的分布情况及肋板的形状。俯视图取 *B—B* 全剖视并画出一部分虚线。上述三个基本视图尚未将物体后面凸出部分的形状表达清楚，因此采用局部视图 *C* 补充。

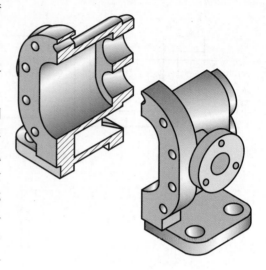

图 7-46　物体的立体图

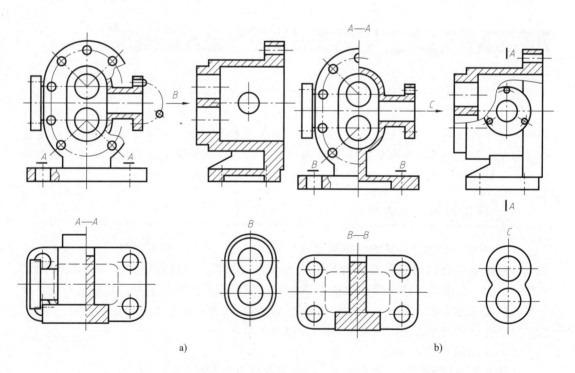

a)

b)

图 7-47　物体的表达方案比较

a）方案一　b）方案二

上述两个方案均将物体各部分结构形状完整地表达出来。但方案二的各视图表达精练，重点明确，图形清晰、简单，读图方便。所以，方案二符合选择视图表达方案的原则。

二、剖视图的尺寸标注

物体采用了剖视等表达方法后，其尺寸标注与组合体基本相同，但应注意以下两点：

1）采用剖视后，一般不应在虚线上标注尺寸。

2）采用剖视等表达方法后，对称物体的结构可能出现只画出一半或约一半的情况，这时应标注其完整形体的尺寸大小，并且只在尺寸线的一端画出箭头，另一端不画箭头。尺寸线应超过对称中心线、圆心或轴线，如图 7-48 所示的 $\phi20$、$\phi26$。

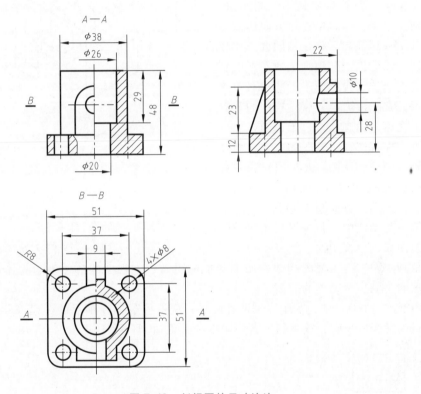

图 7-48　剖视图的尺寸注法

第六节　第三角画法简介

在第一章中讲过，H、V、W 三投影面体系将空间分成八个分角，其中有第 Ⅰ、Ⅱ、Ⅲ、Ⅳ分角，GB/T 17451—1998《技术制图　图样画法　视图》规定，技术图样应采用正投影法绘制，并优先采用第一角画法。国际标准（ISO）中规定，第一角画法和第三角画法在国际技术交流和贸易中都可采用。采用第一角画法的有中国、法国、俄罗斯、英国、德国等国家，采用第三角画法的有美国、日本、加拿大、澳大利亚等国家。

从投影体系来看，第一角画法和第三角画法都属于多面正投影，它们在投影方法上并没有什么本质区别（这可以从以下的对比中看到），只是各个国家的习惯不同而已。

第一角画法把物体放在第一分角，使物体处于观察者和相应的投影面之间，然后向各投影面作正投影，得到各个视图。

第三角画法把物体置于第三分角内，并使投影面处于观察者和物体之间（假设投影面是透明的）而得到正投影的方法。第三角画法各投影的配置如图 7-49 所示。

无论是第一角画法还是第三角画法，都是多面正投影，其六个投射方向所获得的六个基本视图及其名称是相同的。比较两种画法可以看出：两种画法的基本区别是观察者、物体、投影面三者的相对位置不同，因此在投影面展开后，视图的配置不一样。在第一角画法中，俯视图在主视图的下方，左视图在主视图的右方；而在第三角画法中，俯视图（*B* 视图）在主视图的上方，右视图（*D* 视图）在主视图的右方。其视图配置如图 7-50 所示。

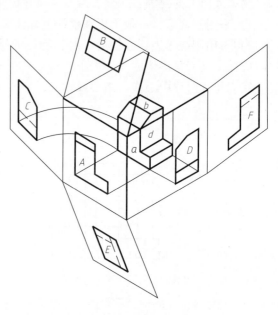

图 7-49　第三角画法各投影的配置

在第一角画法中，与主视图相邻的四个基本视图靠近主视图的一侧表示物体的后面，远离主视图的一侧表示物体的前面。而在第三角画法中，与主视图相邻的四个基本视图靠近主视图的一侧表示物体的前面，远离主视图的一侧表示物体的后面。

国际标准（ISO）中，为了区别两种画法，规定将图 7-51 所示的标记符号，填写在图纸标题栏内适当的位置，或另行安置在图纸的其他适当位置。

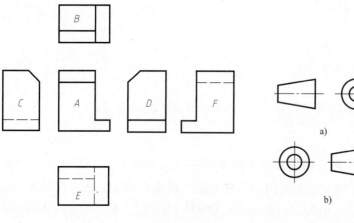

图 7-50　第三角画法六个基本视图的配置

图 7-51　两种画法的标记符号
a）第一角画法　b）第三角画法

思政拓展
信物百年：一把推船出海的"尺子"

第八章
标准件及常用件

标准件是结构形状、尺寸、标记和技术要求都标准化了的零件和部件，如螺栓、双头螺柱、螺钉、螺母、垫圈、键、销、滚动轴承等。常用件是部分结构要素标准化了的零件或部件，如齿轮、弹簧等。本章重点掌握常用标准件及常用件的基本知识、规定画法、代号、标记以及查阅相应标准的方法等。

第一节　螺纹

一、螺纹的基础知识

1. 螺纹的形成

一个平面图形（如三角形、矩形、梯形等）沿一个圆柱面或圆锥面上做螺旋线运动，在该圆柱面或圆锥面上形成连续的凸起和沟槽即为螺纹。在圆柱（或圆锥）外表面上形成的螺纹称为外螺纹，在圆柱（或圆锥）孔内表面上形成的螺纹称为内螺纹。

2. 螺纹的加工方法

螺纹的加工方法很多，如在机床上车制、碾压及用手工工具丝锥、板牙加工等，如图8-1所示。对于加工直径较小的螺孔，可先用钻头钻出光孔，再用丝锥攻螺纹。

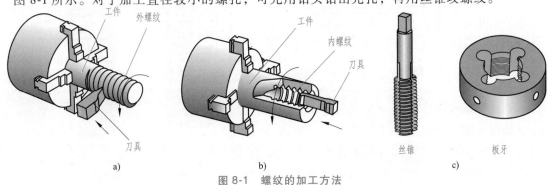

图 8-1　螺纹的加工方法

a）外螺纹的加工　b）内螺纹的加工　c）手工工具

二、螺纹的要素

螺纹由下列五个要素确定。

1. 牙型

在螺纹轴线平面内的螺纹轮廓形状称为螺纹的牙型。常见的牙型有三角形、梯形、锯齿形等。

2. 公称直径

螺纹直径分大径、中径和小径，如图8-2所示。

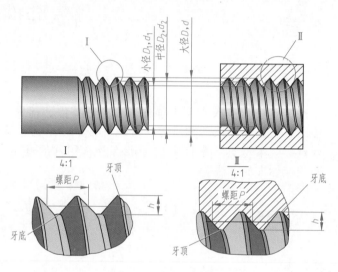

图8-2 螺纹的直径

（1）大径 与外螺纹牙顶或内螺纹牙底相切的假想圆柱或圆锥的直径称为大径。大径即为公称直径。内、外螺纹的大径分别用 D、d 表示。

（2）小径 与外螺纹牙底或内螺纹牙顶相切的假想圆柱或圆锥的直径称为小径。内外螺纹的小径分别用 D_1、d_1 表示。

（3）中径 它是一个假想圆柱或圆锥的直径，即在大径和小径之间，通过牙型上沟槽和凸起宽度相等的地方的假想圆柱或圆锥的直径称为中径，其母线称为中径线。内、外螺纹的中径分别用 D_2、d_2 表示。

3. 线数

螺纹有单线和多线之分。圆柱面上只由一条螺旋线所形成的螺纹称为单线螺纹，由两条或两条以上在轴向等距离分布的螺旋线形成的螺纹称为多线螺纹。螺纹的线数用 n 表示，如图8-3所示。

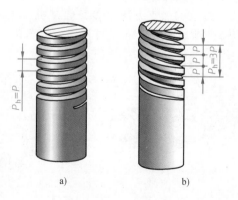

图8-3 螺纹的线数
a）单线螺纹 b）三线螺纹

4. 螺距和导程

相邻两牙在中径线上对应点间的轴向距离称为螺距，用 P 表示；最邻近的两同名牙侧与中径线相交两点间的轴向距离称为导程，用 P_h 表示，如图 8-3 所示。对于单线螺纹，螺距等于导程；对于多线螺纹，螺距 $P = P_h / n$。

5. 旋向

旋向有左旋和右旋之分。若顺着螺杆旋进的方向观察，顺时针旋转时旋进的螺纹称为右旋螺纹，逆时针旋转时旋进的螺纹称为左旋螺纹。旋向的判断可用左、右手方法进行，如图 8-4 所示。

内、外圆柱螺纹联接的条件是螺纹的五个要素必须完全相同，否则内、外螺纹不能相互旋合。其中，螺纹牙型、大径和螺距是决定螺纹的最基本要素，凡这三个要素均符合标准的螺纹称为标准螺纹。牙型符合标准而大径或螺距不符合标准的螺纹称为特殊螺纹。牙型不符合标准的螺纹称为非标准螺纹，如矩形螺纹。

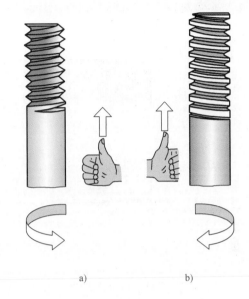

图 8-4 螺纹的旋向判断
a）右旋 b）左旋

三、螺纹的规定画法

知识点：
螺纹的规定画法

GB/T 4459.1—1995《机械制图 螺纹及螺纹紧固件表示法》中规定了机械图样中螺纹和螺纹紧固件的画法。

1. 外螺纹的画法（图 8-5）

在平行于螺纹轴线的视图中，螺纹大径 d 用粗实线表示，螺纹小径 d_1 用细实线表示，$d_1 \approx 0.85d$，螺纹终止线表明了完整的螺纹长度，用粗实线表示。

在垂直于螺纹轴线的视图中，螺纹大径画成粗实线圆，小径画成约 3/4 周细实线圆（图 8-5a），其 1/4 周缺口位置是任意的，为了画图方便，一般留在左下角。螺杆上倒角的投影圆不要画出。

注意在图 8-5b 所示的剖视图中，螺纹终止线以粗实线表示，螺纹的剖面线画到大径处。

2. 内螺纹的画法（图 8-6）

画外形图时，在平行于螺纹轴线的视图上，大径、小径和螺纹终止线都不可见，均用细虚线表示。在垂直于螺纹轴线的视图上，螺纹大径分别以 3/4 周细实线圆和 3/4 周细虚线圆表示，如图 8-6a 所示。剖视图（图 8-6b）中，在平行于螺纹轴线的视图上，螺纹大径以细实线表示，而且只画到倒角外形线上，不能画入倒角内；螺纹小径以粗实线表示；螺纹终止线以粗实线表示；剖面线画到螺纹小径处。在垂直于螺纹轴线的视图上，若螺纹孔可见，其螺纹大径以 3/4 周细实线圆表示，一般将缺口留在左下角；螺纹小径用一个粗实线圆表示，不画倒角圆。

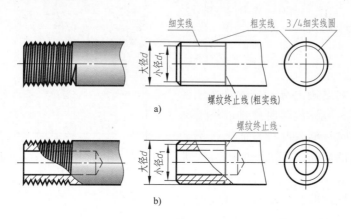

图 8-5　外螺纹的画法

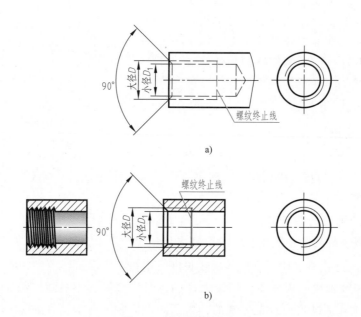

图 8-6　内螺纹的画法

　　加工不通螺孔，用钻头钻孔时，钻头的尖端使不通孔末端形成圆锥坑，画图时钻孔底部的圆锥角按规定画成 120°，如图 8-7a 所示。为了便于用丝锥加工螺纹，保证螺纹的有效长度，光孔深度必须大于螺孔长度，其剩余部分的长度称为钻孔余量。钻孔余量一般约为 0.5D （D 为螺纹大径），如图 8-7b 所示。

　　在垂直于螺纹轴线的视图中，当需要表示部分螺纹时，表示牙底的细实线圆弧也应适当地空出一段，如图 8-8 所示。

　　当螺纹孔相交时，只画出小径的交线，如图 8-9 所示。

3. 内、外螺纹联接的画法

在绘制螺纹联接的剖视图时，其旋合部分应按外螺纹的画法表示，其余部分仍按各自的画法表示，如图 8-10 所示。

需要指出，按国家标准规定，在装配图中，当剖切平面通过实心螺杆轴线时，螺杆按不剖绘制。

4. 螺纹牙型的表示法

牙型符合标准的螺纹一般不必表示牙型。当需要表示牙型时，可采用局部剖视图（图 8-11a），也可采用局部放大图（图 8-11b）。

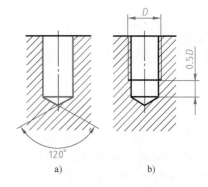

图 8-7　加工内螺纹

a）钻孔　b）攻螺纹

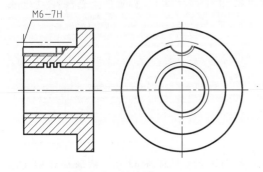

图 8-8　部分螺纹的画法

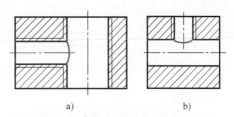

图 8-9　螺纹孔中相贯线的画法

a）两螺纹孔相贯线画法　b）螺孔与
光孔相贯线画法

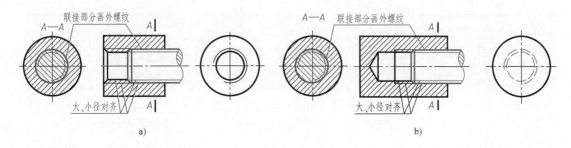

图 8-10　螺纹联接的画法

a）通孔　b）不通孔

四、常用螺纹的种类和标注

螺纹按用途可分为联接螺纹和传动螺纹两类，前者用于联接，后者用于传递动力和运动。常用螺纹如下：

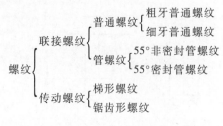

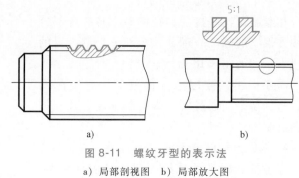

图 8-11 螺纹牙型的表示法
a）局部剖视图 b）局部放大图

由于螺纹采用了规定画法，不能用图形表示出螺纹要素及其精度等，因此在图样中需要对螺纹进行标记。

（一）公称直径以毫米为单位的螺纹

公称直径以毫米为单位的螺纹，其标记应直接注在大径的尺寸线上，或注在其延长线上，具体标记示例见表8-1。

螺纹的完整标记为：

$$\boxed{\text{螺纹特征代号}}\ \boxed{\text{公称直径}}\times\begin{cases}\boxed{\text{螺距}}\ （单线）\\[4pt]\boxed{\text{Ph 导程 P 螺距}}\ （多线）\end{cases}-\boxed{\text{公差带代号}}-\boxed{\text{旋合长度代号}}-\boxed{\text{旋向}}$$

1. 普通螺纹

米制普通螺纹简称普通螺纹。普通螺纹是最常用的螺纹。其牙型为三角形，牙型角为 $60°$。根据螺距的大小，普通螺纹又分为粗牙和细牙两种。细牙螺纹的螺距较小，多用于细小的精密零件和薄壁零件上。普通螺纹的直径与螺距系列、基本尺寸见附表2和附表3。

表 8-1 螺纹的标记示例

螺纹种类	螺纹代号						公差带代号		旋合长度代号	标记示例
	特征代号	公称直径*/mm	螺距/mm	导程/mm	线数	旋向	中径	大径		
普通螺纹	粗牙	M	16	2	2	1	左	5g	6g	S	M16×2-5g6g-S-LH
	细牙	M	8	0.75	1.5	2	右	5H	5H	S	M8×Ph1.5 P0.75-5H-S

（续）

螺纹种类	螺纹代号						公差带代号		旋合长度代号	标记示例
	特征代号	公称直径/mm	螺距/mm	导程/mm	线数	旋向	中径	大径		
梯形螺纹	Tr	40	7	7	1	左	8e		L	Tr40×7LH-8e-L
	Tr	40	7	14	2	右	7e		N	Tr40×14(P7)-7e
55°非密封管螺纹	G	$\frac{3}{4}$in （1in = 25.4mm）	1.814	1.814	1	右	外螺纹公差等级为A级			G3/4A G3/4

普通螺纹特征代号为 M，公称直径为螺纹的大径。粗牙普通螺纹不注螺距，细牙普通螺纹应注出螺距。右旋螺纹不注旋向，左旋螺纹应注出"LH"。例如："M24"表示公称直径为 24mm，右旋的粗牙普通螺纹；"M24×1.5-LH"表示公称直径为 24mm，螺距为 1.5mm，左旋的细牙普通螺纹；"M24×Ph3P1.5"表示公称直径为 24mm，导程为 3mm，螺距为 1.5mm，双线，右旋的细牙普通螺纹。

2. 梯形螺纹

梯形螺纹用于传递双向动力，如机床的丝杠。梯形螺纹的牙型为等腰梯形，牙型角为 30°，其基本尺寸见附表 4。

梯形螺纹的螺纹特征代号为 Tr，公称直径为螺纹的大径。单线梯形螺纹应注出螺距，多线梯形螺纹以"导程（P 螺距）"的方式注出，左旋螺纹应注"LH"，右旋不注。

例如："Tr40×7"表示公称直径为 40mm，螺距为 7mm 的单线右旋梯形螺纹；"Tr40×14（P7）LH"表示公称直径为 40mm，导程为 14mm，螺距为 7mm 的双线左旋梯形螺纹。

公差带代号：普通螺纹的公差带代号是螺纹精度指标，一般是用螺纹的中径和大径的尺寸精度来衡量；梯形螺纹的螺纹精度主要用中径的尺寸精度来衡量。

旋合长度代号：螺纹旋合长度是指两个互相旋合的螺纹，沿螺纹轴线方向相互旋合部分的长度。普通螺纹旋合长度分短（S）、中（N）、长（L）三组，梯形螺纹分 N、L 两组。当旋合长度为 N 时，可省略标注。

（二）55°非密封管螺纹

55°非密封管螺纹主要用于低压管路系统的联接。加密封后，也可用于高压管路，其牙型为三角形，牙型角为55°，基本尺寸见附表5。

55°非密封管螺纹的标记通式为：

$$\boxed{螺纹特征代号}\ \boxed{尺寸代号}\ \boxed{公差等级}\text{-}\boxed{旋向}$$

55°非密封管螺纹的螺纹特征代号为 G，尺寸代号为管子孔径，用英制的数值（单位为 in）表示（1in≈25.4mm）。外螺纹的公差等级分 A 级和 B 级两种，A 级为精密级，B 级为粗糙级。内螺纹只有一种公差带，故在内螺纹的标记中不注公差等级。左旋螺纹应注"LH"，右旋不注。

例如："G1/2A"表示尺寸代号为 1/2in，公差等级为 A 级的 55°非密封右旋外管螺纹，如图 8-12a 所示；"G1/2-LH"表示尺寸代号为 1/2in 的 55°非密封左旋内管螺纹，如图 8-12b 所示。

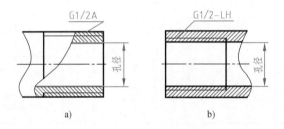

图 8-12　管螺纹的标注

在装配图中需要标注出螺纹副时，标记方式为：内、外螺纹的标记用斜线分开，斜线左边表示内螺纹，斜线右边表示外螺纹。例如：

1）普通螺纹，M14×1.5-6H/6g。

2）右旋管螺纹，G1½／G1½A，G1½／G1½B。

3）左旋管螺纹，G1½／G1½A-LH。

（三）特殊螺纹、非标准螺纹的画法及标注

特殊螺纹的画法与标准螺纹相同，其标注是在螺纹代号前加注"特"字，并标注大径和螺距，如图 8-13 所示。

非标准螺纹的画法除与标准螺纹相同外，还应采用局部剖视图或局部放大图表示其牙型，其标注应分别注出螺纹的大径、小径、螺距和牙型的尺寸，如图 8-14 所示。

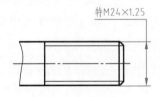

图 8-13　特殊螺纹的标注

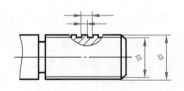

图 8-14　非标准螺纹的标注

第二节　螺纹紧固件

一、螺纹紧固件的种类及其标记

螺纹紧固件的种类很多，常用的有螺栓、双头螺柱、螺钉、螺母和垫圈等，其中每一种又有若干不同的类别。因为它们都是标准件，所以在设计时，不需要单独画出图样，只需要根据设计要求按相应的国家标准进行选取。因此，要熟悉它们的结构形式，并掌握其标记方法。

螺纹紧固件完整的标记方法按 GB/T 1237—2000《紧固件标记方法》的规定书写，其格式为

　　| 名称 | | 标准编号 | | 形式与尺寸 |-| 材料的性能等级及热处理 |-| 表面处理 |

例如："螺栓　GB/T 5782　M10×1×100−8.8−Zn·D"表示细牙普通螺纹、公称直径 10mm、螺距 1mm、公称长度 100mm、力学性能 8.8 级、镀锌钝化、A 级的六角头螺栓。

当紧固件的形式、材料的性能等级及热处理、表面处理相应标准只规定一种时，可省略。另外，标准编号的年号也可省略。螺纹紧固件的结构形式和标记示例见表 8-2。

表 8-2　螺纹紧固件的结构形式和标记示例

种　类	结构形式和规格尺寸	标记示例	说　明
六角头螺栓	M6　30	螺栓　GB/T 5782　M6×30	螺纹规格 M6，公称长度 30mm
双头螺柱	M8　30	螺柱　GB/T 897　AM8×30	两端螺纹规格均为 M8，公称长度 30mm，按 A 型制造（若为 B 型，则省去标记"B"）
开槽圆柱头螺钉	M5　45	螺钉　GB/T 65　M5×45	螺纹规格 M5，公称长度 45mm

（续）

种 类	结构形式和规格尺寸	标记示例	说 明
开槽盘头螺钉		螺钉 GB/T 67 M5×45	螺纹规格 M5，公称长度 45mm（l 值在 40mm 以内时为全螺纹）
开槽沉头螺钉		螺钉 GB/T 68 M5×45	螺纹规格 M5，公称长度 45mm（l 值在 45mm 以内时为全螺纹）
开槽平端紧定螺钉		螺钉 GB/T 73 M5×20	螺纹规格 M5，公称长度 20mm
1型六角螺母		螺母 GB/T 6170 M8	螺纹规格 M8 的 1 型六角螺母
平垫圈		垫圈 GB/T 97.1 8 A140	与螺纹规格 M8 配用的平垫圈，性能等级为 A140 级
弹簧垫圈		垫圈 GB 93 8	与螺纹规格 M8 配用的弹簧垫圈

常用的螺纹紧固件的标准件见附录三。

二、常用螺纹紧固件的画法

螺纹紧固件的画法有查表画法和比例画法两种。查表画法是按照紧固件的标准，通过查表获得尺寸，并按尺寸画图。比例画法是指除了螺纹规格和公称尺寸取标准中的数值外，绘图所需要的其他尺寸均按照螺纹公称直径的比例关系确定，以节省绘图时间。用该方法所绘图形的尺寸一般比实际尺寸稍大。

图 8-15～图 8-20 所示的紧固件均按比例画法得出。

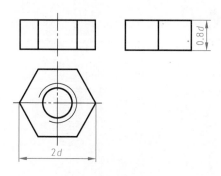

图 8-15　螺母的画法

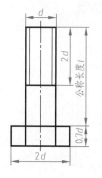

图 8-16　螺栓的画法

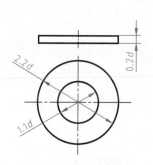

图 8-17　平垫圈的画法

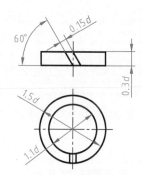

图 8-18　弹簧垫圈的画法

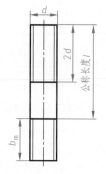

图 8-19　双头螺柱的画法

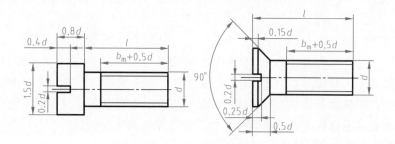

图 8-20　螺钉的画法

三、螺纹紧固件的联接形式及其装配画法

（一）螺纹紧固件的联接形式

螺纹紧固件的联接形式很多，常用的有螺栓联接、双头螺柱联接和螺钉联接（图 8-21）。

1. 螺栓联接

图 8-21a 所示为螺栓联接。它常用于被联接件都不太厚，且能加工出通孔的情况。通

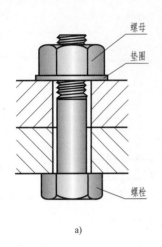
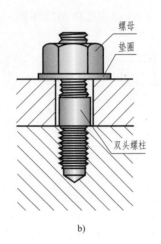
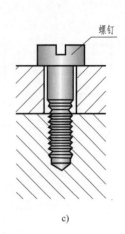

图 8-21　螺纹紧固件的联接形式

a）螺栓联接　b）双头螺柱联接　c）螺钉联接

常，先在被联接的零件上加工出直径比螺栓大径略大的孔（设计时孔径可按附表 19 选用），将螺栓穿进这两个孔中，一般以螺栓的头部抵住被联接零件的下端面，然后在螺栓上部套上垫圈，以增加支承面积，防止损伤零件表面，最后用螺母拧紧。

2. 双头螺柱联接

当两个被联接的零件中，有一个较厚或不适宜用螺栓联接时，常采用双头螺柱联接，如图 8-21b 所示。双头螺柱的两端都制有螺纹，一端旋入较厚零件的螺孔中，称为旋入端，旋入端应完全旋入螺孔；另一端穿过较薄零件上的通孔，套上垫圈，再用螺母拧紧，称为紧固端。由图 8-21b 可以看出，双头螺柱联接的上半部与螺栓联接相同。

3. 螺钉联接

螺钉多用于受力不大和不常拆卸零件之间的联接，联接情况与双头螺柱联接类似，只是直接把螺钉拧入带螺纹的零件中。需要指出，为了紧固零件，不能把螺钉上的螺纹全部旋入螺孔，即螺纹长度应大于旋合长度。螺钉的类型很多，根据其作用不同，可分为联接螺钉和紧定螺钉两类。图 8-21c 所示为联接螺钉的装配情况。

（二）螺纹紧固件装配的规定画法

螺纹紧固件的装配画法应遵守下面的基本规定。

1）两零件的接触表面画一条线；不接触的相邻表面画两条线，以表示其间隙。

2）在剖视图中，相邻两零件的剖面线方向应相反，或方向一致而间距不等。但同一零件在各剖视图中，剖面线的方向和间隔应该相同。

3）在剖视图中，若剖切平面通过紧固件或实心件（如螺钉、螺栓、螺柱、螺母、垫圈等）的轴线，则这些零件均按不剖绘制，仍画外形。

4）在符合国家标准的前提下，螺纹紧固件可以采用简化画法，只画出其基本结构，表达联接装配的情况即可。螺母、螺栓头部的倒角和螺杆端部的倒角等均可省略不画。

本书只介绍简化画法。

（三）螺栓联接的画法

绘图之前，首先应根据设计需要，确定参与联接的紧固件的尺寸和代号。

螺栓公称直径 d 由承受载荷的大小和使用螺栓的数量所确定，则螺母和垫圈的规格尺寸也随之确定。

螺栓长度 l 与被联接零件的厚度有关，其计算公式为

$$l = t_1 + t_2 + h + m + a$$

式中　t_1、t_2——被联接零件的厚度；

　　　　h——垫圈的厚度；

　　　　m——螺母的厚度；

　　　　a——螺栓末端伸出螺母外的长度，一般取 $a = 0.3d$。

假定设计时确定螺栓规格 d 为 20mm，被联接零件厚度 $t_1 = 32$mm，$t_2 = 30$mm，则可确定选用

螺母　GB/T 6170　M20

垫圈　GB/T 97.1　20

由标准可查得螺母厚度 $m = 18$mm，垫圈厚度 $h = 3$mm。故螺栓长度

$$l = (32 + 30 + 3 + 18 + 0.3 \times 20)\,\text{mm} = 89\,\text{mm}$$

根据计算结果，从螺栓标准长度系列中选取相近值为 90mm。

因此，确定选用：螺栓　GB/T 5782　M20×90。

若用上述联接件画联接装配图，画法有两种。

采用查表画法，通过查表获得尺寸，绘制出联接装配图。图 8-22b 所示为按查表画法绘制的螺栓联接装配图，其中紧固件采用了国家标准推荐的简化画法。图中所需尺寸：

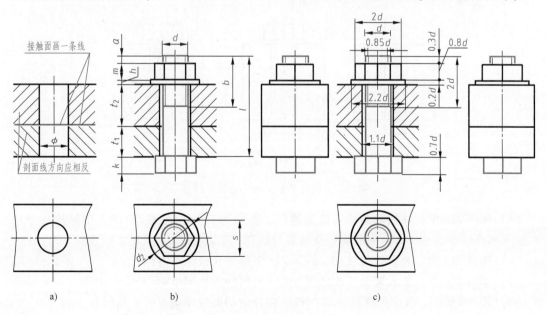

图 8-22　螺栓联接的画法

a）被联接件　b）查表画法　c）比例画法

1）螺栓主要尺寸 $d = 20\mathrm{mm}$，$l = 90\mathrm{mm}$。其余尺寸由 GB/T 5782—2016（附表 10）查得，$s = 30\mathrm{mm}$，$k = 12.5\mathrm{mm}$，$b = 46\mathrm{mm}$。

2）螺母主要尺寸 $d = 20\mathrm{mm}$。其余尺寸由 GB/T 6170—2015（附表 12）查得，$s = 30\mathrm{mm}$，$m = 18\mathrm{mm}$。

3）垫圈公称尺寸 $d = 20\mathrm{mm}$。其余尺寸由 GB/T 97.1—2002（附表 13）查得，$d_2 = 37\mathrm{mm}$，$h = 3\mathrm{mm}$。

4）被联接件上通孔的尺寸由 GB/T 5277—1985（附表 19）确定，按中等精度装配，查得通孔直径为 22mm。

图 8-22c 所示为采用比例画法绘制的螺栓联接装配图。

被联接件的分界面应画到螺栓轮廓线，如图 8-22b、c 所示。

如图 8-23a 所示，两被联接件采用螺栓联接，其中螺栓的公称直径为 d。图 8-23b~f 所示为螺栓联接主视图采用比例画法的绘制过程。

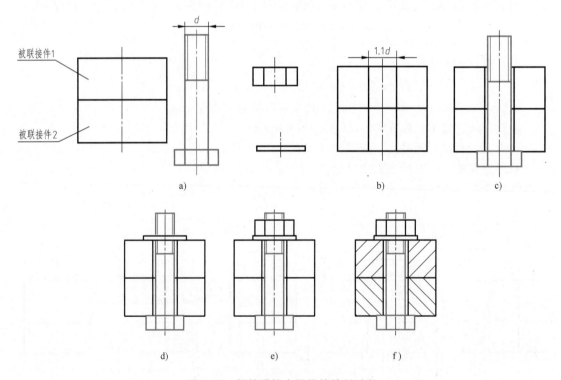

图 8-23　螺栓联接主视图的绘制过程

1）图 8-23b 中，在被联接件上绘制通孔，直径为 $1.1d$；图 8-23c 中，把螺栓从下向上装入通孔（注意图 8-23b 中的哪些线被螺栓遮挡）。

2）图 8-23d 中，装入垫圈（注意图 8-23c 中哪些线被垫圈遮挡）。

3）图 8-23e 中，装入螺母（注意图 8-23d 中哪些线被螺母遮挡）。

4）图 8-23f 中，画剖面线（注意两被联接件的剖面线倾斜方向要相反）。

（四）双头螺柱联接的画法

同螺栓联接一样，绘图之前，也应先根据设计需要，确定参与联接的紧固件的尺寸、

代号，长度公式为

$$l = t + h + m + a$$

式中　t——有通孔的被联接零件的厚度；

　　　h——垫圈的厚度；

　　　m——螺母的厚度；

　　　a——螺柱末端伸出螺母外的长度，一般取 $a = 0.3d$。

双头螺柱旋入端长度 b_m 由被旋入零件的材料决定。旋入端的螺纹长度 b_m 由表 8-3 选取。螺孔深度一般取 $b_m + 0.5d$，钻孔深度一般取 $b_m + d$。

表 8-3　旋入端的长度

被旋入零件的材料	旋入端长度	标准号
钢、青铜	$b_m = d$	GB/T 897—1988
铸铁	$b_m = 1.25d$	GB/T 898—1988
	$b_m = 1.5d$	GB/T 899—1988
铝	$b_m = 2d$	GB/T 900—1988

若设计时确定的双头螺柱规格 d 取 20mm，被联接零件的厚度 $t = 25$mm，双头螺柱旋入端零件材料为铸铁，取 $b_m = 1.25d$，则可确定选用

　　　　　螺母　GB/T 6170　M20

　　　　　垫圈　GB 93　20

由标准可查得，螺母厚度 $m = 18$mm，垫圈厚度 $h = 5$mm。故双头螺柱长度

$$l = (25 + 5 + 18 + 0.3 \times 20)\ \text{mm} = 54\text{mm}$$

根据计算结果，查附表 11，从双头螺柱标准长度系列中选取相近值为 55mm。

因此，确定选用：螺柱　GB/T 898　M20×55。

双头螺柱联接的画法同样有查表画法和比例画法。图 8-24b、c 所示为两种画法的装配图。

由图 8-24 可以看出，双头螺柱联接的上半部和螺栓联接的画法相同，而螺柱的旋入端由于完全旋入螺孔，所以旋入端的螺纹终止线与两被紧固零件的接合面重合。

如图 8-25a 所示，两被联接件采用双头螺柱联接，其中螺柱的公称直径为 d。图 8-25b~f 所示为双头螺柱联接主视图采用比例画法的绘制过程。

1）图 8-25b 中，首先在被联接件 1 上绘制通孔，在被联接件 2 上绘制螺纹孔；图 8-25c 中，把螺柱旋入端全部旋入被联接件 2 上的螺纹孔，即要求旋入端的螺纹终止线与两被联接件接合面重合（注意图 8-25b 中哪些线被螺柱遮挡住）。

2）图 8-25d 中，装入弹簧垫圈（注意弹簧垫圈开口的倾斜方向以及图 8-25c 中哪些线被弹簧垫圈遮挡住）。

3）图 8-25e 中，装入螺母（注意图 8-25d 中哪些线被螺母遮挡住）。

4）图 8-25f 中，绘制剖面线（注意两被联接件的剖面线倾斜方向应相反）。

（五）螺钉联接的画法

图 8-26 所示为开槽圆柱头螺钉联接两零件的装配画法。由图 8-26 可知，螺钉的有效

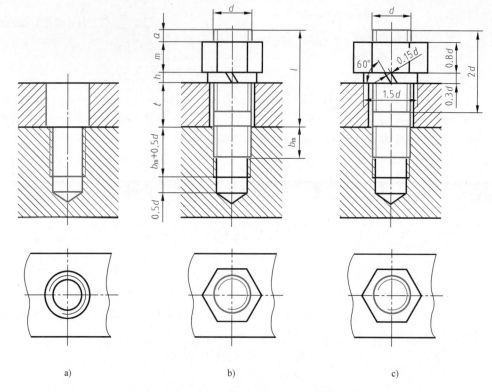

图 8-24　双头螺柱联接的画法

a）被联接件　b）查表画法　c）比例画法

长度为

$$L = t + b_m$$

式中　t——被紧固的、钻有通孔的零件厚度；

　　　b_m——螺杆旋入另一被紧固零件的长度。

知识点：
螺钉联接的画法

根据上式计算的结果，在螺钉的标准中选择接近的标准长度，作为最后确定的 L 值。

螺钉的旋入端长度 b_m 根据被旋入零件的材料由表 8-3 选取。为保证螺钉能拧紧，螺钉的螺纹长度 b 和螺孔的螺纹长度都应大于被旋入长度 b_m，比例画法一般取 $b = b_m + 0.5d$。螺钉头部槽口的画法如图 8-26、图 8-27 所示，其中圆形视图上，螺钉头部的槽口规定画成与中心线倾斜 45°，而不按投影关系绘制。

螺纹紧固件的装配画法在符合国家标准的前提下，应尽量简化。图 8-27 所示为螺钉联接简化画法。除螺纹紧固件上的结构细节，如倒角、倒圆等可以省略不画（图 8-27b）外，弹簧垫圈的开口和螺钉头部的开槽也可采用宽度约为 2 倍的粗线表示，如图 8-27a 所示。不穿通的螺孔可以不画出钻孔深度，而是按螺纹深度（不包括螺尾）画出，如图 8-27 所示。

如图 8-28a 所示，两被联接件采用圆柱头螺钉联接，其中螺钉的公称直径为 d。图 8-28b～d所示为螺钉联接主视图采用比例画法的绘制过程。

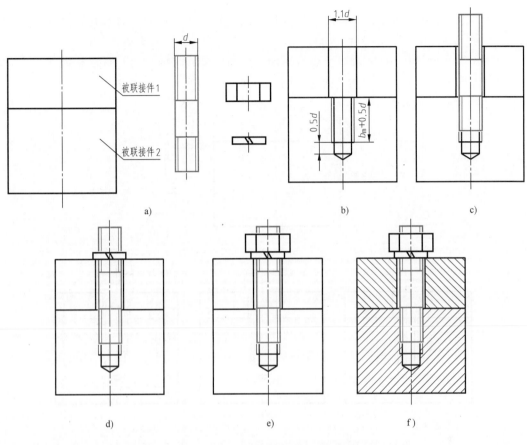

被联接件1

被联接件2

a)   b)   c)

d)   e)   f)

图 8-25 双头螺柱联接主视图的绘制过程

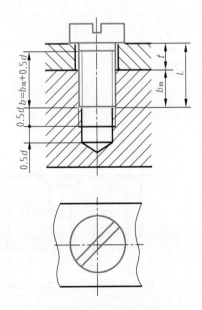

图 8-26 螺钉联接的画法

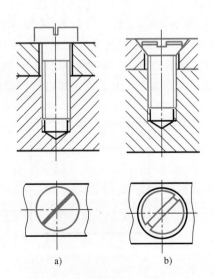

a)   b)

图 8-27 螺钉联接简化画法
a) 圆柱头螺钉联接   b) 沉头螺钉联接

1）图 8-28b 中，在被联接件 1 上绘制通孔，直径为 1.1d，在被联接件 2 上绘制螺纹孔。

2）在图 8-28c 中，装入螺钉，螺钉头的下端面与被联接件 1 的上端面重合。

3）在图 8-28d 中，绘制两被联接件的剖面线，其倾斜方向应相反。

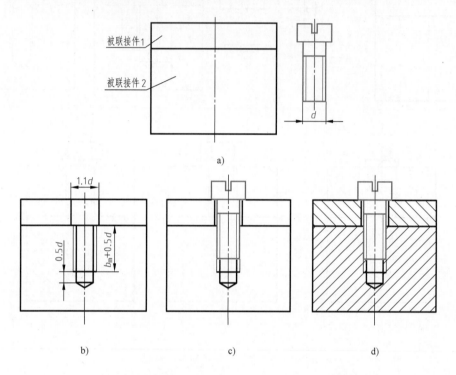

a)

b)　　　　c)　　　　d)

图 8-28　圆柱头螺钉联接主视图的绘制过程

如图 8-29a 所示，两被联接件采用沉头螺钉联接，其中螺钉的公称直径为 d。图 8-29b~d所示为螺钉联接主视图采用比例画法的绘制过程。

1）图 8-29b 中，在被联接件 1 上绘制沉头螺钉孔，在被联接件 2 上绘制螺纹孔。

2）在图 8-29c 中，装入螺钉，要求沉头螺钉的锥面与沉孔的锥面重合。

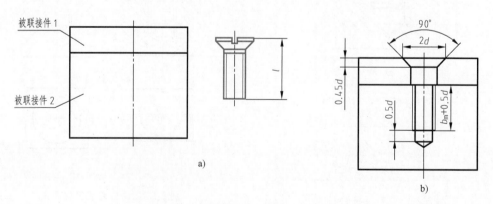

a)

b)

图 8-29　沉头螺钉联接主视图的绘制过程

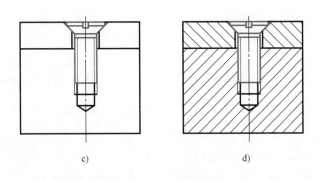

c)　　　　　　　　　　　d)

图 8-29　沉头螺钉联接主视图的绘制过程（续）

3）在图 8-29d 中，绘制两被联接件的剖面线，其倾斜方向应相反。

紧定螺钉用来固定两个零件的相对位置，使它们不产生相对运动。紧定螺钉的装配画法如图 8-30a、b 所示。

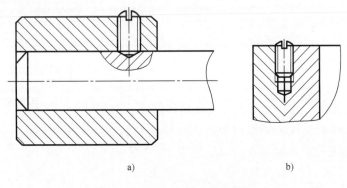

a)　　　　　　　　　　b)

图 8-30　紧定螺钉的装配画法

第三节　键和销

一、键联接

键用来联接轴与安装在轴上的齿轮、带轮等传动零件，起传递转矩的作用。键一般分为两大类：普通键和花键，本节只介绍普通键的标记和画法。

1. 键的结构形式及其标记

常用的键有普通平键、半圆键和钩头楔键，它们的结构形式和尺寸在国家标准中都有统一规定。

在机械设计中，键要根据工作条件等按国家标准选取，一般不需画出其零件图。常用普通平键的尺寸和键槽的断面尺寸见附表 15。键的标记通式为

标准编号 名称 类型 规格

键的结构形式及其标记示例见表8-4。

表8-4 键的结构形式及其标记示例

名　称	普通平键			半圆键
结构形式 及规格尺寸	A型	B型	C型	
标记示例	GB/T 1096 键 5×5×20	GB/T 1096 键 B10×8×50	GB/T 1096 键 C16×10×100	GB/T 1099.1 键 6×10×25
说　明	圆头普通平键，$b=$ 5mm，$h=$ 5mm，$L=$ 20mm，标记中省略"A"	平头普通平键，$b=$ 10mm，$h=$ 8mm，L =50mm	单圆头普通平键，$b=$ 16mm，$h=$ 10mm，L =100mm	单圆键，$b=$ 6mm，$h=$ 10mm，$D=$ 25mm

注：表内图中省略了倒角。

知识点：
键联接的画法

2. 键联接的装配画法

普通平键联接时，通常先把键嵌入轴的键槽内，再把轴
与键对准齿轮孔或带轮孔上的键槽插入，使轴与轮联接。键槽的加工、画法和尺寸标注
如图8-31所示。键槽的断面尺寸可以从附表15中查得。

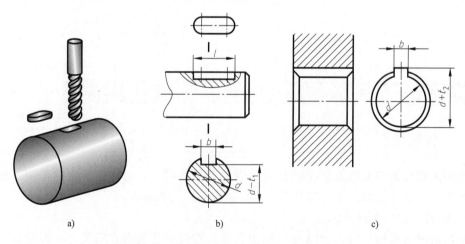

a)　　　　　　　b)　　　　　　　c)

图 8-31 键槽的加工、画法和尺寸标注
a）键槽的加工　b）轴上的键槽　c）轮毂上的键槽

图 8-32 所示为普通平键联接的装配画法，主视图是通过轴的轴线和键的纵向对称平

面剖切后画出的，轴和键均为实心机件，应按不剖形式绘制。但为了表达键在轴上的装配情况，对轴上的键槽采用了局部剖视图。在 A—A 剖视图中，剖切面垂直于轴的轴线及键的纵向对称平面，它们均被剖切，应画出剖面符号。

绘图时需注意，键的顶面与轮毂上键槽的顶面之间有间隙，应画成两条线。此处间隙一般比较小，画图时，可将它夸大画出。而键槽的其他表面都与键接触，应画成一条线。

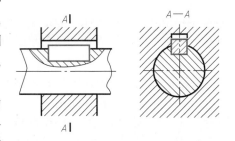

图 8-32 普通平键联接的装配画法

二、销联接

销也是一种标准件，主要用于零件间的联接或定位。常用的有圆柱销、圆锥销和开口销。圆柱销和圆锥销的结构形式及尺寸见附表 16 和附表 17。销孔的尺寸注法见附表 20。

销的标记示例及装配画法见表 8-5。当剖切面纵向通过销的轴线时，销做不剖处理。

表 8-5 销的标记示例及装配画法

名称	圆 柱 销	圆 锥 销	开 口 销
结构形式及规格尺寸			
标记示例	销 GB/T 119.1 5m6×24	销 GB/T 117 6×24	销 GB/T 91 5×40
说明	公称直径 $d=5$mm，公差为 m6，长度 $l=24$mm 的圆柱销	公称直径 $d=6$mm，长度 $l=24$mm 的 A 型圆锥销	公称直径 $d=5$m，长度 $l=40$mm 的开口销
装配画法			

第四节 齿轮

齿轮是机器中的传动零件，齿轮传动可以实现变换速度、传递动力、改变运动方向等功能。按两啮合齿轮轴线的相对位置不同，齿轮传动可分为三大类：圆柱齿轮——用于两平行轴之间的传动，如图 8-33a、b 所示；锥齿轮——用于两相交轴的传动，如图 8-33c 所示；蜗杆、蜗轮——用于两交叉轴的传动，如图 8-33d 所示。

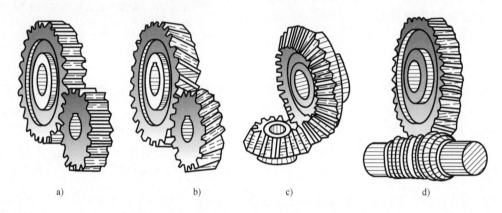

a)   b)   c)   d)

图 8-33 齿轮的种类
a）直齿圆柱齿轮 b）斜齿圆柱齿轮 c）锥齿轮 d）蜗杆、蜗轮

齿轮有标准齿轮和非标准齿轮之分。具有标准齿形的齿轮称为标准齿轮。下面介绍的均为标准直齿圆柱齿轮的基本知识和规定画法。

圆柱齿轮的轮齿有直齿、斜齿和人字齿，如图 8-34 所示。

一、直齿圆柱齿轮各部分名称和尺寸关系（图 8-35）

1）齿数——轮齿的个数，用 z 表示。

2）齿顶圆——通过轮齿顶部的圆，直径用 d_a 表示。

3）齿根圆——通过轮齿根部的圆，直径用 d_f 表示。

4）分度圆——通过轮齿的齿厚 s（弧长）和齿槽宽 e（弧长）相等部位的圆。此圆是设计、计算和制造齿轮的基准圆，直径用 d 表示。

5）节圆——如图 8-36 所示，两齿轮啮合时，在中心连线上，两齿廓的接触点 K 称为节点，分别以

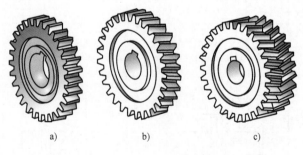

a)   b)   c)

图 8-34 圆柱齿轮
a）直齿轮 b）斜齿轮 c）人字齿轮

O_1、O_2 为圆心过节点 K 所作的两个圆称为节圆，其直径分别用 d_1、d_2 表示。一对标准齿

轮按理论位置安装时，节圆和分度圆相重合。

6）齿距——分度圆上相邻两齿对应点间的弧长，用 p 表示。标准齿轮 $s=e$，$p=s+e$。

7）齿高——齿根圆到齿顶圆的径向距离，用 h 表示。齿高分为两段，分度圆到齿顶圆的径向距离称为齿顶高，用 h_a 表示；分度圆到齿根圆的径向距离称为齿根高，用 h_f 表示。显然，$h=h_a+h_f$。

8）模数——齿距 p 与 π 的比值，用 m 表示，即 $m=p/\pi$。这是因为，分度圆周长 $l=\pi d=pz$，故 $d=(p/\pi)z$。由于直接用 p 和 π 做参数对轮齿设计和制造都不方便，故令 $m=p/\pi$，因此 $d=mz$。显然，模数是影响齿轮大小的一个重要参数。在制造齿轮时，不同模数的齿轮要用不同模数的刀具加工。为了便于设计和制造，模数已标准化，见表 8-6。

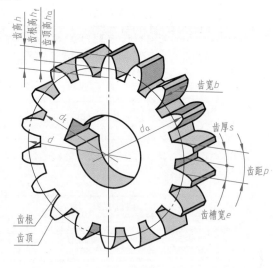

图 8-35　齿轮各部分名称及代号

9）压力角、齿形角——齿轮转动时，点 K 的运动方向（分度圆的切线方向）和正压力方向（渐开线的法线方向）所夹的锐角称为压力角，如图 8-37 所示。而加工齿轮用的基本齿条的法向压力角，称为齿形角。压力角和齿形角均用 α 表示。我国标准规定 α 为 20°。

表 8-6　标准模数 m（GB/T 1357—2008）　　　（单位：mm）

第一系列	1,1.25,1.5,2,2.5,3,4,5,6,8,10,12,16,20,25,32,40,50
第二系列	1.125,1.375,1.75,2.25,2.75,3.5,4.5,5.5,(6.5),7,9,11,14,18,22,28,36,45

注：优先采用第一系列法向模数，避免采用第二系列中的法向模数 6.5。

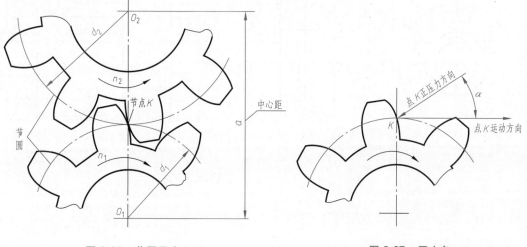

图 8-36　节圆及中心距　　　　　　　　　图 8-37　压力角

直齿圆柱齿轮各部分基本尺寸计算公式见表8-7。

表8-7 直齿圆柱齿轮各部分基本尺寸计算公式

名 称	代号	计 算 公 式	计算举例:已知 $m=2$mm, $z=29$
分度圆直径	d	$d=mz$	$d=58$mm
齿顶高	h_a	$h_a=m$	$h_a=2$mm
齿根高	h_f	$h_f=1.25m$	$h_f=2.5$mm
齿高	h	$h=2.25m$	$h=4.5$mm
齿顶圆直径	d_a	$d_a=m(z+2)$	$d_a=62$mm
齿根圆直径	d_f	$d_f=m(z-2.5)$	$d_f=53$mm
齿距	p	$p=\pi m$	$p=6.28$mm
中心距	a	$a=\dfrac{1}{2}(d_1+d_2)=\dfrac{m}{2}(z_1+z_2)$	
传动比	i	$i=n_1/n_2=z_2/z_1$ (n_1 为主动齿轮的每分钟转数, n_2 为从动齿轮的每分钟转数)	

二、直齿圆柱齿轮的画法

1. 单个齿轮画法

GB/T 4459.2—2003《机械制图 齿轮表示法》规定了齿轮轮齿部分画法,如图8-38所示。

知识点:
单个齿轮的画法

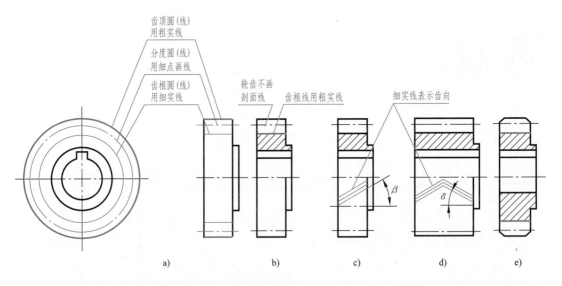

图8-38 圆柱齿轮的画法

a)视图 b)直齿圆柱齿轮半剖视图 c)斜齿圆柱齿轮半剖视图
d)人字形圆柱齿轮半剖视图 e)直齿圆柱齿轮全剖视图

1)齿顶圆和齿顶线用粗实线绘制。

2）分度圆和分度线用细点画线绘制。

3）齿根圆和齿根线用细实线绘制，也可省略不画。

4）在剖视图中，当剖切平面通过齿轮轴线时，轮齿一律按不剖绘制，齿根线用粗实线绘制。

5）对于斜齿和人字齿，在非圆外形图上用三条平行的细实线表示齿线方向，如图 8-38c、d 所示。

6）端面视图中倒角圆不画。

2．两齿轮啮合画法

除啮合区外，其余部分均按单个齿轮绘制。啮合区的画法如下：

1）画成剖视图时，当剖切平面通过两齿轮的轴线时，将一个齿轮的轮齿用粗实线绘制，另一个齿轮的轮齿被遮挡部分用细虚线绘制，如图 8-39a 所示，也可省略不画，但节线必须用细点画线绘出。

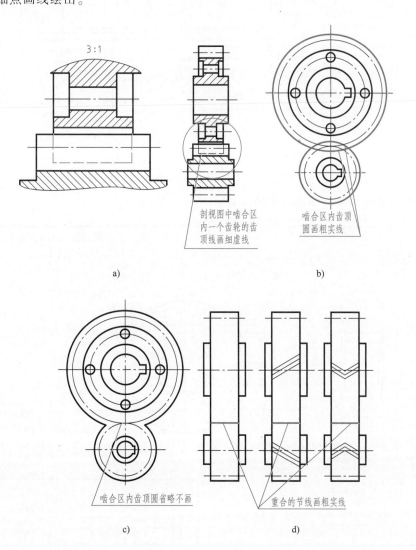

图 8-39　啮合画法

2）在投影为圆的视图上，两节圆应相切，齿顶圆均用粗实线绘制，如图 8-39b 所示。啮合区内的齿顶圆也可不画，齿根圆可全部不画（图 8-39c）。

3）在投影为非圆的视图上，啮合区的齿顶线和齿根线不需画出，节线用粗实线绘制，如图 8-39d 所示。

在剖视图中，当剖切平面不通过啮合齿轮的轴线时，齿轮一律按不剖绘制。

由于齿根高和齿顶高相差 $0.25m$，一个齿轮的齿顶线与另一个齿轮的齿根线之间应有 $0.25m$ 的间隙，如图 8-40 所示。

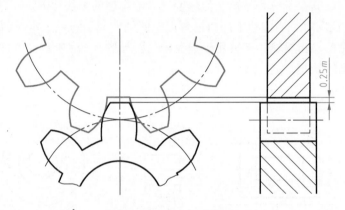

图 8-40　啮合齿轮的间隙

图 8-41 所示为直齿圆柱齿轮的零件图。在零件图中，由于齿轮加工一般不检验齿根圆直径，所以图中通常不注出齿根圆直径。

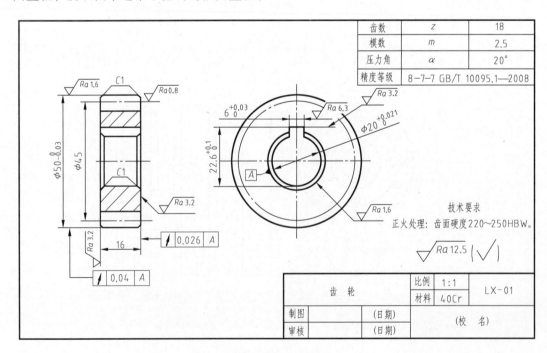

图 8-41　直齿圆柱齿轮的零件图

第五节 弹簧

一、弹簧的功用和种类

弹簧是一种起减振、夹紧、测力、复位、缓冲等功用的零件，种类很多，用途很广。其特点是外力除去后能立即恢复形状。常用弹簧的种类和功用见表 8-8，本节重点介绍应用最广的圆柱螺旋压缩弹簧。

表 8-8 常用弹簧的种类和功用

类别		弹簧受力形式及用途	形 状
螺旋弹簧	压缩弹簧	工作时承受压力，具有抵抗和缓冲压力的作用，在机械中应用广泛	
	拉伸弹簧	工作时承受拉力，在机械中应用广泛	
	扭转弹簧	工作中承受扭转力，具有抵抗扭转的性能	
板弹簧		工作中承受压力，主要用于减振	
碟形弹簧		工作时承受压力，在冲击力较大的重型机械或设备上应用较多	
涡卷弹簧		用于储藏能量，常用在钟表、仪器和实验设备上	

二、圆柱螺旋压缩弹簧

1. 圆柱螺旋压缩弹簧各部分名称及几何参数（图 8-42）

1）簧丝线径——制造弹簧用的钢丝直径，用 d 表示。

2）弹簧外径——弹簧的最大直径，用 D_2 表示。

3）弹簧内径——弹簧的最小直径，用 D_1 表示。$D_1 = D_2 - 2d$。

4）弹簧中径——弹簧的平均直径，用 D 表示。$D = D_2 - d$。

5）支承圈数——两端并紧磨平起支承作用的圈数，用 n_2 表示，n_2 一般取为 1.5、2、2.5 圈。

6）有效圈数——支承圈以外的圈数，即参与弹性变形的圈数，用 n 表示。

7）节距——除支承圈以外相邻两圈对应点之间的轴向距离，用 t 表示。

8）总圈数——有效圈数与支承圈数之和，用 n_1 表示。$n_1 = n + n_2$。

9）自由高度——不受外力作用时弹簧的高度，用 H_0 表示。$H_0 = nt + (n_2 - 0.5)d$。

图 8-42　圆柱螺旋压缩弹簧各部分名称代号

10）旋向——螺旋弹簧分左旋和右旋（常用右旋）。

11）展开长度——制造弹簧时所需钢丝长度，用 L 表示。$L \approx n_1 \sqrt{(\pi D)^2 + t^2}$。

2. 圆柱螺旋弹簧的规定画法

1）弹簧在平行其轴线的投影面上，可画成视图，如图 8-43a 所示；也可画成剖视图，如图 8-43b 所示。各圈的轮廓应画成直线。

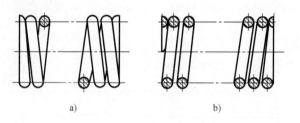

a)　　　　　　　　　　b)

图 8-43　弹簧规定画法
a）视图的画法　b）剖视图的画法

2）螺旋弹簧有效圈数在 4 圈以上时，可以在两端各画 1~2 圈（支承圈除外），中间各圈可省略不画。将两端用细点画线连接起来，且可适当缩短图形长度。

3）螺旋弹簧均可画成右旋，但左旋弹簧不论画成左旋或右旋，都应注出旋向"左"字。

4）无论支承圈数有多少，两端并紧情况如何，均可按支承圈 2.5 圈绘制，如图 8-43所示；必要时也可按支承圈实际结构绘制。

5）在装配图中，被弹簧挡住的结构一般不画出，可见部分应从弹簧外轮廓线或从弹簧钢丝断面的中心线画起，如图 8-44 所示。

6）螺旋弹簧被剖切时，型材直径或厚度在图形上小于或等于 2mm 时，断面可以用涂黑的方法表示，且不画各圈轮廓线，也可用示意图画法，如图 8-45 所示。

3. 圆柱螺旋弹簧的画图步骤

已知一圆柱螺旋压缩弹簧的 d、D、t、n、n_2 和 H_0，画图步骤如图 8-46 所示。

1）根据弹簧中径 D 及自由高度 H_0 画出矩形，如图 8-46a 所示。

2）画出支承圈数部分直径与簧丝线径相等的圆和半圆，如图 8-46b 所示。

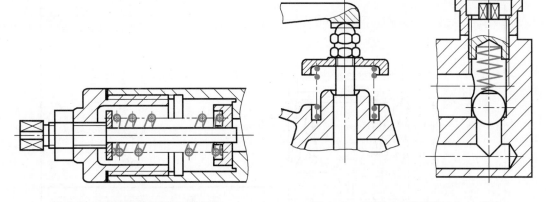

图 8-44 弹簧在装配图中的画法　　　图 8-45 弹簧丝断面涂黑和示意画法

3）画出有效圈数部分直径与簧丝线径相等的圆，如图 8-46c 所示。

4）按右旋方向作相应圆的公切线，并画剖面线。整理、加深、完成剖视图，如图 8-46d 所示。

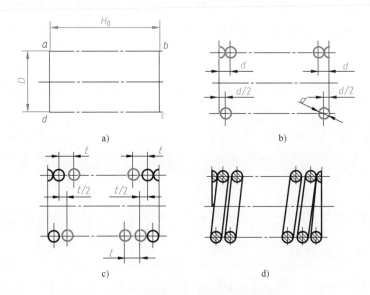

图 8-46 圆柱螺旋压缩弹簧的画图步骤

图 8-47 所示为圆柱螺旋压缩弹簧零件图。图上除画出图形、注全尺寸外，必须用图解方式表示出弹簧的力学性能（力学性能曲线均画成直线），还需注明技术要求。

4. 圆柱螺旋压缩弹簧的规定标记

GB/T 2089—2009《普通圆柱螺旋压缩弹簧尺寸及参数（两端圈并紧磨平或制扁）》规定，普通圆柱螺旋压缩弹簧的标记由类型代号、规格、精度代号、旋向代号和标准编号组成，规定如下：

类型代号　规格-精度代号　旋向代号　标准编号

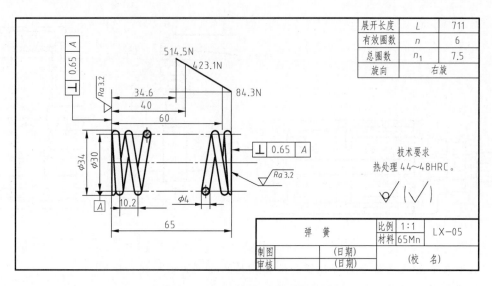

展开长度	L	711
有效圈数	n	6
总圈数	n_1	7.5
旋向	右旋	

图 8-47　圆柱螺旋压缩弹簧零件图

其中，类型代号中 YA 为两端圈并紧磨平的冷卷压缩弹簧，YB 为两端圈并紧制扁的热卷压缩弹簧。规格为"材料直径×弹簧中径×自由高度"。精度代号中 2 级精度制造不表示，3 级应注明"3"级。旋向代号中左旋应注明为左，右旋不表示。

例如：YB　30×160×200-3　GB/T 2089，表示 YB 型弹簧，材料直径为 30mm，弹簧中径为 160mm，自由高度为 200mm，精度等级为 3 级，右旋的两端圈并紧制扁的热卷压缩弹簧。

第六节　滚动轴承

滚动轴承是一种标准组件，由于结构紧凑、摩擦力小，所以得到广泛使用。

一、滚动轴承的结构

滚动轴承的种类很多，但结构基本相同。一般由内圈（装在轴上）、外圈（装在轴承座孔中）、滚动体（装在内、外圈之间的滚道中）、保持架（将滚动体相互隔开）四部分组成。滚动轴承按受力方向可分为三类：主要承受径向力的深沟球轴承（图 8-48a）、只承受轴向力的推力球轴承（图 8-48b）、同时承受径向力和轴向力的圆锥滚子轴承（图 8-48c）。

二、滚动轴承的代号及标记

轴承代号由前置代号、基本代号和后置代号构成，其排列顺序见表 8-9。
基本代号表示轴承的基本类型、结构和尺寸，是轴承代号的基础。其中类型代号由

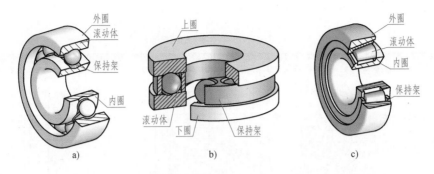

图 8-48　滚动轴承种类

a）深沟球轴承　b）推力球轴承　c）圆锥滚子轴承

数字或字母表示，尺寸系列代号、内径代号由数字表示。前置、后置代号是当轴承在结构形状、尺寸、公差、技术要求等有变化时，在其基本代号左、右添加的补充代号，前置代号用字母表示，后置代号用字母或字母加数字表示。

表 8-9　轴承代号

前置代号	基 本 代 号				后置代号
	类型代号	尺寸系列代号		内径代号	
		宽（高）度 系列代号	直　径 系列代号		

注：表中基本代号的排列形式不包括滚针轴承。

例如：

1）6204　表示 6 类深沟球轴承（0）2 尺寸系列，内径为 20mm。

　　　　　基本代号：6—类型代号　　（0）2—尺寸系列代号　　04—内径代号

2）L　N 207表示（0）2 尺寸系列、内径为 35mm 的单列圆柱滚子轴承，且可分离外圈。

　　　　　基本代号：N—类型代号　　（0）2—尺寸系列代号　　07—内径代号

　　　前置代号

在基本代号中，当轴承类型代号为字母时，该字母应与后面表示尺寸系列代号的数字之间空半个汉字（见例中 2）。

轴承代号中字母、数字的含义可查阅 GB/T 272—2017《滚动轴承　代号方法》。

三、滚动轴承的画法

滚动轴承是标准部件，不需画零件图。在画装配图时，根据选定的轴承型号在标准中查出轴承外径 D、内径 d、宽度 B 等几个主要尺寸，然后按国家标准规定的特征画法或规定画法画出。常用滚动轴承的特征画法与规定画法见表 8-10。

有关各类轴承的结构尺寸，可在相关手册中查表确定。

表 8-10　常用滚动轴承的特征画法与规定画法

名　称	结　构	特征画法	规定画法
深沟球轴承			
圆锥滚子轴承			
推力球轴承			

思政拓展
信物百年：新中国第一台
煤矿液压支架

第九章

零件图

在工程实践中，任何机器或设备的制造，都必须先从零件的制造开始。零件是构成机器的最小单位。用来表达零件形状、结构、大小和技术要求的图样称为零件图。它是设计部门提交给生产部门的重要技术文件。它要反映出设计者的意图，既要表达出机器（或部件）对零件的要求，又要考虑到结构和制造的可能性与合理性，是制造和检验零件的依据。要绘制出合格的零件图，必须具备一定的设计和工艺知识。

第一节　零件图的内容

零件图是指导零件制造的图样。因此，它必须包括制造和检验该零件时所需要的全部资料。图 9-1 所示为实际生产中的零件图，其具体内容如下：

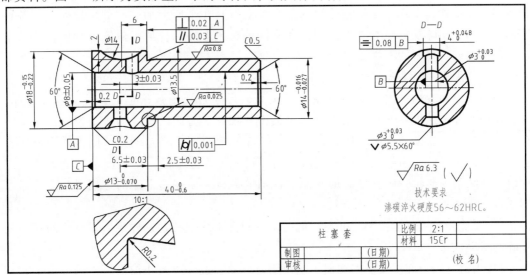

图 9-1　零件图

（1）图形　利用一组视图、剖视图、断面图等图形，正确、完整、清晰、简便地表达出零件的结构和形状。

（2）尺寸　用一组尺寸正确、完整、清晰、合理地表达出零件的结构形状及其相互位置。

（3）技术要求　用一些规定的符号、数字、字母和文字注解，简明、准确地表示出零件在制造、检验中应达到的一些要求。它包括表面结构要求、尺寸公差、几何公差、表面处理及材料热处理要求等。

（4）标题栏　填写零件的名称、材料、数量、比例、图号以及责任人署名等内容（不同行业填写的内容有所不同）。

第二节　零件图的视图选择及尺寸标注

本节将综合运用前面所学知识，通过形体分析和结合对零件的结构分析，讨论零件图的视图选择和尺寸标注。

一、视图选择

零件的形状多种多样，其表达方案的选择也各不相同，但所选表达方案都应能正确、完整而清晰地表达出零件各部分的形状和结构。为此，一个比较好的表达方案应该是主视图选择正确，视图数量恰当，表达方法适宜。

（一）主视图的选择

选择主视图时，主要考虑以下两点：

（1）形状特征　主视图要较多地反映出零件各部分的形状和它们之间的相对位置。

（2）安放位置　其原则是符合零件的主要工序加工位置或工作位置。为使生产时便于看图，传动轴、手轮、盘状零件等的主视图要按其在车床上加工时的位置摆放；各种箱体、泵体、阀体及机座等零件，因需在不同的机床上加工，加工位置不相同，故其主视图要按它们工作时的位置安放。

（二）视图数量和表达方法的选择

视图数量和表达方法有着极其密切的关系，尺寸对视图数量也会产生一定的影响，应在保证充分表达机件形状的条件下选用最少的视图。为此，所选的每个视图都应有明确的表达目的。如果某一视图所表达的内容已在其他视图上表达清楚，则该视图应该省去。此外，恰当地使用剖视图、断面图、局部视图等表达手段，不仅能清楚地表达出零件内、外结构的形状，而且也有助于减少视图的数量。在表达方法的运用上，要注意以下三点：

1）要优先采用基本视图，并尽可能在基本视图上取剖视，这样给人以整体的而不是零碎的感觉。

2）当需选用局部视图、斜视图、剖视图时，图形最好布置在箭头所指的方向上，并使其符合投影关系，且与有关视图适当靠近，以便看图。

3）应尽量少用细虚线表示零件的不可见部分。因为细虚线太多会影响图形的清晰性，所以一般只画出表达零件结构的必不可少的细虚线。

此外，还要考虑合理地布置视图位置，这样既能使图样清晰，又有利于图幅的充分利用。

（三）典型零件的视图选择

1. 轴、套类零件的结构分析及视图选择

这类零件包括轴、螺杆、阀杆、套筒等。它们的共同特点是大部分表面为回转面，主要在车床和磨床上加工。图9-2所示为泵轴，其主体由大小不等的圆柱、圆锥所组成，构成阶梯状。除主体外，轴的左端有倒角，左边的一段有错开90°角的两个圆柱销孔，中间有带键槽的轴颈，右端有螺纹。

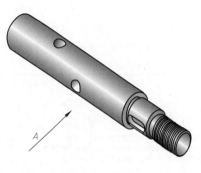

图9-2 泵轴

根据以上结构分析，选择图中箭头A的方向作为主视图的投射方向，且使轴线水平放置，这样既能表示其形体特征，又便于加工时看图。对于轴上的销孔、键槽等结构，可采用移出断面图和局部剖视图，既表达了它们的形状，也便于标注尺寸。对于轴上的局部结构，如砂轮越程槽、螺纹退刀槽（详见第三节）等，则可采用局部放大图表达。图9-3所示为泵轴零件图。

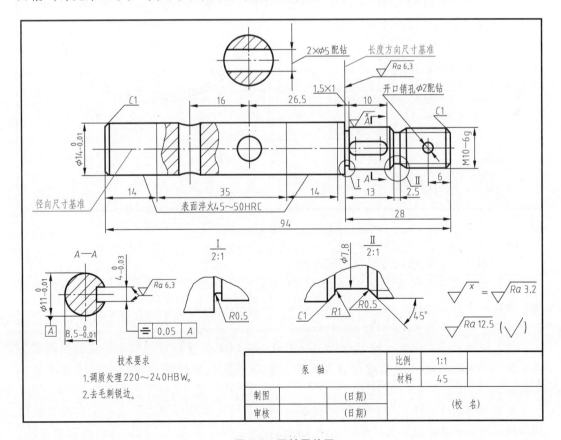

图9-3 泵轴零件图

2. 轮、盘类零件的结构分析及视图选择

这类零件有齿轮、带轴、链轮、飞轮、手轮及盘、盖等。它们的主体部分一般也是由同轴回转体组成的，但其径向尺寸较大，而轴向尺寸较短。

此类零件的主要加工面也是在车床上加工的，故其主视图也应按加工位置布置，将轴线放成水平，且多将该视图画成剖视图，以表达其内部结构。

此外，这类零件常有沿圆周分布的孔、槽及轮辐等结构。因此，除主视图外，还需采用左（或右）视图，以表示这些结构的分布情况或形状。对于零件上一些局部结构，可选取局部视图、剖视图或断面图表示。图9-4所示为端盖零件图。

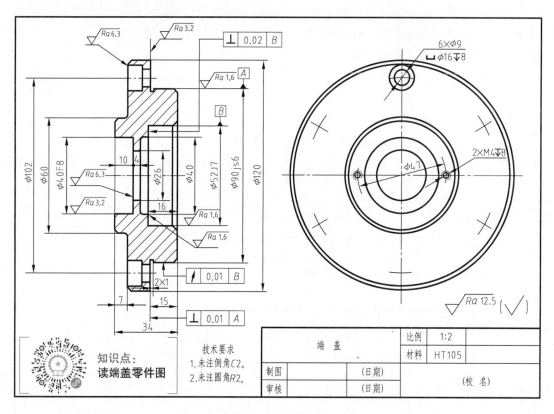

图9-4 端盖零件图

3. 叉架类零件的结构分析及视图选择

这类零件有各种用途的拨叉和支架。拨叉主要用于机床、内燃机等机器上的操纵机构，用于操纵机器，调节速度；支架主要起支承和连接作用。

叉架零件一般是铸造或锻造出来的，毛坯形状较为复杂，且需进行多工序的机械加工，加工位置又不太固定，所以选择主视图时，应以最能显示零件形状特征的视图作为主视图。主视图的放置通常应结合其工作位置以及能得到较简单的其他视图等因素来决定。

叉架零件由于形体复杂，一般都需要两个以上的基本视图表达，再加上它的某些结构形状不平行于基本投影面，所以还常采用斜视图、剖视图（几个相交的剖切面剖切图）

等来表示。此外，在它的主视图上常采用局部视图表示一些内部结构，中间连接部分的结构常用断面图表示。图 9-5 所示为一拨叉零件图。

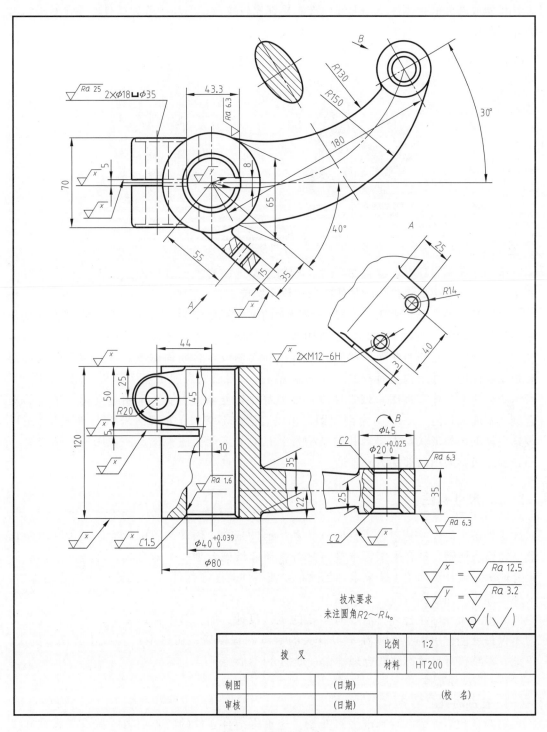

技术要求
未注圆角R2～R4。

拨　叉	比例	1:2
	材料	HT200
制图	（日期）	（校　名）
审核	（日期）	

图 9-5　拨叉零件图

4. 箱体类零件的结构分析及视图选择

箱体类零件主要用作支承、包容其他零件，如各种箱体、壳体、泵体等。这类零件多是机器或部件的主体件，外部和内部结构都比较复杂，毛坯一般为铸件。图 9-6 所示为齿轮泵泵体。

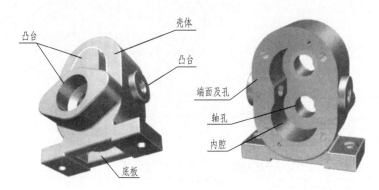

图 9-6　齿轮泵泵体

由于箱体内、外要安装许多零件，结构复杂，需要进行机械加工的部位很多，所以其主视图主要是依据零件的形状特征和工作位置确定的。

箱体类零件一般要采用三个或三个以上的基本视图表达。另外，根据需要还可以采用一些其他视图，如对零件上局部结构常采用局部视图，对零件上的倾斜结构常采用斜视图或剖视图，对筋的断面形状常采用移出断面图或重合断面图等。其他视图的选择则要根据零件内、外结构全面考虑，以使各视图都有自己的表达重点而又相互配合。图 9-7 所示为齿轮泵泵体零件图。该零件内、外形都比较复杂，主视图采用过支承孔轴线的复合剖切平面剖切的 "A—A" 全剖视图，用以表达内部结构；左视图采用半剖视图，用以表达泵体的内外形状及主要轴孔的结构形状；对于未能在主视图、左视图中表达清楚的凸台和底板则采用局部视图来表达。

二、尺寸标注

零件图上的尺寸是制造零件时加工和检验的依据，因此，图中所标注的尺寸除应正确、完整、清晰、符合国家标准规定之外，还应做到合理。所谓合理，即是使所标注的尺寸能满足设计和加工工艺要求，也就是要使零件既能在部件（或机器）中很好地工作，又便于加工、测量和检验。

要做到尺寸标注合理，需要有丰富的机械设计、加工等方面的知识，绝不仅仅是学习本课程就能解决的。必须在学习有关的后续课程以后，通过生产实践才能逐步解决。因此，本章仅对尺寸标注的合理性做一般的介绍。

（一）尺寸基准

1. 基准的概念

第四章和第五章已对基准做过介绍。这里将结合零件的特点引入一些有关设计和工艺方面的知识，并加以讨论。

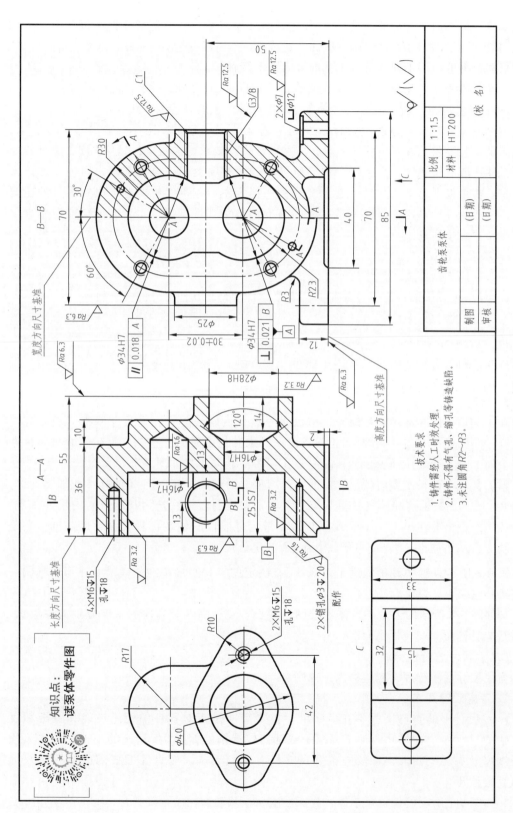

图 9-7 齿轮泵泵体零件图

要使所标注的尺寸合理，需要正确地选择尺寸基准。基准是指零件在机器中，在加工或测量时用以确定零件位置的一些面、线或点。

根据基准的作用不同，可以把基准分为以下两种：

（1）设计基准 它是在机器工作时确定零件位置的一些面、线、点。

（2）工艺基准 它是在加工或测量时确定零件位置的一些面、线、点。

在标注尺寸时，最好能把设计基准和工艺基准统一起来，这样既能满足设计要求，又能满足工艺要求。两者不能统一时，应在保证设计要求的前提下，尽量满足工艺要求。

机件一般有长、宽、高三个方向，所以在三个方向上都应该有基准。当一个方向上有两个或两个以上基准时，其中起主要作用的称为主要基准。主要基准决定零件的主要尺寸，一般为设计基准。主要基准以外的基准都称为辅助基准。主要基准与辅助基准之间应有尺寸直接联系。

2．基准的选择

一般选用下列面或线作为尺寸基准：

1）零件上较大的加工面，如底面、端面，特别是与其他零件的接合面。

2）零件的对称平面。

3）回转面（轴或孔）的轴线。

这些平面和轴线在设计时要用来决定其他尺寸，在加工时要用来作为定位和测量的依据，在装配时也是装配的基准。

3．举例

轴、套类零件在标注尺寸时，一般以水平放置的轴线作为径向尺寸基准（也是高度与宽度方向的尺寸基准）。这样就把设计上的要求和加工时的工艺基准（轴、套类零件在车床上加工时，两端用顶尖顶住轴的中心孔）统一起来了，如图 9-3 所示。

轴、套类零件长度方向的尺寸基准常选用重要的端面、接触面（轴肩）或加工面等。如图 9-3 所示，将轴肩端面（这里装配时，将紧靠传动齿轮）选为长度方向的尺寸基准，为设计基准，由此注出 13、28、1.5 和 26.5 等尺寸。以右轴端作为长度辅助基准，它是工艺基准，从而注出总长 94 和开口销孔 $\phi 2$ 的定位尺寸 6。

图 9-3 所示泵轴中键槽深度是由 $8.5_{-0.01}^{0}$ 决定的，其测量基准是键槽所在那段轴的一条素线，它是工艺基准。

又如图 9-7 所示的齿轮泵泵体零件图，其长、宽、高三个方向的基准分别为左端面、前后基本对称面和安装板底面。

（二）尺寸的合理标注

为使尺寸标注合理，应遵循以下原则。

1．考虑设计要求

（1）设计中的重要尺寸要直接标出 重要尺寸是指对零件的使用性能和装配精度有影响的尺寸，这种尺寸的加工要求一般都比较严格。如图 9-8 所示的小轴，如果 L 段的长度尺寸有装配要求，M 段的长度尺寸没有装配要求，则有装配要求的 L 段的尺寸应该直接注出。

又如图 9-7 所示的齿轮泵泵体，为保证主动、从动齿轮的正确啮合，上下两个 $\phi 16$ 孔轴线的重直距离 30±0.02 应该直接注出来。泵体左侧端面上 4 个 M6 连接螺纹孔的定位尺寸、右侧凸台上两个 M6 连接螺纹的定位尺寸等都属于这类尺寸。

此外，在一般情况下，主要尺寸应从设计基准出发，而一般尺寸应从工艺基准出发来标注。

（2）不能注成封闭的尺寸链　所谓封闭尺寸链是指同一方向的尺寸首尾相接，组成一整圈的一组尺寸。每个尺寸是尺寸链中的一环，如图 9-9a 所示。

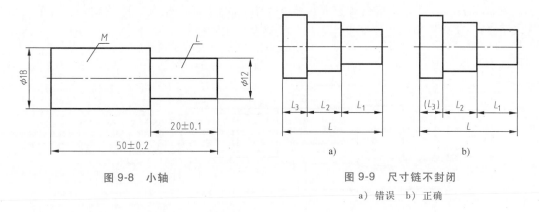

图 9-8　小轴

图 9-9　尺寸链不封闭
a）错误　b）正确

尺寸标注的形式有三种：

1）坐标式。零件同一方向上的尺寸，都从同一基准注起，如图 9-10a 所示。

2）链状式。零件同一方向上的尺寸，彼此首尾相接，前一尺寸的终点，即为后一尺寸的起点，这时各尺寸的基准各不相同，并互为基准，如图 9-10b 所示。

3）综合式。零件同一方向上的尺寸是坐标式和链状式的综合，如图 9-10c 所示。

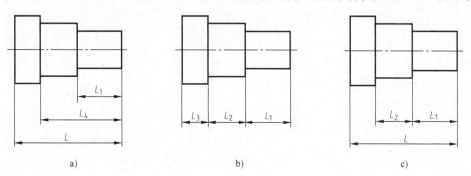

图 9-10　尺寸的标注形式
a）坐标式　b）链状式　c）综合式

链状式的缺点是各段尺寸误差都会影响到总长，总长的尺寸精度不易保证。在实际工作中，将精度要求高的尺寸直接注出，组成链式，而把没有精度要求的某一个尺寸空出来不注（这个空出不注尺寸的一段，在尺寸链中称为开口环），使误差累积在这个尺寸段上，以保证重要尺寸段的精度。这种标注形式即为综合式。用这种形式标注尺寸既能保证设计要求，又便于加工制造。

在标注尺寸时，不应注成封闭式，如图 9-9a 所示。但在个别情况下，为了加工方便，免除加工时推算尺寸，也可注成封闭式，这时要将次要尺寸用圆括号括起来作为参考尺寸，如图9-9b所示。

2. 考虑工艺要求

1）按加工顺序标注尺寸。按加工顺序标注尺寸，符合加工过程，便于加工和测量。

如图9-11所示的轴，尺寸51（长度方向）是重要尺寸，要直接注出，其余都按加工顺序标注。为了便于备料，注出了轴的总长128；为了加工$\phi 40$的轴颈，应直接注出尺寸74；在加工右端$\phi 35$时，应保证重要尺寸51。然后调头加工左端$\phi 35$的轴颈，直接注出了尺寸23。这样标注既能保证设计要求，又符合加工顺序。

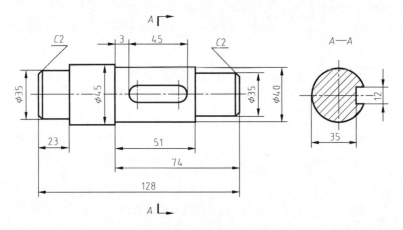

图9-11 轴

2）按不同加工方法尽量集中标注尺寸。一个零件，一般不只用一种方法加工，而是要综合应用几种加工方法（如车、刨、铣、钻、磨等）才能制成。标注尺寸时，最好将不同加工方法的有关尺寸集中标注。如图9-11所示，轴上的键槽是在铣床上加工的，因此这部分尺寸集中在两处（3、45、12和35）标注，读图就比较方便。

3）标注的尺寸要便于测量。图9-12 a所示的一些图例，由设计基准注出中心至某面的尺寸，直接测量比较困难。若按图9-12b所示的方法标注其尺寸，则测量将十分方便。

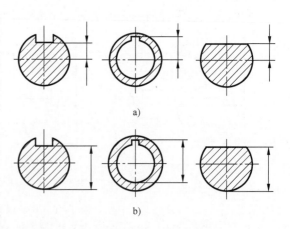

图9-12 标注尺寸要便于测量
a) 不便于测量 b) 便于测量

4）铸、锻件按形体标注尺寸。按形体标注尺寸能满足模型制造工艺，给制作模型带来方便，如图9-5所示的拨叉及图9-7所示的齿轮泵泵体。

5）有配合关系的锥孔应注出小端直径，这是因为加工锥孔时需要按小端直径选择钻头。而标注锥形轴时，则应注出大端直径，这是因为加工锥形轴时，一般要先车出圆柱体，其直径与锥形轴的大端直径相等，然后再加工成锥形。

6）零件上常见螺孔、销孔、沉孔的尺寸注法见附表 20。

三、零件的构形设计

工程图样的绘制过程不仅是一个表达部件或零件的过程，更重要的是一个构形设计的过程。用一组图形合理地表达一个零件是本课程的基本要求，而根据机器或部件的工作原理和要求，构造出简单、合理、美观且符合加工、检验和工艺要求的零件形体，则是本章节的高一层次训练。下面以齿轮泵为例讨论构形设计的过程。

（一）从零件的功用进行构形分析

从设计要求方面看，构形设计必须使零件能够实现原理所要求的功能。图 9-13 所示为一台齿轮泵，它的主要工作原理是通过齿轮的轮齿啮合空间的容积变化来输送液体，这就需要一组零件组合在一起共同实现这一工作原理。不同的零件起不同的作用，如支承、容纳、传动、联接、安装、定位、密封和防松等，这是决定零件主要结构的依据。齿轮泵每个零件的主要功用如图 9-13 所示。

（二）从工艺、加工、装配等方面进行构形分析

从工艺要求方面看，为了零件的毛坯制造而设计出铸造圆角、起模斜度；为了零件的安装方便而设计出倒角、倒圆；为了联接安装而设计出法兰、键槽和螺孔；为了支承零件而设计出肋板、凸缘等。图 9-14 所示的零件是减速器中的从动轴，它的主要功用是装在轴承中支承齿轮传递转矩（或动力），并与外部设备联接。它的构形过程如图 9-15 所示。为了伸出外部与其他机器相连，制出一段轴颈，如图 9-15a 所示；为了用轴承支承轴，又在右端做了一段轴颈，如图 9-15b 所示；为了固定齿轮的轴向位置，增加了一个稍大的凸肩，如图 9-15c 所示；为了支承齿轮以及用轴承支承轴，轴端做成轴颈，如图 9-15d 所示。此外，为了与齿轮联接，右端制出一个键槽；为了与外部设备联接，左端也制出一个键槽；为了装配方便，或保护装配表面，多处做成倒角和退刀槽，如图 9-15e 所示。

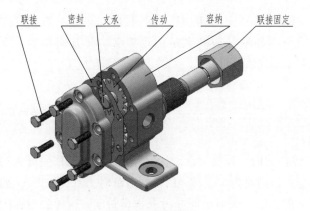

图 9-13 齿轮泵

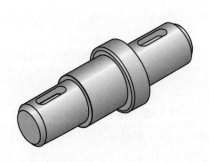

图 9-14 从动轴

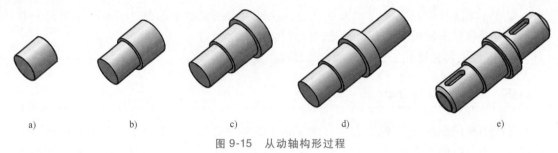

| a) | b) | c) | d) | e) |

图 9-15　从动轴构形过程

（三）从外形美观进行设计

一般来说，在完成了零件的功能设计和工艺设计后，就可以基本满足要求了。但是，随着科学技术的进步和文化水平的不断提高，人们对产品的要求也越来越高。人们对产品的要求不仅是能用，而且要求轻便、经济、美观等，这就需要进一步从美学的角度来考虑零件的外形设计。因此，要具备一些工业美学、造型科学的知识，才能设计出更好的产品。如图 9-16 所示，一个简单的四孔盖，可以根据不同的材料、不同的功用、不同的使用场地而呈现出多种结构。

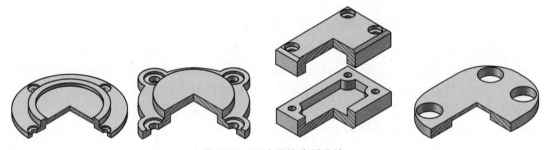

图 9-16　四孔盖的造型设计

第三节　零件结构工艺性简介

零件的结构形状主要由它在部件（或机器）中的作用决定。但是，制造工艺对零件的结构也有要求。因此，在设计时，应使零件的结构既满足使用要求，又方便制造。下面介绍一些工艺结构，以及它们的表达方法和尺寸注法。

一、零件上的铸造结构

1. 起模斜度

为了便于将模型从砂型中取出，在铸件的内、外壁上常设计出起模斜度。起模斜度大约为 1:20（木模常为 1°~3°，金属型用手工造型时为 1°~2°，用机械造型时为 0.5°~1°），如图 9-17a 所示。用模锻方法制造零件毛坯时，锻模表面也同样做有拔模斜度，这种斜度在图上可以不予标注，也不一定画出，如图 9-17b 所示。必要时可以在技术要求中用文字说明。

2. 铸造圆角

在铸件毛坯各表面的相交处，都有铸造圆角，如图 9-18 所示。这样便于起模，又能防止在浇注铁液时将砂型转角冲坏，还可以避免在冷却时产生裂纹或缩孔。铸造圆角在视图中要画出，圆角半径不在视图上标注，而集中注写在技术要求中。

另外，铸造表面一经切削加工，铸造圆角即被削平，如图 9-18 所示的铸件毛坯底面，用作安装面时，切削加工后成为尖角。

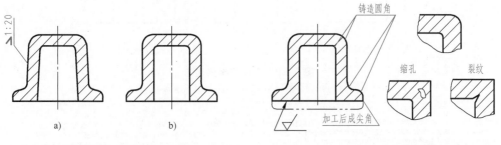

图 9-17　起模斜度　　　　　　　　　　图 9-18　铸造圆角

铸、锻圆角实际上是一个过渡曲面，由于小圆角的存在，两表面的交线变得不明显。为使图形清晰，分出不同表面，便于读图，图中仍按无圆角时画出交线。这种表面相交处有圆角存在，而按无圆角画出的理论交线称为过渡线，过渡线为细实线。过渡线不与圆角处的轮廓线接触，如图 9-19a 所示。理论交线有尖点的地方，过渡线应在尖点处断开，如图 9-19b 所示。图9-20所示为其他形式过渡线的画法。

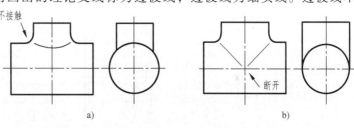

图 9-19　过渡线画法（一）

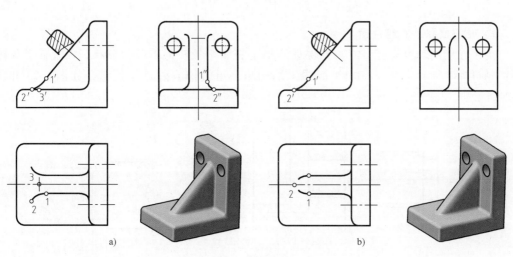

图 9-20　过渡线画法（二）

a）肋板端部为平面　b）肋板端部为圆弧

3. 铸件壁厚要均匀

在浇注零件时，为了避免各部分因冷却速度不同而产生缩孔或裂纹，铸件的壁厚应保持大致相等或逐渐变化，如图 9-21 所示。

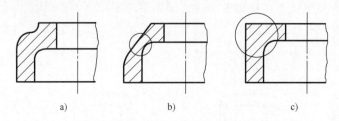

a)   b)   c)

图 9-21　铸件壁厚要均匀

a）壁厚均匀　b）局部过薄　c）局部肥大

二、零件上的机械加工结构

1. 倒角和倒圆

如图 9-22 所示，为了去除零件上的飞边、尖角及便于装配，轴或孔的端部一般都加工成倒角。为了避免因应力集中而产生裂纹，轴肩处往往加工成圆角过渡的形式，称为倒圆。

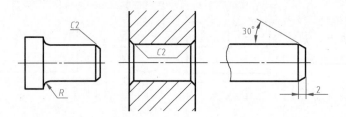

图 9-22　倒角、倒圆结构

2. 退刀槽和砂轮越程槽

为了在切削时容易退出刀具或保证所加工表面全长获得正确的形状，以及使砂轮能稍微越过加工面，常常在待加工面的末端先车出退刀槽或砂轮越程槽，如图 9-23 和图 9-24所示。

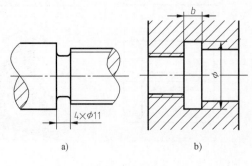

a)   b)

图 9-23　退刀槽

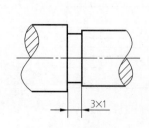

图 9-24　砂轮越程槽

退刀槽与砂轮越程槽的尺寸标注可按"槽宽×直径"（图 9-23a）或"槽宽×槽深"（图 9-24）的形式标注。图 9-23b 所示为标注的一般形式。内螺纹退刀槽的直径要大于螺纹大径，外螺纹退刀槽的直径应小于螺纹小径。退刀槽和砂轮越程槽的尺寸都已标准化。

3. 凸台和凹坑

零件上与其他零件的接触面，一般都要加工。为了减少加工面积，并保证零件表面之间有良好的接触，常在铸件上设计出凸台、凹坑。图 9-25a、b 所示为螺栓联接的支承面做成凸台或凹坑的形式；图 9-25c、d 所示是为了减少加工面积而做成凹槽或凹腔的结构。

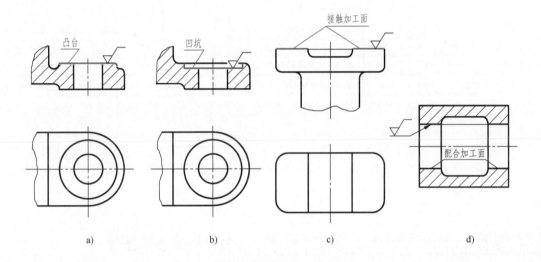

a)   b)   c)   d)

图 9-25 凸台、凹坑等结构

a) 凸台 b) 凹坑 c) 凹槽 d) 凹腔

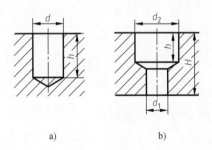

a)   b)

图 9-26 钻孔结构

a) 不通孔 b) 阶梯孔

4. 钻孔结构

用钻头钻出的不通孔，底部有一个钻尖的锥坑，它的顶角一般画成 120° 的锥角。钻孔深度指的是圆柱部分的深度，不包括锥坑，锥坑部分不注尺寸，如图 9-26a 所示。在阶梯形钻孔的过渡处，也存在着锥坑台阶，其锥角也画成 120°，其画法及尺寸注法如图 9-26b 所示。

钻头钻孔时，要求钻头轴线尽量垂直于被钻孔表面，以保证钻孔位置准确且避免钻头折断。

图 9-27 所示为三种钻孔端面的正确结构。

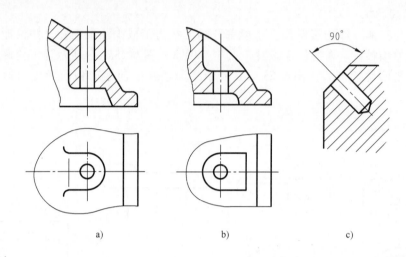

a)   b)   c)

图 9-27   钻孔的端面

a）凸台   b）凹坑   c）斜面

第四节   零件图的技术要求

零件图是指导生产的重要技术文件，是制造零件的依据。因此，除了将零件的形状表示清楚、注出零件的全部尺寸外，还应在零件图上注写出制造零件时应达到的技术要求。技术要求一般包括以下内容：

1）零件的表面结构。

2）零件的极限与配合。

3）零件的表面几何公差。

4）零件的特殊加工要求、检验和试验说明。

5）热处理和表面修饰说明。

6）材料要求及说明。

对于上述内容，有的可用国家标准规定的代号、符号、文字、数字直接注写在图形上，有的则可用简明文字分条注写在图形下方或标题栏的上方。本章将重点介绍表面结构和极限与配合。其他内容将在后续课程中学习，也可参阅有关标准和资料。

一、表面结构

零件的表面结构要求是评定零件质量的重要指标之一，2006 年修订的 GB/T 131—

2006《产品几何技术规范（GPS）技术产品文件中表面结构的表示法》中，定义并标准化了三组表面结构参数：轮廓参数、图形参数、支承率曲线参数。每组参数由不同的评定方法进行评定。其中采用轮廓参数定义的表面结构分为 R 轮廓（粗糙度轮廓）、W 轮廓（波纹度轮廓）、P 轮廓（原始轮廓）三种。下面以 R 轮廓为例进行说明。

1. 基本概念

零件表面无论加工得多么光滑，在显微镜下观察时，都可以看到高低不平的峰谷痕迹，如图 9-28 所示。表面上具有的较小间距的峰谷所组成的微观几何形状特征称为表面粗糙度，它与加工方法及其他因素有关。

表面粗糙度是衡量零件表面质量的重要标志，它对零件的配合、耐磨性、抗腐蚀性、接触刚度、疲劳强度、密封性及外观等都有影响。

目前在生产中，评定零件 R 轮廓的重要参数之一是轮廓算术平均偏差，其代号为 Ra（图 9-29）。它是在取样长度 lr（用于判断具有表面结构特征的一段基准线长度）内，轮廓偏距 y（表面轮廓上的点至基准线的距离）绝对值的算术平均值，其公式为

$$Ra = \frac{1}{lr} \int_0^{lr} |y(x)| \, \mathrm{d}x$$

或近似表示为

$$Ra = \frac{1}{n} \sum_{i=1}^{n} |y_i|$$

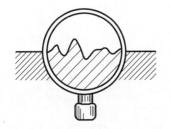

图 9-28 表面微观
不平的结构

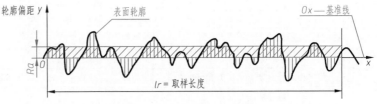

图 9-29 轮廓曲线和表面结构参数

2. 表面粗糙度值的选用

Ra 值的选用，既要满足零件表面的功用要求，又要考虑其经济合理性。具体选用时，可参照生产中的实例，用类比法确定。

常用的表面粗糙度值及与之对应的加工方法和适用情况列于表 9-1 中，供参考。

表 9-1 Ra 数值及其应用举例

$Ra/\mu m$	表面特征	主要加工方法	应用举例
100	明显可见刀痕	粗车、粗铣、粗刨、钻、粗纹锉刀和粗砂轮加工	表面结构高度参数值最大的加工面，一般很少应用
50	可见刀痕		
25	微见刀痕	粗车、刨、立铣、钻	不接触表面，不重要的接触面，如螺钉孔、倒角、机座端面等

（续）

$Ra/\mu m$	表面特征	主要加工方法	应用举例
12.5	可见加工痕迹	精车、粗铣、精刨、铰、镗、粗磨等	没有相对运动的零件接触面,如箱、盖、套筒要求紧贴的表面,键和键槽工作表面;相对运动速度不高的接触面,如支架孔、衬套、轴孔的工作表面
6.3	微见加工痕迹		
3.2	看不见加工痕迹		
1.6	可辨加工痕迹方向	精车、精铰、精拉、精镗、精磨等	要求密合很好的接触面,如与滚动轴承配合的表面、销孔等;相对运动速度较高的接触面,如滑动轴承的配合表面、齿轮轮齿的工作表面等
0.80	微辨加工痕迹方向		
0.40	不可辨加工痕迹方向		
0.20	暗光泽面	研磨、抛光、超级精细研磨等	精密量具的表面,极重要零件的摩擦面,如气缸的内表面、精密机床的主轴颈、坐标镗床的主轴等
0.10	亮光泽面		
0.05	镜状光泽面		
0.025	雾状镜面		
0.012	镜面		

3. 表面结构标注用符号

1）图样上表示零件表面结构符号的画法，如图9-30所示，其中左边第一个符号为表面结构的基本符号。表面结构代号包括表面结构符号、参数值及其他有关规定。

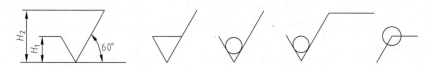

（单位：mm）

轮廓线的线宽 b	0.35	0.5	0.7	1	1.4	2	2.8
数字和字母高度 h（GB/T 14690）	2.5	3.5	5	7	10	14	20
符号的线宽 d' 数字与字母的笔画宽度 d	0.25	0.35	0.5	0.7	1	1.4	2
高度 H_1	3.5	5	7	10	14	20	28
高度 H_2（最小值）	7.5	10.5	15	21	30	42	60

图 9-30　表面结构符号的画法及参数

2）图样上表示零件表面结构符号的意义见表9-2。

表 9-2　表面结构符号的意义

符　　号	意义及说明
∨	基本符号,表示表面可用任何方法获得。当不加注表面结构参数值或有关说明（如表面处理、局部热处理状况等）时,仅适用于简化代号标注,没有补充说明时不能单独使用
∨	基本符号加一短画,表示表面是用去除材料的方法获得。例如,车、铣、钻、磨、剪切、抛光、腐蚀、电火花加工、气割等

（续）

符　　号	意义及说明
 （符号图）	基本符号加一小圆，表示表面是用不去除材料的方法获得。例如，铸、锻、冲压变形、热轧、冷轧、粉末冶金等。或者是用于保持原供应状况的表面（包括保持上道工序的状况）
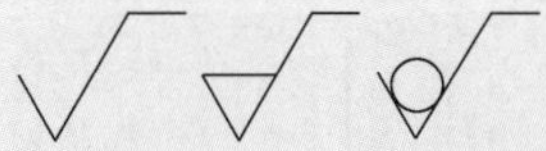 （三符号图）	在上述三个符号的长边上均可加一横线，用于标注有关参数和说明
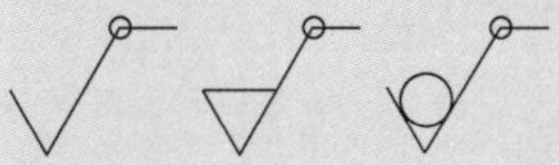 （三符号图）	在上述三个符号上均可加一小圆，表示某个视图上构成封闭轮廓的各表面具有相同的表面结构要求

3）评定表面结构的高度参数主要是轮廓算术平均偏差 Ra。表面粗糙度参数 Ra 值的标注见表9-3，其单位为 μm。

表9-3　表面粗糙度参数 Ra 值的标注

代　号	意　　义	代　号	意　　义
 $\sqrt{Ra\,3.2}$	用任何方法获得的表面，Ra 的上限值为 3.2μm	$\bigcirc Ra\,50$	用不去除材料方法获得的表面，Ra 的上限值为 50μm
$\sqrt{Ra\,3.2}$	用去除材料方法获得的表面，Ra 的上限值为 3.2μm	 $\sqrt{\begin{array}{l}U\,Ra\,3.2\\L\,Ra\,1.6\end{array}}$	用去除材料方法获得的表面，Ra 的上限值为 3.2μm，下限值为 1.6μm

表面结构有关内容注写的位置及意义如图 9-31 所示。

4. 表面结构的标注方法

1）在同一图样上，每一表面一般只标注一次表面结构代（符）号，并应标注在可见轮廓线、尺寸线、尺寸界线及其延长线上。

2）表面结构符号的尖端必须从材料外指向被标注表面。

3）图样上表面结构代号中数字的大小和方向必须与图中尺寸数字的大小和方向一致。

表面结构代号的标注方法及示例见表9-4。

a、b—注写两个或多个表面结构要求
c—注写加工方法或相关信息
d—注写表面纹理和方向
e—注写加工余量(mm)

图 9-31　表面结构有关内容注写的位置及意义

二、极限与配合

极限与配合是零件图和装配图中一项重要的技术要求，也是检验产品质量的重要技术指标。

（一）极限与配合的意义

在日常生活中，如灯泡坏了，买个新的安上即可使用，这是因为灯泡和灯头具有互换性。机器中相同规格的零件，任取其中一个，不经挑选和修配就能顺利地装配到机器上，并满足机器性能要求的性质，称为互换性。

表 9-4　表面结构代号的标注方法及示例

图　例	说　明	图　例	说　明
Ra 3.2　Ra 1.6　Ra 0.4　Ra 1.6　Ra 3.2　Ra 12.5　Ra 25	代号中数字的方向必须与尺寸数字方向一致,对其中使用最多的一种代(符)号可以统一标注在图样标题栏附近	1 2 3 4 5 6	当零件封闭轮廓的六个面具有共同的表面结构要求时(不包括前后面)可按图例标注
z z y z z y y Ra 1.6 Ra 0.8 Ra 25 Ra 25	可以标注简化代号,但要在图形或标题栏附近说明这些简化代号的意义	Ra 6.3	当零件所有表面具有相同的特征时,其代(符)号可在图样的标题栏附近统一标注
Ra 3.2 φ Ra 25 2×φ Ra 12.5	零件上不连续的同一表面,可用细实线连接,其表面结构要求只标注一次	Ra 1.6 Ra 1.6	齿轮的齿面表面结构代号应注在分度线上
		Ra 1.6 M8×1-6h Ra 1.6 Ra 1.6 Rc1/2 M8×1-6h	螺纹的表面结构代号应注在尺寸线上
Ra 12.5 Ra 12.5 Ra 3.2 Ra 3.2 Ra 3.2 Ra 12.5 Ra 12.5 30° 30° Ra 3.2 Ra 3.2 Ra 12.5 Ra 12.5 Ra 12.5	各倾斜表面代号的注法。符号的尖端必须从材料外指向表面,对着尖端看长边在右。代号中数字的大小与方向应与同一图样的尺寸数字一致	抛光 Ra 1.6	零件上连续表面及重复要素(孔、槽、齿……)的表面,只标注一次

零件具有互换性，便于采用专用刀具、量具和先进工艺，进行大规模生产，实行生产专业化和协作化，而且可以保证产品质量，提高劳动生产率，降低产品成本且便于维修。零部件具有互换性，还能促进工业产品的标准化和系列化。极限与配合制度是实现互换性的重要基础。

（二）极限的有关术语及定义（GB/T 1800.1—2009）《产品几何技术规范（GPS）极限与配合　第1部分：公差、偏差和配合的基础》

零件在加工过程中，由于机床精度、刀具磨损、测量误差等因素的影响，尺寸不可能做得绝对准确。为保证互换性，必须将零件尺寸误差限制在一定的范围内，规定出尺寸的两个极端。下面以图9-32所示为例说明极限的有关术语。

（1）公称尺寸　由图样规范确定的理想形状要素的尺寸。通过它并应用上、下极限偏差可算出极限尺寸。

（2）实际尺寸　通过测量获得的某一孔、轴的尺寸。

（3）极限尺寸　尺寸要素允许的尺寸的两个极端。实际尺寸应位于其中，也可达到极限尺寸。其中尺寸要素允许的最大尺寸称为上极限尺寸，尺寸要素允许的最小尺寸称为下极限尺寸。

（4）偏差　某一尺寸（实际尺寸、极限尺寸等）减其公称尺寸所得的代数差。上极限尺寸和下极限尺寸减其公称尺寸所得的代数差，分别称为上极限偏差和下极限偏差，即

$$上极限偏差＝上极限尺寸－公称尺寸$$
$$下极限偏差＝下极限尺寸－公称尺寸$$

上极限偏差和下极限偏差称为极限偏差。它可以是正值、负值或零。

国家标准中规定：孔的上极限偏差代号为大写字母 ES，下极限偏差代号为大写字母 EI；轴的上极限偏差代号为小写字母 es，下极限偏差代号为小写字母 ei。

（5）尺寸公差（简称公差）　允许尺寸的变动量。

$$尺寸公差 ＝ 上极限尺寸 － 下极限尺寸$$
$$＝ 上极限偏差 － 下极限偏差$$

因为上极限尺寸总是大于下极限尺寸，所以，尺寸公差是一个没有符号的绝对值。

（6）极限制　经标准化的公差与偏差制度。

（7）零线　在极限与配合图解中，表示公称尺寸的一条直线，以其为基准确定偏差和公差，如图9-32所示。通常，零线沿水平方向绘制，正偏差位于零线上方，负偏差位于零线下方。

（8）公差带　在公差带图解中，由代表上极限偏差和下极限偏差或上极限尺寸和下极限尺寸的两条直线所限定的一个区

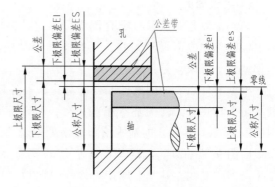

图9-32　极限与配合示意图

域。它由公差大小及其相对零线位置的基本偏差来确定，如图9-33所示。

（三）标准公差与基本偏差

公差带由公差带大小和公差带位置两个要素组成。公差带大小由标准公差确定，公差带位置由基本偏差确定，如图9-34所示。

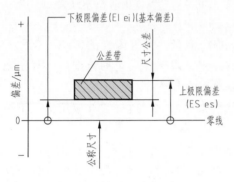

图9-33 公差带图解

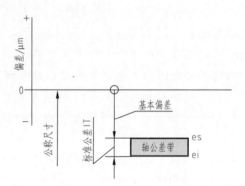

图9-34 轴公差带大小及位置

1. 标准公差及标准公差等级

《极限与配合》国家标准中，所规定的任一公差称为标准公差。标准公差符号IT（ISO Tolerance）为国际公差的符号。

公差等级是确定尺寸精确程度的等级。公差等级的代号用阿拉伯数字表示。在极限与配合制中，同一公差等级（如IT7）对所有公称尺寸的一组公差被认为具有同等精确程度。GB/T 1800.1—2009《产品几何技术规范（GPS）极限与配合 第1部分：公差、偏差和配合的基础》规定，标准公差等级在公称尺寸至500mm内分为20级，用阿拉伯数字01、0、1、2、…、18表示。标准公差代号由标准公差符号IT加公差等级数字组成，即IT01、IT0、IT1、IT2、…、IT18。IT01公差最小，精确度最高；IT18公差最大，精确度最低。其中IT5~IT12用于配合尺寸，IT12~IT18用于非配合尺寸。在公称尺寸大于500~3150mm内规定了IT1~IT18共18个标准公差等级。标准公差等级IT01和IT0在工业中很少用到，所以标准正文中没有给出该两公差等级的标准公差数值，用到时可在国家标准中查到。标准公差数值见附表21。

2. 基本偏差

基本偏差是在极限与配合制中，确定公差带相对零线位置的那个极限偏差。它可以是上极限偏差或下极限偏差，一般指靠近零线的那个偏差。当公差带在零线上方时，基本偏差为下极限偏差；反之，则为上极限偏差。图9-34所示的基本偏差为上极限偏差。

根据实际需要，国家标准分别对孔、轴各规定了28个基本偏差，其代号用拉丁字母表示。大写字母为孔的基本偏差代号，小写字母为轴的基本偏差代号。基本偏差系列如图9-35所示。轴和孔的基本偏差数值见附表22和附表23。

由图9-35可知，轴的基本偏差中a~h为上极限偏差，j~zc为下极限偏差，js完全对称于公差带零线，其基本偏差可为（+IT/2），也可为（-IT/2）。

孔的基本偏差中A~H为下极限偏差，J~ZC为上极限偏差，JS完全对称于公差带零线，其基本偏差可为（+IT/2），也可为（-IT/2）。

在基本偏差系列图（图9-35）中，只表示出孔和轴的一个偏差（除JS、js外），公差带一端是开口的。另一偏差可以从极限偏差数值表中查出（附表27、附表28中仅给出了优先配合中轴和孔的极限偏差），也可以按下式计算：

孔　ES＝EI+IT 或 EI＝ES-IT

轴　es＝ei+IT 或 ei＝es-IT

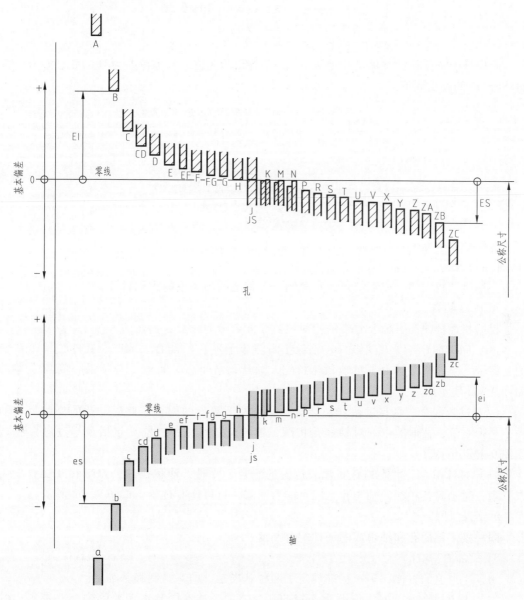

图9-35　基本偏差系列

3. 孔、轴的公差带代号

公差带代号由基本偏差代号和标准公差等级代号组成，并且要用同一号大小的字体书写。

例如，$\phi 50H8$ 的含义如下：

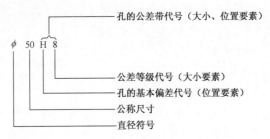

此代号的全称是：公称尺寸为 $\phi 50$，公差等级为 8 级，基本偏差为 H 的孔公差带。再如，$\phi 50f7$ 的含义如下：

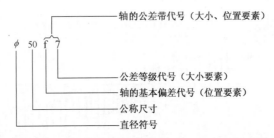

此代号的全称是：公称尺寸为 $\phi 50$，公差等级为 7 级，基本偏差为 f 的轴公差带。

（四）配合

公称尺寸相同的、相互结合的孔和轴公差带之间的关系称为配合。

1. 配合种类

根据相配合的孔、轴公差带的相对位置，配合分为三类：

（1）间隙配合　具有间隙（包括最小间隙等于零）的配合。此时，孔的公差带在轴的公差带之上，任取其中一对轴和孔相配，轴与孔之间总有间隙（包括最小间隙为零），如图 9-36a 所示。

（2）过盈配合　具有过盈（包括最小过盈等于零）的配合。此时，孔的公差带在轴的公差带之下，任取其中一对轴和孔相配，轴与孔之间总有过盈（包括最小过盈为零），如图 9-36b 所示。

（3）过渡配合　可能具有间隙或过盈的配合。此时，轴和孔的公差带相互交叠，任取其中一对轴和孔相配，轴与孔之间可能有间隙，也可能有过盈，如图 9-36c 所示。

2. 配合制

同一极限制的孔和轴组成的一种配合制度。

3. 配合的基准制

为了生产上的方便，国家标准规定了两种基准制，即基孔制和基轴制。

（1）基孔制配合　基本偏差为一定的孔公差带，与不同基本偏差的轴公差带形成各种配合的一种制度，称为基孔制配合。该制度是孔的下极限尺寸与公称尺寸相等，孔的下极限偏差为零的一种配合制，如图 9-37a 所示。它是在同一公称尺寸的配合中，将孔的公差带位置固定，通过变动轴的公差带位置，得到各种不同的配合。

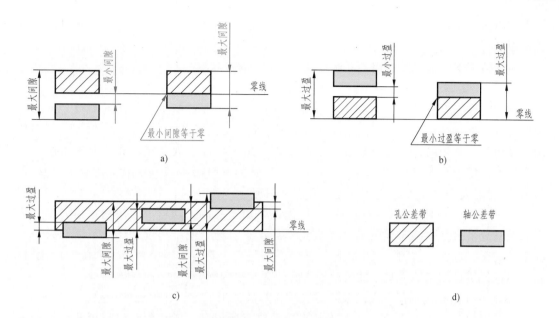

图 9-36　配合的示意图

a）间隙配合　b）过盈配合　c）过渡配合　d）孔轴公差带示意

在基孔制配合中选作基准的孔称为基准孔。国家标准规定，基准孔以基本偏差代号 H 表示，其下极限偏差为零。

（2）基轴制配合　基本偏差为一定的轴公差带，与不同基本偏差的孔公差带形成各种配合的一种制度，称为基轴制配合。该制度是轴的上极限尺寸与公称尺寸相等，轴的上极限偏差为零的一种配合制，如图 9-37b 所示。它是在同一公称尺寸的配合中，将轴的公差带位置固定，通过变动孔的公差带位置，得到各种不同的配合。

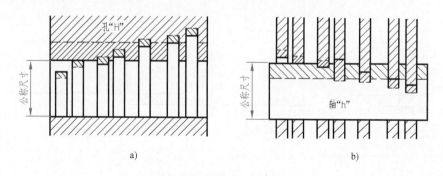

图 9-37　配合的基准制

a）基孔制配合　b）基轴制配合

注：1）水平实线代表孔或轴的基本偏差。

2）虚线代表另一极限，表示孔和轴之间可能的不同组合与它们的公差等级有关。

在基轴制配合中选作基准的轴称为基准轴。国家标准规定，基准轴以基本偏差代号 h 表示，其上极限偏差为零。

从基本偏差系列图（图 9-35）中不难看出：在基孔制（基轴制）中，基准孔 H 与轴配合（基准轴 h 与孔配合），a~h（A~H）用于间隙配合，j~zc（J~ZC）用于过渡配合和过盈配合。

一般情况下，应优先选用基孔制配合。

（五）极限与配合的选用

（1）尽量选用优先公差带和优先配合　根据机械工业产品生产使用的需要，考虑到定值刀具、量具规格的统一，国家标准规定了一般用途的孔公差带 105 种，轴公差带 119 种以及优先、常用的孔、轴公差带，见附表 24。国家标准还规定在轴孔公差带中组合成基孔制的常用配合 59 种，优先配合 13 种；基轴制的常用配合 47 种，优先配合 13 种，见附表 25 和附表 26。应尽量选用优先配合和常用配合。

（2）优先选用基孔制　一般情况下，优先采用基孔制，这样可以限制定值刀具、量具的规格数量。基轴制通常用于具有明显经济效益的场合或结构设计要求不适合采用基孔制的场合。例如：使用一根冷拔圆钢做轴，轴与几个具有不同公差带的孔配合，此时，轴可不进行机械加工；一些标准滚动轴承的外圈与孔的配合，也采用基轴制。

（3）可选用孔比轴低一级的公差等级　为降低加工成本，在保证使用要求的前提下，应当使选用的公差为最大值。孔加工起来较困难，所以，一般在配合中选用孔比轴低一级的公差等级，如 H8/h7。

（六）极限与配合的标注

1. 在零件图上的标注方法

在零件图上标注极限有三种形式：

（1）标注公差带的代号（图 9-38b）　这种注法与采用专用量具检验零件统一起来，以适应大批量生产的需要。因此，不需标注偏差数值。

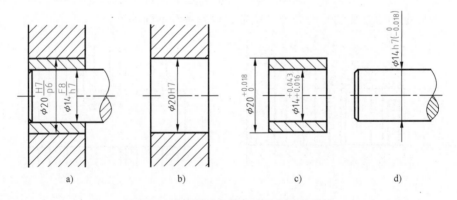

图 9-38　在图样上极限与配合的标注方法

（2）标注偏差数值（图 9-38c）　上极限偏差标注在公称尺寸的右上方，下极限偏差应与公称尺寸注在同一底线上，偏差的数字用比公称尺寸数字小一号的字体书写。如果上极限偏差或下极限偏差为零，则可简写为"0"，另一极限偏差仍标注在原来的位置上，如图 9-39a 所示。如果上、下极限偏差的数值相同，则在公称尺寸之后标注"±"符号，再填写一个极限偏差数值。这时，数值的字体大小与公称尺寸字体的大小相同，如图 9-39b 所示。这种注法主要用于单件和小批量生产，以便于用通用量具测量检验，减少查表时间。

（3）公差带代号与偏差数值一起标注（图9-38d） 极限偏差值写在公差带代号之后，并加"（ ）"。

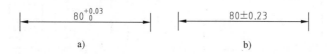

图 9-39 极限偏差数值的标注

a）上极限偏差或下极限偏差为"0"时的注法 b）上、下极限偏差数值相同时的注法

2. 在装配图中的标注方法

配合代号由两个相互结合的孔和轴的公差带代号所组成，用分数形式表示，分子为孔的公差带代号，分母为轴的公差带代号。标注的通式如下：

$$\text{公称尺寸}\frac{\text{孔的公差带代号}}{\text{轴的公差带代号}}$$

如图9-38a所示的标注示例。

必要时，也允许按"公称尺寸 孔的公差带代号/轴的公差带代号"的形式标注。

（七）极限与配合标准表的使用

由公差带代号查极限偏差，首先应明确它所代表的意义，并应掌握查阅极限与配合标准表的方法。

例 9-1

查表写出 $\phi18\dfrac{H8}{f7}$ 和 $\phi14\dfrac{N7}{h6}$ 的极限偏差数值，并说明其属于何种配合制度和配合类别。

解 $\phi18\dfrac{H8}{f7}$ 中的 H8 为基准孔的公差带代号，f7 为轴的公差带代号。

（1）$\phi18$H8 基准孔的极限偏差 可由附表 28 中查得。在附表 28 中，由公称尺寸大于 14mm 至 18mm 的行和公差带为 H8 的列相交处查得 $^{+27}_{\ \ 0}$ μm（即 $^{+0.027}_{\ \ \ 0}$ mm），这就是基准孔的上、下极限偏差。所以 $\phi18$H8 应写成 $\phi18^{+0.027}_{\ \ \ \ 0}$ mm。基准孔的公差为 0.027mm。这在标准公差数值表（附表 21）中，IT8 的列与公称尺寸大于 10mm 至 18mm 的行相交处也能找到 27μm（即 0.027mm）。

（2）$\phi18$f7 轴的极限偏差 可由附表 27 中查得。在附表 27 中，由公称尺寸大于 14mm 至 18mm 的行和公差带为 f7 的列相交处查得 $^{-16}_{-34}$ μm（即 $^{-0.016}_{-0.034}$ mm），这就是轴的上极限偏差和下极限偏差。所以 $\phi18$f7 应写成 $\phi18^{-0.016}_{-0.034}$ mm。

从 $\phi18\dfrac{H8}{f7}$ 的公差带图（图9-40a）中，可以看出孔的公差带在轴的公差带之上，因而该配合为基孔制间隙配合。

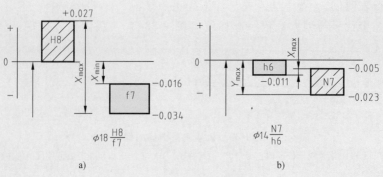

图 9-40 公差带图

（3）φ14h6 基准轴的极限偏差　可由附表 27 中查得。在附表 27 中，由公称尺寸大于 10mm 至 14mm 的行和公差带为 h6 的列相交处查得 $^{\ 0}_{-11}$ μm（即 $^{\ 0}_{-0.011}$ mm），这就是基准轴的上、下极限偏差。所以 φ14h6 应写成 $φ14^{\ 0}_{-0.011}$ mm。基准轴的公差为 0.011mm。

（4）φ14N7 孔的极限偏差　可由附表 28 中查得 $^{-5}_{-23}$ μm（即 $^{-0.005}_{-0.023}$ mm），这就是孔的上、下极限偏差。所以 φ14N7 应写成 $φ14^{-0.005}_{-0.023}$ mm。

从 $φ14\dfrac{N7}{h6}$ 的公差带图（图 9-40b）中，可以看出孔的公差带与轴的公差带交叠，因而该配合为基轴制过渡配合。

另外，由 $φ18\dfrac{H8}{f7}$ 的公差带图（图 9-40a）可以看出，最大间隙（$X_{\max}$）为 +0.061mm，最小间隙（$X_{\min}$）为 +0.016mm；从 $φ14\dfrac{N7}{h6}$ 的公差带图（图 9-40b）可以看出，最大间隙（$X_{\max}$）为 +0.006mm，最大过盈（$Y_{\max}$）为 +0.023mm。

三、几何公差

零件经加工后，不仅会出现尺寸误差，还会产生表面几何形状和相对位置误差。零件的这种形状和位置误差，对机器的工作性能和使用寿命都有一定的影响。因此，对于较重要的零件，除了控制其表面结构、尺寸误差外，有时还要对其形状和位置加以限制，给出经济、合理的误差允许值，称为几何公差。

1. 几何公差的符号

几何公差项目及其符号见表 9-5。

2. 几何公差的标注

标准中规定应用框格标注几何公差。

公差框格用细实线画出，框格高度是图样中尺寸数字高度的两倍，其长度视需要而定。框格中的符号要根据 GB/T 14691—1993《技术制图　字体》的规定书写，框格中的数字及字母与图样中的数字等高。框格中第一格为公差符号，第二格为公差数值及有关

表 9-5　几何公差项目及其符号（GB/T 1182—2008）《产品几何技术规范（GPS）几何公差　形状、方向、位置和跳动公差标注》

分类	项目	符号	分类	项目	符号
形状公差	直线度	—	方向公差	平行度	∥
	平面度	▱		垂直度	⊥
	圆　度	○		倾斜度	∠
	圆柱度	⌭	位置公差	同轴度	◎
形状、方向或位置公差	线轮廓度	⌒		对称度	⊜
				位置度	⊕
	面轮廓度	⌓	跳动公差	圆跳动	↗
				全跳动	⌰

符号，第三格及以后各格为基准代号字母和有关符号。图 9-41 所示为几何公差的标注。

（1）被测要素的标注方法　被测要素是给出几何公差要求的要素。标注时用带箭头的指引线将被测要素与公差框格一端相连，指引线箭头应指向公差带的宽度方向或直径方向。

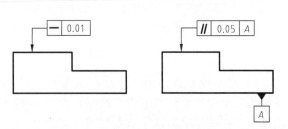

图 9-41　几何公差的标注

1）当被测要素为直线或表面时，指引线箭头应指在该要素的轮廓线或其延长线上，并应明显地与尺寸线错开，如图 9-42a、b 所示。

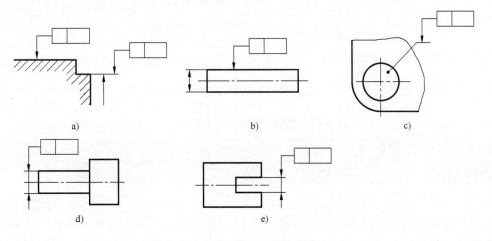

a)　　　　　　　　　　b)　　　　　　　　　　c)

d)　　　　　　　　　　e)

图 9-42　几何公差标注的引出方法一

2）当被测要素为实际表面时，指引线箭头可置于带点的参考线上，该点指在实际表面上，如图 9-42c 所示。

3）当被测要素为轴线、球心或中心平面时，指引线箭头应与该要素的尺寸线对齐，如图 9-42d、e 所示。

（2）基准要素的标注方法 几何公差还必须表示出基准要素，通常在框格的第三格标以基准要素代号的字母（要用大写字母），并在基准要素处画出基准代号与之对应。基准代号由基准符号、方框、连线和字母组成。基准符号用涂黑的三角表示，方框和连线用细实线绘制，连线必须与基准要素垂直，如图 9-41b 所示。基准符号的标注位置可有：

1）当基准为素线或表面时，基准符号应靠近该要素的轮廓线或其延长线标注，并应明显地与尺寸线错开，如图 9-43a 所示。

2）当基准要素为实际表面时，基准符号可置于用圆点指向实际表面的参考线上，如图 9-43b 所示。

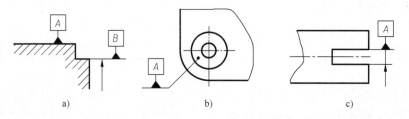

a)　　　　　　　　　　b)　　　　　　　　　　c)

图 9-43　几何公差标注的引出方法二

3）当基准要素为轴线、球心或中心平面时，基准符号应与该要素的尺寸线箭头对齐。若尺寸线处安排不下两个箭头，则另一箭头可用涂黑的三角代替，如图 9-43c 所示。几何公差在图样中的标注示例如图 9-44 所示。

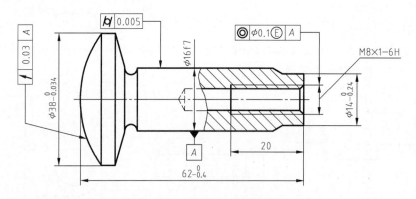

图 9-44　几何公差在图样中的标注示例

第五节　零件测绘

零件测绘是对现有的零件进行分析、测量、制订技术要求后绘制出草图，并整理成工作图的过程。零件测绘广泛用于机器的维修及重造过程。测绘工作常在零件拆卸现场进行，一般先画出零件草图，然后根据草图画成工作图。

零件草图的内容与零件图相同，只是绘零件草图需目测零件各部分比例，然后再徒手画在方格纸或白纸上。不能认为草图就可潦草地画，而应认真对待。

一、零件测绘的步骤与方法

（1）了解、分析测绘对象　了解零件名称、材料及其作用。

（2）对零件进行构形分析　零件的每个结构都有一定功用，所以必须弄清它们的工作部分与连接部分及其功用。这项工作对破旧、磨损及带有某些缺陷零件的测绘显得尤为重要。

（3）拟订零件的表达方案　确定主视图，根据完整、清晰地表达零件的需要，画出其他视图。

（4）绘制草图

1）布图，即在图纸上定出各视图的中心线和基准线，如图 9-45a 所示。在安排每个视图的位置时，应留有标注尺寸的地方，图纸右下角应留有画标题栏的位置。

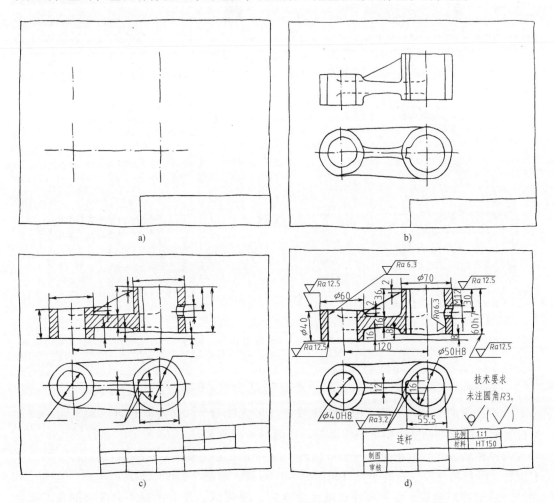

图 9-45　连杆零件草图

2）画出各部分的投影。采用各种表达方法完整、清晰地画出零件的内部及外部结构形状，如图 9-45b 所示。

3）检查校核。对所画视图进行认真的检查、校核后，将全部轮廓描深，画出剖面线，并选择基准，画出尺寸界线、尺寸线及箭头，如图 9-45c 所示。

4）测量尺寸并拟订技术要求，将尺寸数字、技术要求填入图中，如图 9-45d 所示。

（5）画零件工作图 零件草图是在现场测绘的，有些问题只要表达清楚就可以了，不一定是最完善的。因此，在整理成工作图时，会发现草图的缺点或错误，应予以改正，经复查、补充、修改后，即可画出零件工作图。

二、测量工具及测量方法

1. 测量工具

简单的测量工具有钢直尺、内卡钳、外卡钳、游标卡尺及千分尺等，如图 9-46 所示。

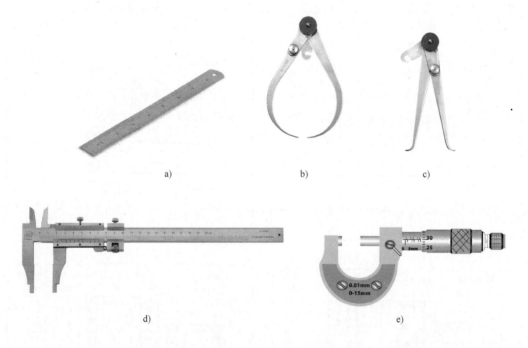

a)　　　　　　　　　　b)　　　　　　　　　　c)

d)　　　　　　　　　　　　e)

图 9-46　测量工具

a）钢直尺　b）外卡钳　c）内卡钳　d）游标卡尺　e）千分尺

2. 测量方法

（1）长度的测量 一般可用钢直尺或钢卷尺直接测量，必要时还可借助直角尺或三角板与钢直尺配合测量，精度要求高时可用游标卡尺测量。

（2）回转面直径的测量 一般可用内、外卡钳测量（图 9-47a、b），然后再在钢直尺上读数。测量精度要求较高时，可用游标卡尺测量，如图 9-47c 所示。

（3）壁厚的测量 测量零件壁厚尺寸 B 时，可用内、外卡钳或外卡钳与钢直尺配合

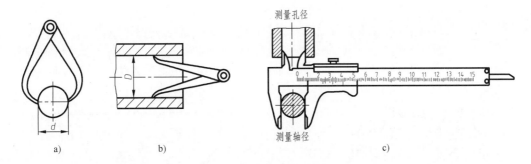

图 9-47　回转面直径的测量

a）外卡钳测量外径　b）内卡钳测量内径　c）游标卡尺测量内、外径

测量，如图 9-48 所示。

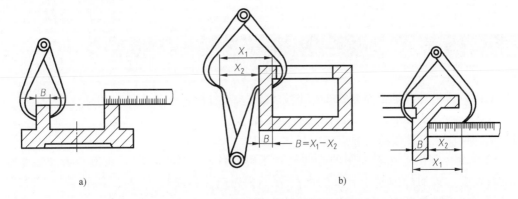

图 9-48　壁厚的测量

a）壁厚的直接测量　b）壁厚的间接测量

（4）测量孔距及中心高　孔径相等时，可直接用钢直尺或卡钳测量，如图 9-49a 所示；孔径不等时，可按图 9-49b 所示的方法量得；孔中心高的测量方法如图 9-49c 所示。

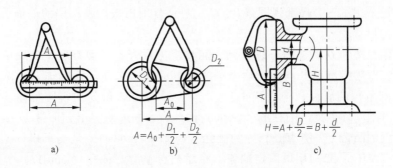

$$A=A_0+\frac{D_1}{2}+\frac{D_2}{2}$$

$$H=A+\frac{D}{2}=B+\frac{d}{2}$$

图 9-49　孔距及中心高的测量

（5）测量圆角　一般用圆角规测量。一套圆角规有很多规片，用其中的一片测量圆角，直至规片与圆角完全吻合时，读出规片上的数值即可，如图 9-50 所示。

（6）测量角度　可用量角规测量，如图 9-51 所示。

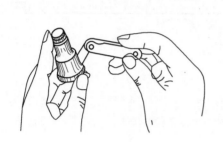

图 9-50　测量圆角

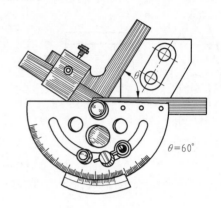

图 9-51　测量角度

第六节　读零件图

前面曾讨论过读组合体视图的方法，这是读零件图的重要基础。在设计、生产、学习及技术交流等活动中，读零件图是一项非常重要的工作。下面以蜗轮减速器箱体零件图为例，说明读零件图的一般方法和步骤，如图 9-52 所示。

（1）看标题栏　从零件图的标题栏，了解零件的名称、材料、比例以及出图单位、出图日期等。该图标题栏中零件的名称为"蜗轮减速器箱体"，材料为铸铁（HT200）。它是用来支承和包容传动件蜗杆和蜗轮的，其形体特征是薄壁、中空。

（2）分析视图，读懂零件的结构、形状　开始读图时，必须首先找到主视图，弄清视图关系；其次分析各视图的表达方法，如选用视图、剖视的意图，剖切面位置及投射方向等；最后，按照形体分析、线面分析法等，利用各视图的投影对应关系，想像出零件的结构、形状。由图 9-52 可以看到，整个零件图的主视图采用全剖视图，俯视图采用半剖视图，还采用了三个局部视图（B、C、D），分别用来反映箱体的前面、右面、底面上的局部结构形状。

从主、俯视图和 D 向视图可以看到，箱体上方敞开，下面有底，右壁和前、后壁大致为平板，左壁为半圆筒并与前、后壁的平板相切。在箱体下面的前、后两边各有一块长方形（带圆角）的底板，构成"箱脚"。从主、俯视图和 B 向视图可以看到，在箱体前、后壁上分别向外侧突出圆柱形（φ100）的凸台，向内侧突出方形带 1/4 圆角的凸台。在前、后两壁的凸台上各有直径相等的圆孔（φ62H7），它们就是支承蜗杆的轴孔，上面的三个螺孔（M10 ⊤ 32）用以固定端盖。底面凸台上的圆柱孔（φ60H7）显然是蜗轮的轴孔。C 向视图所表达的圆柱孔和管螺纹孔（G3/8）为观油孔和泄油孔。D 向视图表达地脚及地脚螺钉孔和销钉孔。

（3）分析尺寸，了解技术要求　确定各方向的尺寸基准，分析各部分的定形尺寸、定位尺寸及整体尺寸。了解各配合面的尺寸公差、各表面的结构要求及其他要达到的指标。

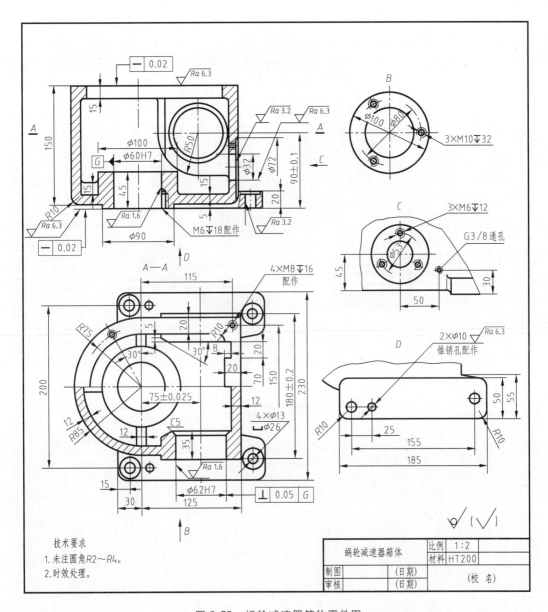

图 9-52　蜗轮减速器箱体零件图

从图 9-52 中可见，零件前、后方向的对称中心平面、零件的底面及蜗轮轴孔轴线，分别为减速器箱体三个方向的主要尺寸基准。蜗轮轴孔直径（φ60H7）、蜗杆轴孔直径（φ62H7）及它们的中心距（75±0.025）等尺寸都注有尺寸公差。另外，箱体的上面、底面、轴孔的轴线都标有几何公差。

将读懂的零件结构、形状、所注尺寸以及技术要求等内容综合起来，想像出零件的全貌，这样就看懂了一张零件图，如图 9-53 所示。

有时为了看懂比较复杂的零件图，还需要参看有关的技术文件和资料，包括读零件所在部件的装配图以及相关的零件图。

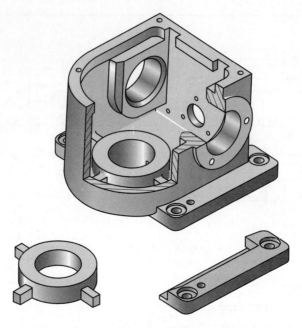

图 9-53　蜗轮减速器箱体立体图

思政拓展
大国工匠：大技贵精

第一节　装配图的作用及内容

一、装配图的作用

一台机器或一个部件都是由若干零件按一定的装配关系和技术要求组装起来的。表示机器或部件的图样，称为装配图。它是表达设计思想及进行技术交流的工具，是指导生产的基本技术文件。无论是设计机器或测绘机器都必须画出装配图。

装配图要准确地反映出设计者的设计意图，表达出机器（或部件）的工作原理、性能要求、零件间的装配关系和零件的主要结构形状，以及在装配、检验、安装时所需要的尺寸数据和技术要求等。装配图及零件图与设计、测绘、生产等环节之间的关系可由图 10-1 所示的框图来说明。

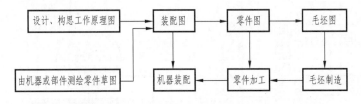

图 10-1　装配图及其他环节关系框图

从框图来看，装配图有两个来源，一是设计机器（或部件）时，首先要根据工作原理图设计绘制装配图，再由装配图拆画零件图；二是测绘机器（或部件）时，要根据零件画出零件草图，再由零件草图绘制装配图。

二、装配图的内容

一张完整的装配图应具备四项内容。图 10-2 所示的球阀装配图是一个典型的图例，

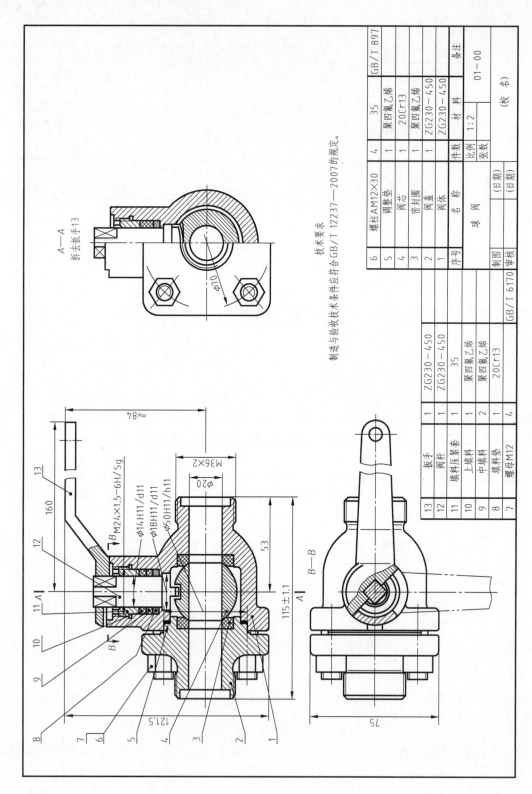

图 10-2 球阀装配图

其具体内容如下：

（1）一组图形　用规定的各种图样画法正确、完整、清晰、简便地表达出机器（或部件）的工作原理、各零件之间的装配关系、连接方式以及零件的主要结构形状等。

（2）几类尺寸　由于装配、检验、安装、使用机器的需要，在装配图中必须标注反映机器（或部件）的性能、规格、安装、部件或零件间的相对位置、配合要求等方面的尺寸。

（3）技术要求　用文字或符号注明机器（或部件）的性能、质量、装配、检验、调整、使用等方面的要求。

（4）标题栏、明细栏和零部件编号　根据组织生产和管理工作的需要，按一定的格式，将零部件编号，并填写标题栏和明细栏。

图 10-3 所示为球阀装配轴测图。

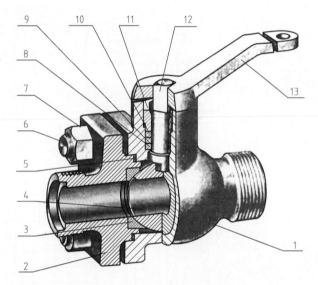

图 10-3　球阀装配轴测图

1—阀体　2—阀盖　3—密封圈　4—阀芯　5—调整垫　6—螺柱　7—螺母
8—填料垫　9—中填料　10—上填料　11—填料压紧套　12—阀杆　13—扳手

第二节　装配图的画法

第七章所介绍的图样画法对于装配图也是适用的，但是装配图的画法也有它自身的一些特点。装配图要表达的是机器（或部件）的总体情况。为了清晰又简便地表达出机器（或部件）的工作原理、装配关系和内、外部的结构形状等，国家标准《机械制图》还对装配图提出了一些规定画法和特殊画法。

一、规定画法

1）两相邻零件的接触面和有配合关系的表面规定只画一条线。不接触的两相邻表面按投影位置分别画线。

2）在剖视图中，相邻两金属零件的剖面线的倾斜方向应相反，或者方向一致而间隔不同。若三个以上零件相邻时，采用同一倾斜方向剖面线的两个相邻零件应采用不同的剖面线间隔。在同一张装配图的各个视图中，同一零件的剖面线方向与间隔必须一致。

3）对于一些实心杆件（如轴、连杆、钩子等）和一些标准件（如螺母、螺栓、键、销等），若剖切平面通过其对称平面或轴线时，这些零件均按不剖绘制。如图10-2所示主、左视图中的阀杆（12）和图10-4所示主视图中的泵轴（4）及销、螺栓。如果需要特别表明这些零件的局部结构，可采用局部剖视表达。其他剖切情况均应按剖视绘制，如图10-4中泵轴4、销和螺栓，在右视图中即按剖视绘制。

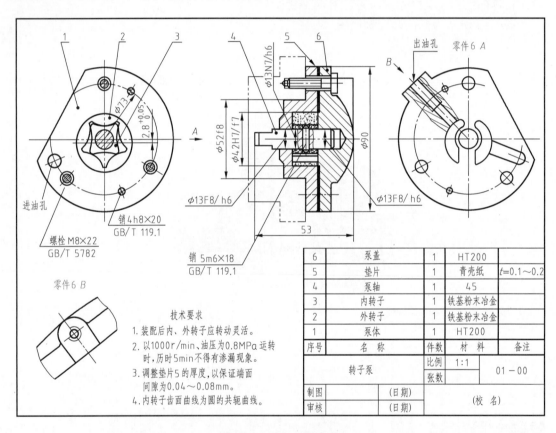

图 10-4　转子泵装配图

二、特殊画法

1. 沿零件接合面剖切画法

为了表达内部结构，可采用沿接合面剖切的画法。如图10-4所示，转子泵右视图就是沿泵盖和泵体的接合面剖切后画出的。接合面上不画剖面符号，被剖切的螺栓、销和泵轴4要绘制剖面线。

2. 拆卸画法

当某一个或几个零件在装配图的某一视图中遮住了部分装配关系或其他零件时，可

假想拆去一个或几个零件，只画出所要表达部分的视图，这种画法称为拆卸画法。如图 10-2 所示，球阀装配图中的 A—A 剖视图就是拆去扳手 13 后画出的。

3. 单独表示某一零件

在装配图中，当某个零件需要表达的结构形状在装配图中尚未表达清楚时，可单独画出该零件的某一视图。如图 10-4 所示件 6 的 A 向视图即单独表达了泵盖。

4. 夸大画法

在画装配图时，有时会遇到薄片零件、细丝弹簧、微小间隙和小斜度、小锥度等。若按它们的实际尺寸画图，则难于画出或难以表达其结构，此时这些结构可适当地采用夸大画法。如图 10-2 所示球阀中调整垫 5 的厚度，就是夸大画出的。

5. 假想画法

为了表示与部件有装配或安装关系，但又不属于本部件的其他相邻零部件的轮廓线用双点画线画出。如图 10-4 所示主视图中的双点画线即表示了转子泵与机体的连接情况。

为了表示运动件的运动范围或极限位置，可先在一个极限位置上画出该零件，然后在另一个极限位置上用双点画线画出其轮廓，如图 10-2 所示俯视图中球阀扳手的竖直位置。

6. 展开画法

为了表达某些重叠的装配关系，如多级传动变速箱，欲表达齿轮传动顺序和装配关系，可以假想将重叠的空间轴系按其传动顺序展开在一个平面上，画出其剖视图，并标注"×—×"展开。这种画法称为展开画法。如图 10-5 所示，交换齿轮架装配图就采用了展开画法。

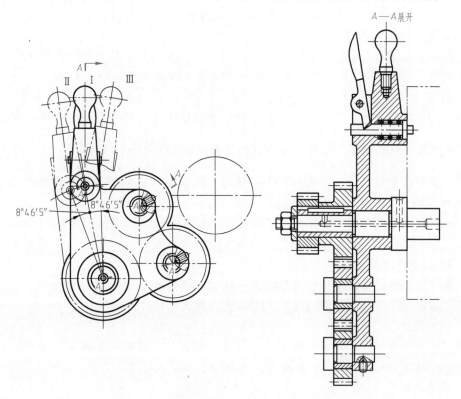

图 10-5　交换齿轮架

三、简化画法

1）在装配图中，零件的工艺结构，如圆角、倒角、退刀槽、凹坑、凸台等允许不画。

2）在装配图中，若干相同的零件组（如螺纹联接件等），在不影响理解的前提下，允许详细地画出一处或几处，其余可用细点画线表示其中心位置。

3）在装配图中，滚动轴承允许采用国家标准规定的简化画法（图10-6）和示意画法。

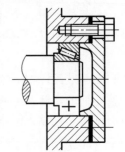

当剖切平面通过某些部件（这些部件为标准产品或已由其他图形表示清楚）的对称中心线或轴线时，该部件可按不剖绘制。

图10-6 轴承的简化画法

第三节 装配图上的尺寸标注和技术要求

一、装配图上的尺寸标注

装配图不是制造零件的直接依据，因此，装配图中不需要注出零件的全部尺寸，而只需要注出一些必要的尺寸。这些必要的尺寸按其作用不同，大致可分为以下几类。

1. 性能（规格）尺寸

它是表示机器（或部件）性能（规格）的尺寸。这些尺寸在设计时就已确定，它也是设计机器、了解和选用机器的依据，如图10-2所示球阀的管口直径 $\phi20$。

2. 装配尺寸

（1）配合尺寸 它是表示两个零件之间有配合性质的尺寸，也是拆画零件图时确定零件尺寸极限偏差的依据。如图10-4所示转子泵装配图上的 $\phi42\dfrac{H7}{f7}$。

（2）相对位置尺寸 它是表示装配机器时，需要保证的零件间相对位置的尺寸，如图10-4所示转子泵装配图中的 $\phi73$。

（3）连接尺寸 零件间连接所需要的尺寸，如图10-2所示填料压紧套11和阀体1螺纹联接尺寸 M24×1.5-6H/5g。

3. 安装尺寸

机器（或部件）安装时，与地基或其他机器或部件相连接时所需要的尺寸，称为安装尺寸，如图10-2所示的 115±1.1、M36×2 皆为安装尺寸。

4. 外形尺寸

表示机器（或部件）外形轮廓大小的尺寸，即总长、总宽和总高。它为包装、运输和安装过程所占空间大小提供了数据。如图10-2所示的尺寸 121.5 等。

5. 其他重要尺寸

未包括在上述几类尺寸中的其他重要尺寸，如设计计算确定的尺寸、运动零件活动范围的极限尺寸等。

上述五类尺寸之间不是孤立无关的。实际上，有的尺寸往往同时具有多种作用。如图 10-2 所示球阀中的尺寸 115±1.1，既是外形尺寸，又与安装有关。此外，一张装配图中有时也并非全部具备上述五类尺寸。因此，对装配图中的尺寸需要具体分析，然后再进行标注。

二、装配图的技术要求

不同性能的机器（或部件），其技术要求也各不相同。因此，拟订某一机器（或部件）的技术要求时也要进行具体分析。

（1）装配要求　包括装配后必须保证的准确度说明；需要在装配时加工的说明；装配后零件间关系的要求、对密封处的要求等。

（2）检验要求　包括基本性能的检验方法、条件及所达到的标准。

（3）使用要求　包括对产品的基本性能、维护、保养的要求以及使用操作时的注意事项。

（4）其他方面的要求　对于一些高精密或特种机器设备，要对它们的运输、周围环境、地基、防腐、温度要求等加以说明。

对上述各项内容，并不要求每张装配图全部注写，而要根据具体情况确定。零件图上已有的技术要求在装配图上一般不再注写。

技术要求一般写在明细栏上方或图样下方的空白处，也可以另编技术文件，附于图样之后。

第四节　装配图上的零部件序号和明细栏

为了便于读图、装配、图样管理以及做好生产准备工作，要对装配图上每种不同的零部件进行编号，这种编号称为零部件的序号。同时要编制相应的明细栏。

一、编写零部件序号的方法

目前通用的编写方法有两种：

1）标准件不编序号，直接将标准件标记写在图上，而将非标准件按顺序进行编号（图 10-4）。

2）将装配图上所有的零部件，包括标准件在内，按一定顺序编号（图 10-2）。

二、零部件序号标注的一些规定

1）序号应注在图形轮廓线的外边，并填写在指引线的横线上或圆内，但在同一装配图中形式要一致。横线或圆用细实线画出。指引线应从所指零件的可见轮廓内引出，并在引出端画一小圆点，如图10-7a所示。若在所指部分内不宜画圆点时（很薄的零件或涂黑的剖面），可在指引线引出端端画出指向该部分轮廓的箭头（图10-7b）。序号字体要比尺寸数字大一号或两号。也允许采用图10-7c所示的形式标注序号。

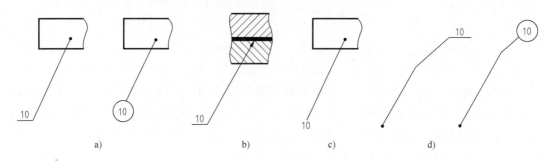

图 10-7　零件序号的编写形式（一）

2）指引线尽可能分布均匀，且不要彼此相交，也不要过长。指引线通过有剖面线的区域时，不要与剖面线平行，必要时可画成折线，但只允许曲折一次（图10-7d）。

3）对于一组紧固件以及装配关系清楚的零件组，允许采用公共指引线（图10-8）。

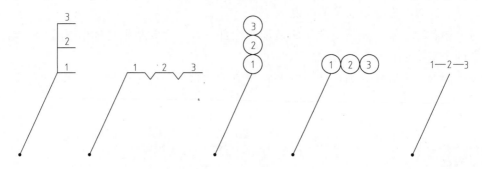

图 10-8　零件序号的编写形式（二）

4）每一种零件在装配图上只编一个序号。对同一标准部件（如油杯、滚动轴承、电动机等），也只编一个序号。

5）序号或代号在图样上应按水平或竖直方向整齐排列。序号应按顺时针或逆时针方向顺序排列。为了使全图美观整齐，在标注序号时，应先按一定位置画好横线或圆，然后再与零部件一一对应，画出指引线。当序号在整个视图上无法连续时，可只在水平或竖直方向上顺序排列（图10-2、图10-4）。

三、明细栏的填写方法

明细栏是装配图所表示的机器（或部件）中全部零部件的详细目录，其内容和形式应按 GB/T 10609.2—2009《技术制图　明细栏》的规定绘制。本书图4-5所示的格式仅供学习时使用。

明细栏一般应绘制在标题栏的上方。假如标题栏上方地方不够，可将明细栏分段绘制在标题栏的左方。零部件序号应自下而上按顺序填写。

当装配图中不能在标题栏的上方配置明细栏时，可作为装配图的续页按 A4 幅面单独给出，其顺序由上而下延伸，还可连续加页，但在明细栏的下方应配置标题栏，并在标题栏中填写与装配图相一致的名称与代号。

第五节　装配体结构构形设计

机器或部件上的结构，不但要满足设计要求，还要考虑机器或部件的装配工艺要求。

一、功能要求与整体构形

装配体整体构形以其功能为重要依据之一。例如，从加工细长件的功能要求出发，卧式车床、外圆磨床等卧式加工机床的外形必然是低而长的（图 10-9），而立式镗床、铣床、钻床等加工机床，它们的外形则高而短（图 10-10）。

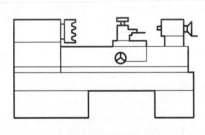

图 10-9　车床

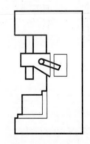

图 10-10　钻床

装配体的整体构形还应考虑整体均衡和稳定。整体均衡是指装配体各部分之间前后、左右的相对轻重关系，而稳定是指装配体上下部分的轻重关系。

装配体的整体构形在外形风格上应协调一致。组成机器或部件的各部分，还应尽可能在形、质等方面突出共性，减少差异性。例如：各部分之间的比例应尽量相等或接近；主体线型风格应协调一致，且可渗入另外的线型风格与之呼应，使整机在风格上有完整、呼应、统一的效果。

二、按装配结构构形

装配体除了要达到设计的性能要求外，还要考虑装配工艺、拆装方便等，所以在构形时应考虑装配结构的合理性。

1. 接触面与配合面的结构

1）当轴和孔配合，且轴肩与孔的端面相互接触时，应在孔的接触端面上制出倒角，或在轴肩根部切槽，以保证这两个零件良好地接触（图 10-11a、b）。在图 10-11c 中，由于轴肩根部存在圆角，无法保证轴肩与孔端面接触。

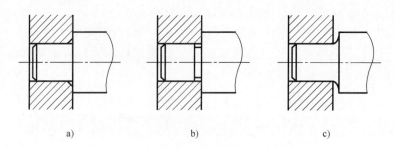

图 10-11　常见装配结构（一）

a）正确　b）正确　c）错误

2）当两个零件接触时，在同一方向上的接触面，在无特殊要求的情况下，应该只有一个，这样既可满足装配要求，也能使制造较为方便（图 10-12）。

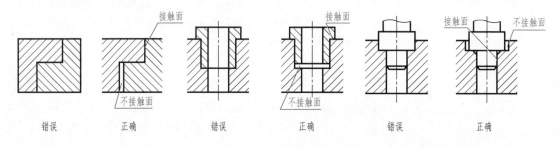

图 10-12　常见装配结构（二）

2. 便于拆卸的结构

1）销联接中，在可能的情况下，最好将销孔做成通孔（图 10-13）。

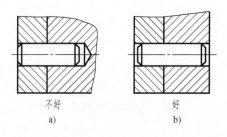

图 10-13　常见装配结构（三）

a）不通孔销定位　b）通孔销定位

2）在设计孔台肩和轴肩时，要根据轴承外圈的内径和轴承内圈的外径尺寸来确定孔台肩和轴肩的结构尺寸，以保证轴承的拆卸方便（图 10-14）。其具体尺寸可以从有关轴承标准中查出。

3. 螺纹联接的合理结构

1）被联接件通孔的尺寸应比螺纹大径或螺杆直径稍大，以便于装配（图 10-15）。

2）在图 10-16 中，为了便于拆装，必须留出拆装螺栓的空间（图 10-16a）、扳手空

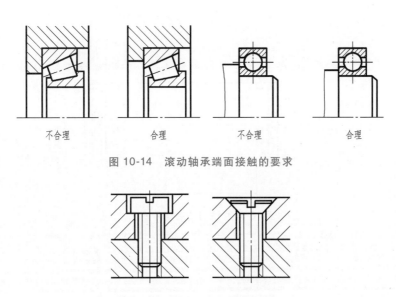

图 10-14　滚动轴承端面接触的要求

图 10-15　通孔应大于螺杆直径

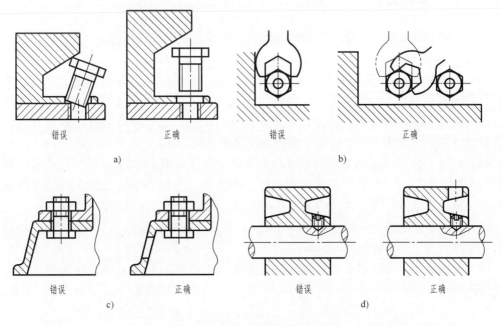

错误　　　　正确　　　　错误　　　　正确

a)　　　　　　　　　　　b)

错误　　　　正确　　　　错误　　　　正确

c)　　　　　　　　　　　d)

图 10-16　便于拆装的结构设计

间（图 10-16b）、手孔（图 10-16c）和工具孔（图 10-16d）。

第六节　装配图的画法

前面曾讲到，装配图的一个来源是机器（或部件）的测绘，测绘过程中需画出机器

（或部件）的装配示意图，并根据示意图来绘制装配图。图 10-17 所示为铣刀头装配示意图。

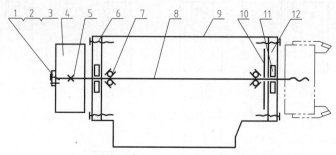

图 10-17　铣刀头装配示意图

1—轴端盖　2—螺钉　3—销　4—带轮　5—平键　6—螺栓　7—轴承

8—轴　9—座体　10—调整片　11—毡圈　12—端盖

下面以铣刀头为例介绍装配图的画法。

一、拟订表达方案

表达方案包括选择主视图、确定视图数量、表达方法和合理布局。

（1）选择主视图　一般按机器（或部件）的工作位置摆放，并使主视图能够表示机器（或部件）的工作原理、传动关系、零部件间主要的或较多的装配关系。为此，装配图常用剖视图表示。

（2）确定视图的数量和表达方法　根据部件的结构特点，在确定视图数量时，应同时选择合适的表达方法，然后对各个视图进行合理布局。

机器（或部件）上都存在着一条或几条装配干线，如图 10-2 所示球阀在前后对称面内有两条装配主干线。为了清楚地表达这些装配关系，一般都通过装配干线的轴线取剖切平面，画出剖视图。为了便于看图，各视图配置位置应尽可能符合投影关系。

铣刀头主视图的投射方向如图 10-17 所示，并采用全剖视图表示其工作原理、传动关系以及零件间的主要装配关系。

除主视图外，还选择了采用局部剖视图的左视图及一个局部视图，以清楚地表达座体的结构形状。

二、画装配图的步骤

1）根据所确定的表达方案，画主要基准线。铣刀头主视图以座体的底面为高度方向主要基准，按中心高 115 画出孔、轴的轴线；左视图以轴孔中心对称线为前后方向主要基准。在画这些线时，要选定合适位置，考虑总体布局（图 10-18a）。

2）参照装配示意图（图 10-17），沿装配主干线依次画齐各零件。可以从主视图入手，几个视图一起画。按装配干线顺序画座体→左、右轴承→轴→左、右端盖→带轮→刀盘等（图 10-18a、b、c）。

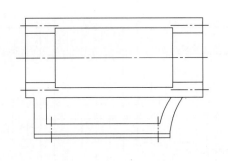
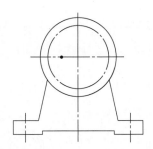

a)

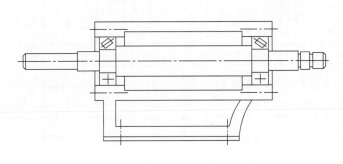
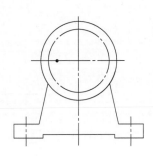

b)

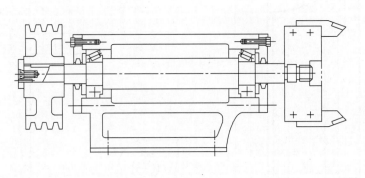
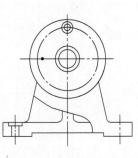

c)

图 10-18　画装配图的步骤

a）画铣刀头的基准线、轴线和座体轮廓　b）画左、右轴承及轴

c）画左、右端盖及带轮、刀盘等

3）标注尺寸。注出轴承内、外圈和带轮处的配合尺寸；注出 $\phi 98$、115 相对位置尺寸及安装尺寸 150、155；最后注出总体尺寸 190、386。

4）编写零部件序号，填写明细栏、标题栏、技术要求，检查、描深（图 10-19）。

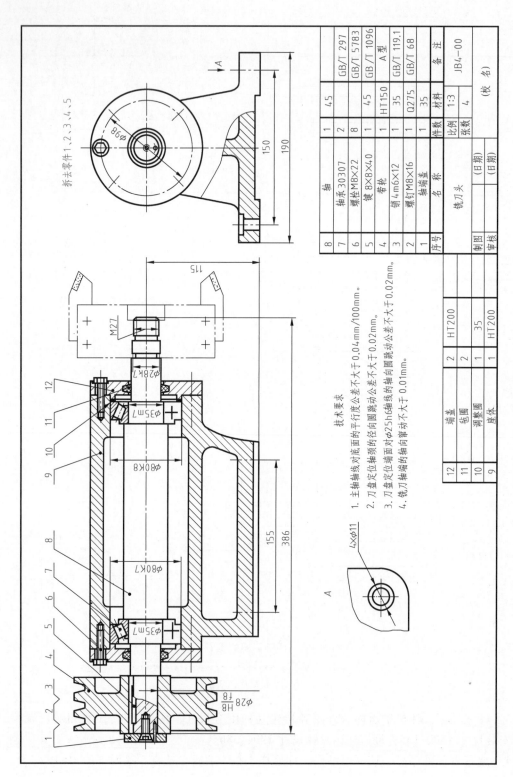

技术要求

1. 主轴轴线对底面的平行度公差不大于0.04mm/100mm。
2. 刀盘定位轴颈的径向圆跳动公差不大于0.02mm。
3. 刀盘定位端面对φ25h6轴线轴向圆跳动公差不大于0.02mm。
4. 铣刀轴端的轴向窜动不大于0.01mm。

拆去零件1、2、3、4、5

序号	名称	件数	材料	备注
8	轴	1	45	GB/T 297
7	轴承30307	2	45	GB/T 5783
6	螺栓M8×22	8		GB/T 1096
5	键 8×8×40	1	45	A型
4	带轮	1	HT150	
3	销 4m6×12	1	35	GB/T 119.1
2	螺钉M8×16	1	Q275	GB/T 68
1	轴端盖	1	35	
12	端盖	2	HT200	
11	毡圈	2		
10	调整圈	1	35	
9	座体	1	HT200	

铣刀头	比例	1:3	(校 名)	JB4—00
	张数	4		
制图	(日期)			
审核	(日期)			

图10-19 画其他结构，完成全图

第七节　读装配图

在工业生产中，无论是从机器的设计到制造，进行技术交流，还是使用、维修机器及设备，都要用到装配图。因此，要求从事工程技术工作的人员都必须具备读装配图的能力。

一、读装配图的方法和步骤

1. 概括了解

（1）了解机器或部件的名称和用途　这些内容可以查阅明细栏和说明书。

（2）了解标准零、部件的名称与数量　对照零部件序号，在装配图上找到这些零部件的位置。

（3）对视图进行分析　根据装配图上视图的表达情况，找出各个视图、剖视、断面等配置的位置及投射方向，从而搞清各视图的关系和表达重点。

2. 了解装配关系和工作原理

对照视图仔细研究机器或部件的装配关系和工作原理，这是读装配图的一个重要环节，也是读装配图的目的之一。在概括了解的基础上，分析各条装配干线，弄清各零件间相互配合的要求，以及零件间的定位、连接方式、密封等问题，再进一步搞清运动件与非运动件的相对运动关系和润滑方式等。经过上述的观察与分析，就可以对机器或部件的工作原理和装配关系有所了解。必要时也可查阅有关的技术资料和设计说明书。

3. 分析零件，弄懂零件的结构形状

分析零件，弄清每个零件的结构形状及其作用。一般先从主要零件着手，然后是其他零件。当零件在装配图中表达不完整时，可对有关的其他零件仔细观察和分析后，再进行结构分析，从而确定该零件的内外形状。

二、读装配图举例

以齿轮泵装配图（图 10-20）为例。

1. 概括了解

齿轮泵是机器中用以输送润滑油的一个部件。图 10-20 所示的齿轮泵是由泵体，左、右端盖，运动零件（齿轮、齿轮轴等），密封零件以及标准件等组成的。对照零件序号及明细栏可以看出：齿轮泵共由 17 种零件装配而成，采用了两个视图表达。主视图采用的全剖视图，反映了组成齿轮泵各个零件间的装配关系。左视图是采用沿左端盖 1 与泵体 6 接合面 B—B 剖切的半剖视图，视图部分反映了这个泵的外部形状，剖视部分则反映内部齿轮的啮合情况以及吸、压油的工作原理，图中局部剖视反映吸、压油口的情况。齿轮泵的外形尺寸是 118、85、95。由此可知齿轮泵的体积不大。

2. 了解装配关系和工作原理

泵体 6 是齿轮泵中的主要零件之一。它的内腔可以容纳一对吸油、压油的齿轮。将齿

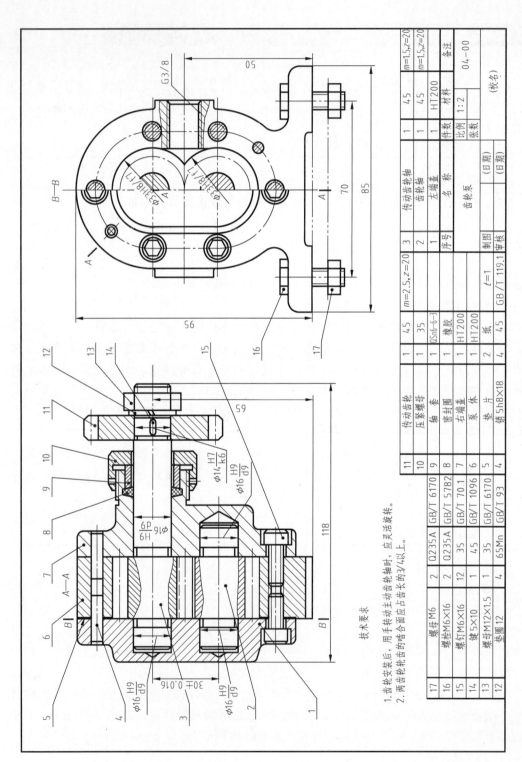

图 10-20 齿轮泵装配图

技术要求
1.齿轮安装后，用手转动主动齿轮轴时，应灵活旋转。
2.两齿轮齿的啮合面应占齿长的3/4以上。

轮轴 2、传动齿轮轴 3 装入泵体后，两侧由左端盖 1、右端盖 7 支承这一对齿轮的旋转运动。由销 4 将端盖与泵体定位后，再用螺钉 15 将端盖与泵体联接成整体。为了防止泵体与端盖接合面处以及传动齿轮轴 3 伸出端漏油，分别用垫片 5 以及密封圈 8、轴套 9、压紧螺母 10 加以密封。

齿轮轴 2、传动齿轮轴 3、传动齿轮 11 是齿轮泵中的运动零件。当传动齿轮 11（主动轮）按逆时针方向（从左侧观察）转动时，通过键 14，将转矩传递给传动齿轮轴 3，经过齿轮啮合带动齿轮轴 2，从而使后者（从动轮）做顺时针方向转动。如图 10-21 所示，当一对齿轮在泵体内做啮合传动时，啮合区右边压力降低而产生局部真空，油池内的油在大气压力作用下进入泵低压区内的吸油口，随着齿轮的转动，齿槽中的油不断沿箭头方向被带至左边的压油口把油压出，并送至机器中需要润滑的部位。

3. 对齿轮泵中一些配合和尺寸的分析

为了保证部件的设计性能、装配要求及拆画零件图的需要，装配图中要注出几类尺寸。齿轮泵中，传动齿轮 11 通过键联接带动传动齿轮轴 3 一起转动，其传动齿轮轴孔与传动齿轮轴颈是一对配合，配合尺寸是 $\phi14\dfrac{H7}{k6}$，它们属于基孔制的优先过渡配合。齿轮轴与两端盖间的配合尺寸是 $\phi16\dfrac{H9}{d9}$，两齿轮轴的齿顶圆与泵体内腔的配合尺寸是 $\phi33\dfrac{H8}{f7}$，它们均属于间隙配合。

尺寸 30±0.016 是啮合齿轮的中心距，这个尺寸准确与否将会直接影响齿轮的啮合传动。尺寸 65 是传动齿轮轴线离泵体安装面的高度尺寸。吸、压油口的尺寸 G3/8 是规格尺寸。以上尺寸均是设计和安装所要求的尺寸。

图 10-22 所示为齿轮泵装配轴测图，供读图分析时参考。

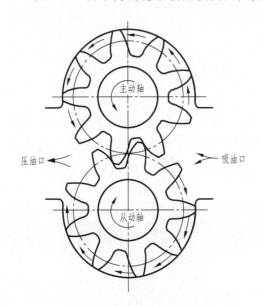

图 10-21　齿轮泵的工作原理

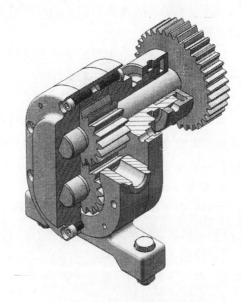

图 10-22　齿轮泵装配轴测图

第八节 由装配图拆画零件图

根据装配图拆画零件图是一项重要的生产准备工作。在第九章中，对零件图的作用、要求和画法均做了讨论。此处仅对拆画零件图提出几个要注意的问题。

一、对拆画零件图的要求

1）拆图前，必须认真阅读装配图，全面、深入地了解设计意图，弄清楚装配关系、技术要求和每个零件的结构。

2）画图时，不但要从设计方面考虑零件的作用和要求，而且要从工艺方面考虑零件的制造和装配，应使所画的零件图符合设计和工艺要求。

二、拆画零件图要处理的几个问题

1. 零件分类

（1）标准件　标准件属于外购件，因此不需要画出零件图。只需要将标准件的标记列入明细栏即可。

（2）借用件　借用零件是借用定型产品上的零件。这类零件可利用已有的图样，而不需要另行画图。

（3）特殊零件　特殊零件是设计时所确定下来的重要零件，在设计说明书中都应附有这类零件的图样或重要数据，如叶片、喷嘴。对于这类零件，应该按给出的图样或数据绘制零件图。

（4）一般零件　这类零件基本上是按照装配图所体现的形状、大小和有关的技术要求来画图，是拆画零件图的主要对象。

2. 视图处理

拆画零件图时，零件的表达方案是根据零件的结构形状特点考虑的，不强求与装配图一致。多数情况下，壳体、箱体类零件的主视图位置可以与装配图一致。对于轴套类零件，一般按加工位置选取主视图。

3. 零件结构形状处理

如何确定零件的结构形状是拆图中最重要的问题，常用的方法有：

1）剖面线方向一致，间隔相等。

2）相配机件形状一致。

3）内、外形结构一致。

4）根据用途构形分析。

5）用投影分析补上被遮挡线。

6）根据加工工艺性确定。

7）根据所标尺寸，如 φ、□等。

8）根据相贯线、截交线的形状。

9）装配图中省略的工艺结构，如倒角、退刀槽、圆角、凸台、凹坑等，拆图时应将其补全。

对于装配图中未表达清楚的零件结构，依据上述方法可完整地画出它们的结构。

4. 零件图上尺寸的处理

零件图上的尺寸必须根据不同情况分别处理：

1）装配图上已注出的尺寸，包括明细栏中的有关零件尺寸，在相关零件图上要直接注出。对于配合尺寸，要根据给出的公差带代号查出极限偏差值，注写在零件图上，或直接标注公差带代号。

2）与标准件有关的尺寸，如螺纹、销孔、键槽等尺寸，要从相应标准中查取。

3）根据装配图上所给的数据应进行计算的尺寸，如齿轮的分度圆、齿顶圆直径等尺寸，要经过计算，然后注写。

4）有标准规定的尺寸，如倒角、倒圆、沉孔、退刀槽等工艺结构尺寸，要从有关手册中查取。

其他尺寸的大小均从装配图上直接按比例量取，取整后标注。应注意，相关零件的相关尺寸应一致。

5. 零件表面结构的确定

零件上各表面的结构是根据其作用和要求确定的。一般接触面、配合面、相对运动面的表面结构参数值应较小，自由表面的表面结构参数值一般较大。但有密封、耐蚀、美观等要求的表面结构参数值应较小，具体数值大小请参考表面结构应用举例表格。

6. 技术要求

正确制订零件的技术要求，涉及设计、工艺等多方面知识，本书不做进一步介绍。

三、拆画零件图举例

现以齿轮泵（图 10-20）为例，拆画其中的泵体 6。绘制零件图的方法和步骤，请参阅第九章。这里只介绍拆画零件图时需注意的几个问题。

（1）确定表达方案　根据零件序号 6，在装配图上找到泵体的位置，确定泵体的整个轮廓。泵体的主视图应按零件的形状特点重新选择，如图 10-23 所示的主视图。主视图采用局部剖视图，左视图采用全剖视图。

（2）尺寸标注　除了直接从装配图上量取和按装配图上已给出的尺寸标注外，还应注出根据螺钉定出的螺孔尺寸和安装螺钉所通过的通孔尺寸。

（3）表面结构　根据零件的作用，参考相关国家标准及设计手册，利用类比法和经验值来确定。

（4）技术要求　根据齿轮泵的工作情况和泵体的加工要求确定。

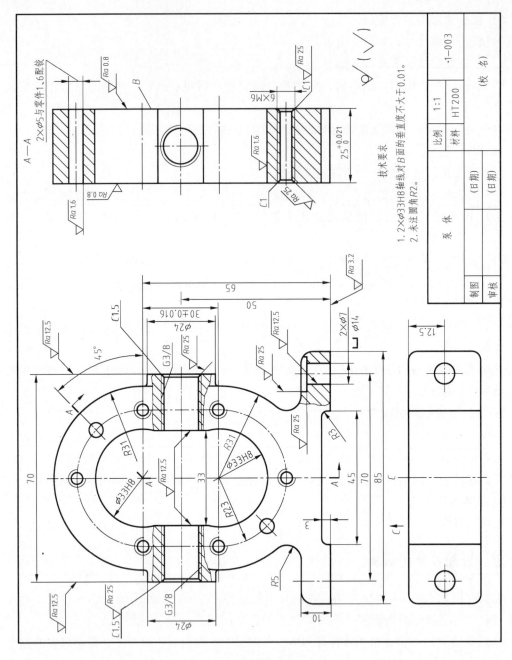

思政拓展

信物百年：新中国最早的
万吨水压机

图 10-23 泵体的零件图

第十一章
其他常用工程图简介

在工程设计中，工程图形是构思、设计与制造中工程与产品信息定义、表达和传递的主要媒介。常用的工程图样除机械工程图外，还有电气工程图、化工工程图和建筑工程图等。本章将对电气、化工和建筑工程图加以介绍，并对前文未涉及的焊接图和展开图等机械工程图进行简介。

第一节　化工工程图

化工工程图也是应用正投影法的基本原理和机械制图基本方法绘制的，同时又具有十分鲜明的专业特征。化工制图除了需要遵循机械制图的有关标准外，还要依照化工制图的若干规范。化工图样有多种，一般分为化工机器图、化工设备图和化工工艺图。化工机器图与一般机械图相同。本节简要介绍化工设备图和化工工艺图的绘制和阅读。

一、化工设备图

化工设备是指那些用于化工产品生产过程中的合成、分离、干燥、结晶、过滤、吸收、澄清等生产单元的装置和设备。常用的典型化工设备有反应罐（或釜）、塔器、换热器、贮罐（或槽）等。经常使用的图样有化工设备总图、装配图、部件图、零件图、管口方位图、表格图及预焊接件图等。

1. 化工设备的基本结构特点

常见的几种典型化工设备（反应釜、压力容器）如图 11-1 所示。这些化工设备虽然结构形状、尺寸大小以及安装方式各不相同，但构成设备的基本形体以及所采用的许多通用零部件却有共同的特点，如基本形体以回转体为主；各部分结构尺寸大小相差悬殊；壳体上开有较多的孔和管口；广泛采用标准化零部件；大多采用焊接结构；选用零部件材料有特殊要求；防泄漏安全结构要求高等。

2. 化工设备图的内容

一张化工设备装配图（图 11-2），除了具有与一般机械装配图相同的内容外，还应有技术特性表、接管（或管口）表等内容，以满足化工设备图样特定的技术要求的需要。技术特性表中包括设计压力、设计温度、工作温度、工作压力、物料名称、焊缝系数、腐蚀裕度及容器类别等内容。接管（或管口）表中包括接管符号、公称尺寸、连接尺寸标准、连接面形式、用途或名称等内容。

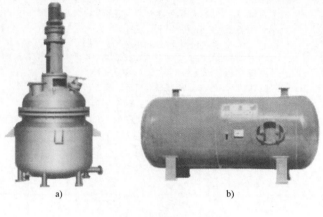

图 11-1 典型化工设备图
a）反应釜 b）压力容器

3. 化工设备图的图样画法

（1）视图选择 化工设备的主体结构常采用两个基本视图来表达。卧式设备一般用主、左（或右）视图（图 11-2）表达，立式设备一般用主、俯视图（图 11-3）表达。当设备的高（或长）较大时，由于图幅有限，俯、左视图难于安排在基本视图位置，可以将其配置在图面的空白处，并注明视图名称；也允许画在另一张图纸上，并分别在两张图纸上注明视图关系。

某些结构形状简单、在装配图上易于表达清楚的零件，其零件图可直接画在装配图中的适当位置，并注明"件号××零件图"。某些装配图中，还可有其他一些图，如支座的底板尺寸图、塔器的单线条结构示意图、管口方位图、气柜的配重图、某零件的展开图等。总之，化工设备图的视图配置及表达较为灵活。

（2）细部结构的表达方法 由于化工设备的各部分结构尺寸相差悬殊，在按缩小比例画出的基本视图中，很难把细部结构表达清楚。因此，化工设备图中较多地使用了局部放大图和夸大画法来表达这些细部结构。

（3）多次旋转的表达方法 化工设备壳体上分布有众多的管口、开口及其他附件，为了在主视图上表达它们的结构形状及位置高度，可使用多次旋转的表达方法。

（4）断开画法、分层画法及整体图 对于过高或过长的化工设备，如塔器、换热器及贮罐等，部分结构形状相同，且高（或长）度较大，常使用断开画法。如果设备是分节（或层）的，则可将某塔节（或层）用局部放大的方法表达其内部结构。对于过高或过长的化工设备，还可用缩小比例、单线条画出设备的整体外形图或剖视图。图 11-4 所示为用单线条绘制的某一浮阀塔的整体剖视图。

（5）管口方位的表达方法 化工设备壳体上众多的管口和附件方位的确定，在安装、制造等方面都是至关重要的，常用管口方位图来表达设备的管口及其他附件分布的情况。对于立式设备采用俯视方向，对于卧式设备采用左视或右视方向。图 11-5 所示为饱和热水塔的管口方位图，它代替了俯视图，反映出各管口及地脚螺栓的分布情况。

（6）简化画法 在绘制化工设备图时，为了减少一些不必要的绘图工作量，提高绘图

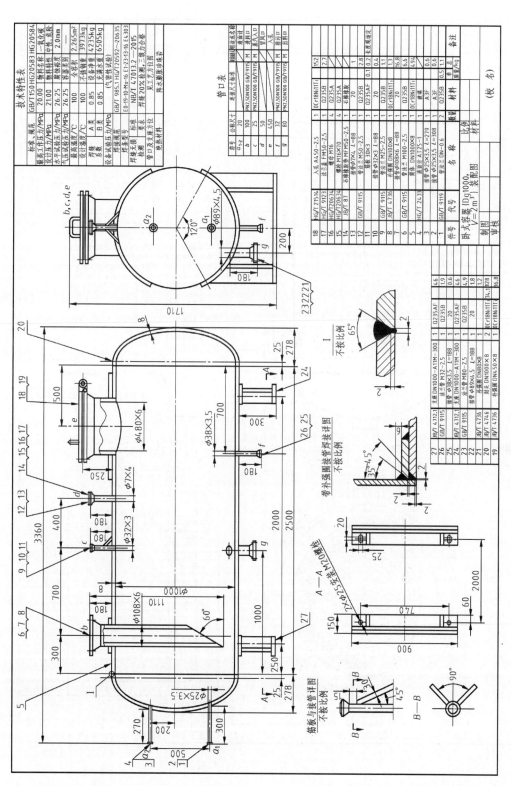

图 11-2　卧式容器装配图

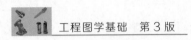

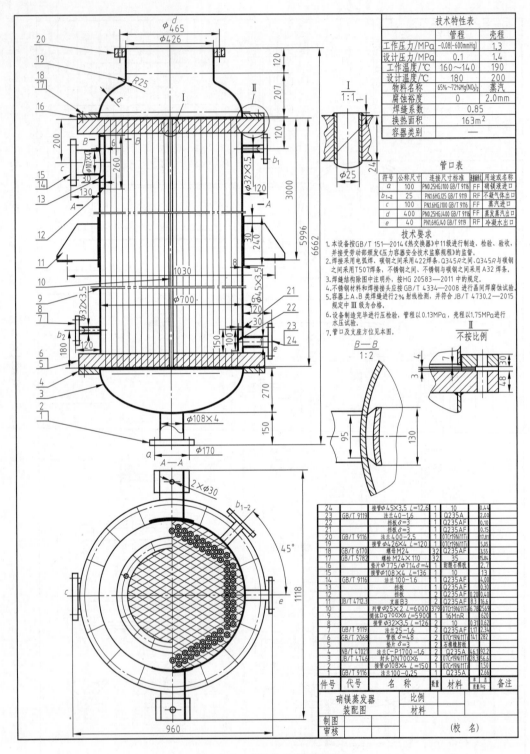

图 11-3 硝镁蒸发器装配图

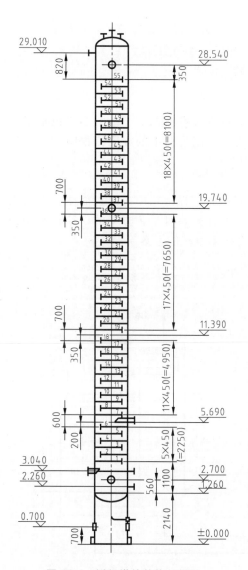

图 11-4 浮阀塔的整体剖视图

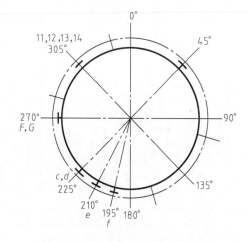

图 11-5 饱和热水塔的管口方位图

效率，在既不影响正确、清晰地表达结构形状，又不使读图者产生误解的前提下，大量地采用了各种简化画法。

4. 化工设备图的尺寸标注

化工设备图的尺寸标注，需要反映设备的大小规格、装配关系、主要零部件的结构形状及设备的安装定位，以满足化工设备制造、安装、检验的要求。与一般机械装配图相比较，化工设备图的尺寸数量稍多，有的尺寸较大，尺寸精度要求较低，允许注成封闭尺寸链（加近似符号⌢）。总之，化工设备图的尺寸标注，除应遵守 GB/T 4458.4—2003《机械制图 尺寸注法》中的规定外，还可结合化工设备的特点，使尺寸标注做到完整、清晰、合理。

化工设备图的尺寸基准一般为：简体和封头的轴线、环焊缝，设备法兰连接面，设备支座或裙座的底面等。

化工设备图上需要标注规格性能尺寸、装配尺寸、外形尺寸、安装尺寸及其他尺寸。绘制化工设备图的方法及步骤与机械制图基本相同，不再赘述。

二、化工工艺图

化工工艺图是进行工艺安装和指导生产的重要技术文件。化工工艺图主要包括工艺流程图、设备布置图和管路布置图。在此主要介绍工艺流程图中的方案流程图和施工流程图，它们都用来表达生产工艺流程。

1. 方案流程图

（1）方案流程图的作用与内容　方案流程图又称为流程示意图或流程简图，是用来表示整个工厂或车间生产流程的图样。它既可用于设计开始时工艺方案的讨论，也是进一步设计施工流程图的主要依据。图 11-6 所示为合成氨生产的方案流程图。

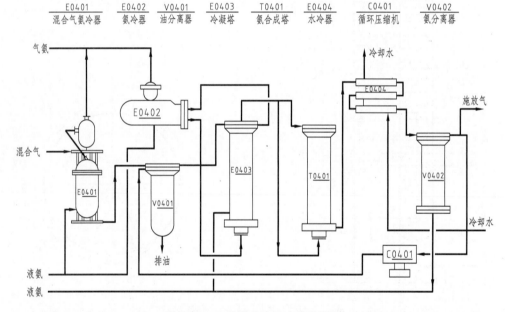

图 11-6　合成氨生产的方案流程图

由图中可以看出，方案流程图主要包括两项内容：生产过程中所采用的各种机器、设备和用工艺流程线及文字表达物料由原料转变为半成品或成品的工艺流程。

（2）方案流程图的画法　由图 11-6 可以看出，方案流程图是一种示意性的展开图，即按照工艺流程的顺序，将设备和工艺流程线由左向右地展开画在同一平面上，并加以必要的标注与说明。

对于方案流程图的图幅一般不做规定。图框和标题栏也可省略。

2. 施工流程图

施工流程图又称为工艺管道及仪表流程图，或带控制点管道安装流程图。它是在方案流程图的基础上设计绘制的内容较为详细的一种工艺流程图。这种流程图应画出所有的生产设备和全部管道（包括辅助管道、各种仪表控制点以及阀门等管件）。因此，它是设备布置图和管道布置图的设计依据，并可供施工安装、生产操作时参考。图 11-7 所示

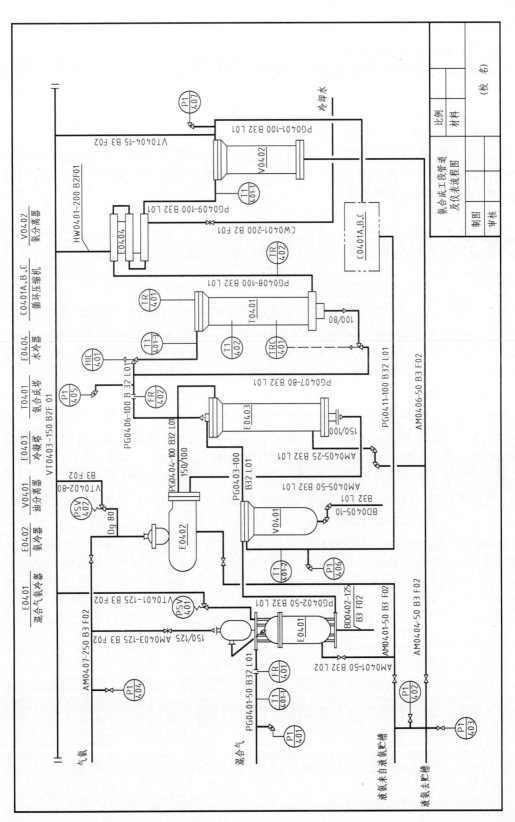

图 11-7　氨合成工段施工流程图

为氨合成工段施工流程图。

施工流程图一般应包括下面几项内容：

1）带设备位号、名称和接管口的各种设备示意图。

2）带管道号、规格和阀门等管件以及仪表控制点（测温、测压、测流量及分析点等）的各种管道流程线。

3）对阀门等管件和仪表控制点图例符号的说明。

施工流程图是在方案流程图的基础上，对方案流程图稍加修改，再添加上各种辅助管道、仪表元件及控制点、阀门及管道附件等的图形符号和详细标注而形成的。图中的符号和标注应遵守相应标准的规定。

第二节　电气工程图

一、电气工程图的分类及特点

对于用电设备来说，电气工程图主要是主电路图和控制电路图；对于配电设备来说，主要电气工程图是指一次电路和二次电路的电路图。但要表示清楚一项电气工程或一种电气设备的功能、用途、工作原理、安装和使用方法等，还应有相应的配套图样。

1. 电气工程图的分类

根据各电气工程图所表示的电气设备、工程内容及表达形式的不同，电气工程图通常分为以下几类：系统图或框图、电路图、接线图、电气平面图、设备布置图、设备元件和材料表、产品使用说明书上的电气工程图和其他电气工程图。

系统图或框图就是用符号或带注释的框概略地表示系统或分系统的基本组成、相互关系及主要特征的一种简图。它常用来表示整个工程或其中某一项目的供电方式和电能输送关系，也可表示某一装置或设备各主要组成部分的关系，如图 11-8 所示。

电路图就是按工作顺序用图形符号从上到下、从左到右排列，详细表示电路、设备或成套装置的全部组成和连接关系，而不考虑其实际位置的一种简图。其目的是便于详细理解设备工作原理、分析和计算电路特性及参数，所以这种图又称为电气原理图或原理接线图，如图 11-9 所示。

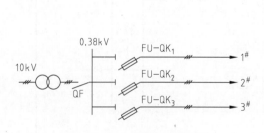

图 11-8　某变电所供电系统图

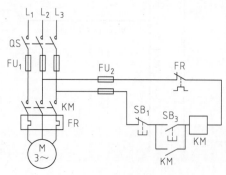

图 11-9　磁力起动器电路图

接线图主要用来表示电气装置内部元件之间及其外部其他装置之间的连接关系，它是便于制作、安装及维修人员接线和检查的一种简图或表格，如图 11-10 所示。

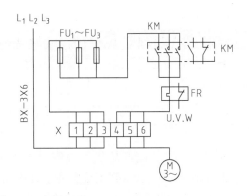

图 11-10　磁力起动器接线图

电气平面图是表示电气工程项目的电气设备、装置和线路的平面布置图，它一般是在建筑平面图的基础上绘制出来的。常见的电气平面图有：供电线路平面图、变电所平面图、电力平面图、照明平面图、弱电系统平面图、防雷与接地平面图等。图 11-11 所示为某车间的动力电气平面图，它表示了各机床的具体平面位置和供电线路。

设备布置图用来表示各种设备和装置的布置形式、安装方式以及相互之间的尺寸关系。设备布置图一般只绘制平面图。对于较复杂或多层的建筑物装置，当平面图表示不清楚时，可绘制立面剖视图。平面图和立面剖视图可绘制在同一张图纸上，也可以单独绘制。这种图按三视图原理绘制，与一般机械图没有大的区别。

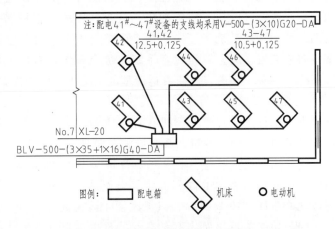

图 11-11　某车间的动力电气平面图

设备元件和材料表就是把成套设备、装置中各组成部分和相应数据列成表格，用来表示各组成部分的名称、型号、规格和数量等，以便于读者阅读，了解各元器件在设备中的作用和功能，从而读懂设备的工作原理。设备元件和材料表是电气工程图中的重要组成部分，它可置于图中的某一位置，也可单列一页（视元器件材料多少而定）。为了方便书写，通常是按从上至下排序。表 11-1 是某开关柜上的设备元件表。

表 11-1　某开关柜上的设备元件表

符　号	名　称	型　号	数　量
ISA-351D	微机保护装置	220V	1
KS	自动加热除湿控制器	KS-3-2	1
SA	跳、合闸控制开关	LW-Z-la,4,6a,20/F8	1
QC	主令开关	LS1-2	1
QF	自动空气开关	GM31-2PR3,0A	1
FU_1、FU_2	熔断器	AM1 16/6A	2
FU_3	熔断器	AM1 16/2A	1
DJR_1、DJR_2	加热器	DJR-75-220V	2

（续）

符　号	名　称	型　号	数　量
HLT	手车开关状态指示器	MGZ-91-1-220V	1
HLQ	断路器状态指示器	MGZ-91-1-220V	1
HL	信号灯	AD11-25/41-5G-220V	1
M	储能电动机		1

生产厂家往往随产品使用说明书附上电气工程图，供用户了解该产品的组成和工作过程及注意事项，以达到正确使用、维护和检修的目的。

上述电气工程图是常用的主要电气工程图，但对于较为复杂的成套设备或装置，为了便于制造，有局部的大样图、印制电路板图等；而若为了设备的技术保密，往往只给出设备或系统的功能图、流程图、逻辑图等。所以，电气工程图种类很多，但这并不意味着所有的电气设备或装置都应具备这些图样。根据表达的对象、目的和用途不同，所需图的种类和数量也不一样。对于简单的设备，可把电路图和接线图合二为一。对于复杂设备或装置，应分解为几个系统，每个系统都有以上所述各种类型图。总之，电气工程图作为一种工程语言，在表达清楚的前提下，应越简单越好。

2. 电气工程图的特点

电气工程图与其他工程图有着本质的区别，它表示系统或装置中的电气关系，主要特点是清楚、简洁、独特，其布局和图样具有多样性。

电气工程图主要是表示成套设备或装置中各元器件之间的电气连接关系。电气工程图的布局依据所表达的内容而定。电路图、系统图按功能布局（图11-12），只考虑便于看出元器件之间的功能关系，而从不考虑元器件的实际位置，要突出设备的工作原理和操作过程，按照元器件动作顺序和功能关系，从上到下、从左到右布局。而接线图、平面布置图，则要考虑元器件的实际位置，所以应按位置布局，如图11-10和图11-11所示。

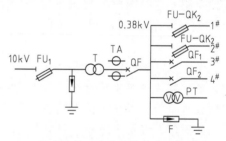

图11-12　变电所电气工程图

对系统的元件和连接线描述方法不同，构成了电气工程图的多样性，如元件可采用集中表示法、半集中表示法、分开表示法，连线可采用多线表示法、单线表示法和混合表示法。同时，对于一个电气系统中各种电气设备和装置之间，从不同角度和不同侧面去考虑，都存在着不同的关系。

二、电气工程图 CAD 制图规则

电气工程图是一种特殊的专业技术图，它必须遵守《电气技术用文件的编制》（GB/T 6988）、《电气简图用图形符号》（GB/T 4728）、《工业系统、装置与设备以及工业产品结构原则与参照代号》（GB/T 5094）的标准外，还要遵守"机械制图""建筑制图"等方面的有关规定，所以制图和读图人员有必要了解这些规则和标准。

1. 箭头和指引线

电气工程图中有两种形式的箭头，如图 11-13 所示，开口箭头表示电气连接上能量或信号的流向，实心箭头表示力、运动、可变性方向。

图 11-13　箭头

指引线用于指示注释的对象，其末端指向被注释处，并在某末端加注标记。

2. 围框

当需要在图上显示其中的一部分所表示的是功能单元或项目组（电器组、继电器装置）时，可以用点画线围框表示。为了使图面清楚，围框的形状可以是不规则的，如图 11-14 所示。

当用围框表示一个单元时，若在围框内给出了可在其他图样或文件上查阅更详细资料的标记，则其内的电路可用简化形式表示或省略，如图 11-15a 所示。若在图上含有安装在别处而功能与本图相关的部分，则这部分可加双点画线，如图 11-15b 所示。

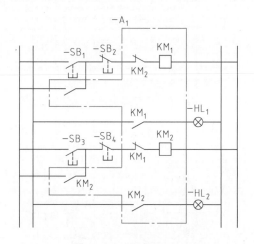

图 11-14　围框例图

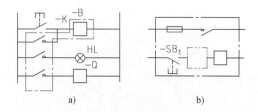

图 11-15　含双点画线围框例图

3. 电气工程图布局方法

电气工程图的布局应从有利于对图的理解出发，要突出图的本意，结构合理、排列均匀、图面清晰、便于读图。

（1）图线布局　电气工程图的图线一般用于表示导线、信号通路、连接线等。要求用直线，即横平竖直，尽可能减少交叉和弯折。图线的布局方法有水平布局和垂直布局两种，如图 11-16 和图 11-17 所示。

（2）元件布局　元件在电路中的排列一般是按因果关系和动作顺序从左到右、由上而下布置，看图时也要按这一排列规律来分析。如果元件在接线图或布局图等图中，它是按实际元件位置来布局的，这样便于看出各元件间的相对位置和导线走向。

三、电气工程图的基本表示方法

1. 线路表示方法

线路表示方法有多线表示法、单线表示法和混合表示法。

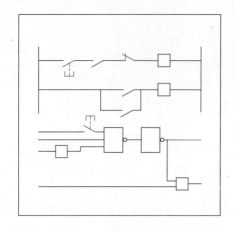

图 11- 16 图线水平布局范例

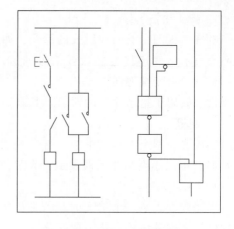

图 11- 17 图线垂直布局范例

电气工程图中，电气设备的每根连线或导线各用一条图线表示的方法，称为多线表示法（图 11- 18）。多线表示法一般用于表示各相或各线内容不对称和要详细表示各相和各线的具体连接方法的场合。

电气工程图中，电气设备的两根或两根以上的连线或导线，只用一根线表示的方法，称为单线表示法。这种表示法主要适用于三相电路或各线基本对称的电路图中。对于不对称部分，要在图中注释，如图 11- 19 中热继电器是两相的，图中标注了"2"。

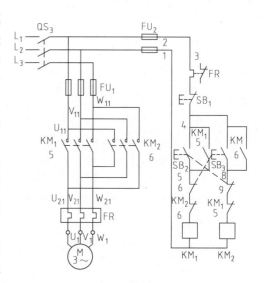

图 11- 18 多线表示法例图

一部分采用单线表示法，一部分采用多线表示法，称为混合表示法。这种表示法具有单线表示法简洁、精炼的特点，又有多线表示法描述精确、充分的优点，如图 11- 20 所示。

2. 电气元件表示方法

电气元件表示方法有集中表示法、半集中表示法和分开表示法。

电气元件在电气工程图中通常采用图形符号来表示，绘出其电气连接，在符号旁标注项目代号（文字符号），必要时还要标注有关的技术数据。

一个元件在电气工程图中完整图形符号的表示方法有集中表示法、半集中表示法和分开表示法。

把设备或成套装置中的一个项目各组成部分的图形符号在简图上绘制在一起的方法，称为集中表示法。在这种方法中，各组成部分用机械连接线（虚线）互相连接起来，连接线必须是一条直线。这种表示方法只适用于简单的电路图（图 11- 21）。

把一个项目中某些部分的图形符号在简图中分开布置，并用机械连接符号把它们连接起来，称为半集中表示法。在这种方法中，机械连接线可以弯折、分支和交叉（图 11- 22）。

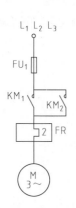
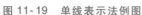

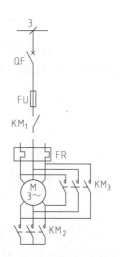

图 11-19　单线表示法例图　　　　图 11-20　Y-△切换主电路的混合表示法例图

　　把一个项目中某些部分的图形符号在简图中分开布置，并使用项目代号（文字符号）表示它们之间关系的方法，称为分开表示法，也称为展开法（图 11-23）。分开表示法只要把半集中表示法中的机械连接线去掉，在同一个项目图形符号上标注同样的项目代号就可以了。这样图中的点画线少，图面更简洁。但是在读图过程中，要寻找各组成部分比较困难，必须纵观全局，把同一项目的图形符号在图中全部找出，否则在读图时就可能会遗漏。为了看清元器件和设备组成部分，便于寻找它们在图中的位置，分开表示法可与半集中表示法结合起来，或者采用插图、表格来表示各部分的位置。

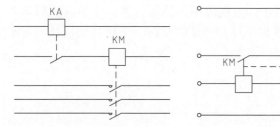
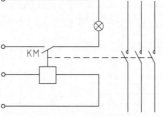
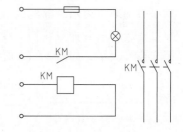

图 11-21　集中表示法示例　　　图 11-22　半集中表示法示例　　　图 11-23　分开表示法示例

　　采用集中表示法和半集中表示法绘制的元件，其项目代号只在图形符号旁标出并与机械连线对齐，采用分开表示法绘制的元件，其项目代号应在项目的每一部分自身符号旁标注。必要时，对同一项目的同类部件（如辅助开关、各触点）可加注序号。

　　3. 元器件触头及工作状态表示方法

　　（1）电器触头位置　电器触头的位置在同一电路中，当它们加电和受力作用后，各触点符号的动作方向应取向一致；对于用分开表示法绘制的图，触头位置可以灵活运用，没有严格规定。

　　（2）元器件工作状态的表示方法　在电气工程图中，元器件和设备的可动部分通常应表示在非激励或不工作的状态位置。例如：继电器及接触器在非激励状态，图中的触头状态是非受电下的状态；断路器、负荷开关和隔离开关在断开位置；带零位的手动控制开关在零位置，不带零位的手动控制开关在图中规定位置；机械操作开关（如行程开关）在非工作状态或位置（即搁置）时的情况，及机械操作开关在工作位置的对应关系，一般表示在触点符号的附近或另加说明；温度继电器、压力继电器都处于常温和常压（一个标准大气压）状态；事故、备用、报警等开关或继电器的触点应该表示在设备正常使用的位置，如有特定位置，应在图中另加说明；多重开闭器件的各组成部分必须表示在相互一致的位置上，而不管电路的工作状态。

(3) 元器件技术数据的标志　电路中元器件的技术数据（如型号、规格、整定值、额定值等）一般标注在图形符号的近旁；对于图线水平布局图，尽可能标在图形符号下方；对于图线垂直布局图，则标在项目代号的右方；对于像继电器、仪表、集成块等方框符号或简化外形符号，则可标注在方框内，如图 11-24 所示。

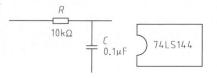

图 11-24　元器件技术数据的标志

四、电气工程图中连接线的表示方法

1. 连接线一般表示法

在电气线路图中，各元件之间采用导线连接，起到传输电能、传递信息的作用。一般而言，电源主电路、一次电路、主信号通路等采用粗线表示；控制回路、二次回路等采用细线表示。

一般的图线就可以表示单根导线。对于多根导线，可以分别画出，也可以只画一根图线，但需加标志。若导线少于四根，可用短画线数量代表根数；若多于四根，可在短画线旁加数字表示。导线的直流与交流，频率、电压大小，导线材料，导线截面积等参数可在导线一侧加以说明。要表示电路相序的变换、极性的反向、导线的交换等，可采用交换号表示，如图 11-25 所示。

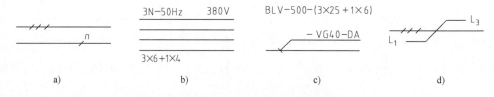

图 11-25　导线的表示方法

a) 导线少于四根　b) 导线多于四根　c) 导线相关参数注法　d) 采用交换符号

为了方便读图，对多根平行连接线，应按功能分组。若不能按功能分组，则可任意分组，但每组不可多于三条，且组间距应大于线间距。

为了方便读出连接线的功能和去向，可在连接线的上方或连接线中断处做信号名标记或其他标记，如图 11-26 所示。

导线的连接点有"T"形连接点和"十"形连接点。对于"T"形连接点，可加实心圆点，也可不加实心圆点；对于

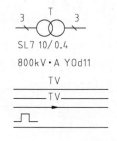

图 11-26　连接线标记示例

"十"形连接点，必须加实心圆点；而交叉不连接的，不能加实心圆点，如图 11-27 所示。

2. 连接线连续表示法和中断表示法

连接线可用多线或单线表示，避免线条太多，以保持图面的清晰。对于多条去向相同的连接线，常采用单线表示法，如图 11-28 所示。当导线汇入用单线表示的一组平行连接线时，在汇入处应折向导线走向，而且每根导线两端应采用相同的标记号，如图 11-29 所示。连续表示法中导线的两端应采用相同的标记号。

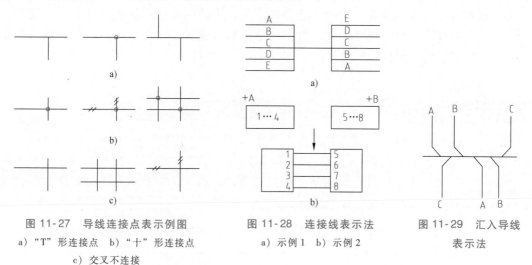

图 11-27 导线连接点表示例图
a)"T"形连接点 b)"十"形连接点
c) 交叉不连接

图 11-28 连接线表示法
a) 示例 1 b) 示例 2

图 11-29 汇入导线
表示法

为了简化线路图或使多张图采用相同的连接表示，连接线一般采用中断表示法。在同一张图中，中断处的两端给出相同的标记号，并给出导线连接线去向的箭头。

五、电气工程图符号的构成和分类

按简图形式绘制的电气工程图中，元件、设备、线路及其安装方法等都是借用图形符号、文字符号和项目符号来表达的。分析电气工程图，首先要明了这些符号的形式、内容、含义及它们之间的相互关系。

1. 电气图形符号的构成

电气图形符号包括一般符号、符号要素、限定符号和方框符号。

一般符号是用来表示一类产品或此类产品特征的简单符号，如电阻、电容、电感等，如图 11-30 所示。

图 11-30 电阻、电容、
电感的一般符号

符号要素是一种具有确定意义的简单图形，必须同其他图形组成组合，以构成一个设备或概念的完整符号。符号要素一般不能单独使用，只有按照一定方式组合起来才能构成完整的符号。符号要素的不同组合可以构成不同的符号。

一种用以提供附加信息的、加在其他符号上的符号，称为限定符号。限定符号一般不代表独立的设备、器件和元件，仅用来说明某些特征、功能和作用等。限定符号一般不单独使用，一般符号加上不同的限定符号，可得到不同的专用符号。

方框符号用以表示元件、设备等的组合及其功能，是一种既不给出元件、设备的细节，也不考虑所有这些连接的一种简单图形符号。方框符号在系统和框图中使用最多。另外，电路图中的外购件、不可修理件也可用方框符号表示。

2. 电气图形符号的分类

新的《电气简图用图形符号　第1部分：一般要求》国家标准编号为GB/T 4728.1—2005，该标准共分13部分。内容包括一般要求，符号要素、限定符号和其他常用符号，导体和连接件，基本无源件，半导体管和电子管，电能的发生与转换，开关、控制和保护器件，测量仪表、灯和信号器件，电信　交换和外围设备，电信　传输，建筑安装平面布置图，二进制逻辑件和模拟件。

第三节　建筑工程图

从事电子、化工、仪表、矿冶以及机械制造等专业工作的工程技术人员，在工艺设计过程中，应对厂房建筑设计提出工艺方面的要求。因此，工艺人员应该掌握房屋建筑的基本知识和具备识读建筑工程图的初步能力。

一、建筑工程图的分类

一套建筑工程施工图，按照其内容和作用不同，通常分为三大类：

（1）建筑施工图　反映房屋的内外形状、大小、布局、建筑节点的构造和所用材料等情况，包括总平面图、建筑平面图、立面图、剖面图和详图等。

（2）结构施工图　反映房屋的承重构件的布置，构件的形状、大小、材料及其构造等情况，包括结构设计计算说明书、基础图、结构布置平面图以及构件的详图等。

（3）设备施工图　反映各种设备、管道和线路的布置、走向、安装要求等情况，包括给排水、采暖通风与空调、电气等设备的布置平面图、系统图以及各种详图等。这里主要介绍建筑施工图的形成和内容以及阅读和绘制方法。

二、建筑工程图的表达形式

建筑工程图与机械工程图一样，都是按照正投影原理绘制的。但由于建筑物的形状、大小、结构以及材料与机器存在很大差别，所以在表达方法上有所不同。用正投影法画出房屋各个方向的视图，同时又分别假设沿水平面以及侧平面或正平面将房屋剖开，画出剖面图。来表达整个房屋的内外形状和主要结构情况。图11-31所示为一传达室的建筑施工图。现以传达室为例介绍建筑工程图的基本表达形式。

1. 平面图

假想通过门窗沿水平面将房屋剖开，移去上面部分，由上向下进行投射所得到的水平剖面图，称为平面图，如图11-32所示。如果是楼房，沿底层剖开所得到的剖面图称为底层平面图，沿二层、三层……剖开所得到的剖面图则相应称为二层平面图、三层平面图……

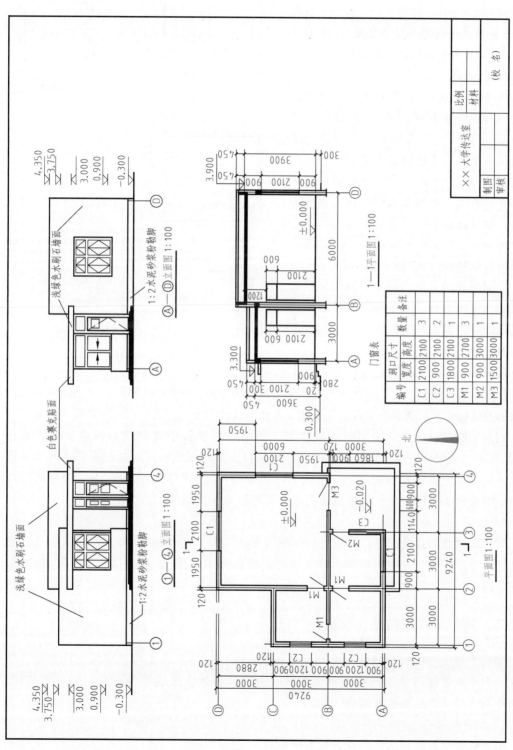

图 11-31 传达室建筑施工图

平面图表示房屋的平面布局，反映各个房间的分隔、大小、用途，门、窗以及其他主要构配件和设施的位置等内容。如果是楼房，还应反映楼梯的位置、形式和走向。

2. 立面图

在与房屋立面平行的投影面上所作出的房屋的正投影图，称为立面图。图11-32所画出的是从房屋的正面（即反映房屋的主要入口或比较显著地反映出房屋外貌特征的那个立面）由前向后投射所得到的正立面图。从房屋左侧面或右侧面由左向右投射或由右向左投射所得到的是左侧立面图或右侧立面图；而从房屋的背面由后向前投射所得到的是背立面图。

立面图表示房屋的外貌，反映房屋的高度，门窗的形式、大小和位置，屋面的形式和墙面的做法等内容。

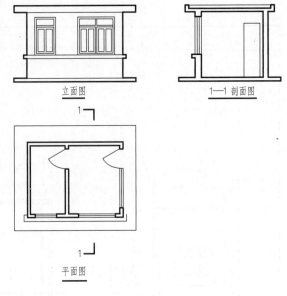

图 11-32 房屋平面图、立面图、剖面图

3. 剖面图

假想用侧平面（或正平面）将房屋剖开，移去处于观察者和剖切平面之间的部分，把剩下的部分向投影面进行投射所得到的图形，称为剖面图，如图11-32所示。剖面图表示房屋内部的结构形式、主要构配件之间的相互关系，以及地面、门窗、屋面的高度等内容。

剖面图要进行标注，按国家标准规定，剖切符号及投射方向均画成粗实线，如图11-32所示。剖切位置应选在房屋内部构造复杂和典型的部位，并通过门窗洞，若为多层房屋，应选在楼梯间或层高不同、层次不同的部位。剖面图的图名应与剖切符号的编号一致。需要时也可用两个平行的剖切面以阶梯的形式作剖面图。

4. 详图

对房屋的细部或构配件，用较大的比例（如 1：20、1：10、1：5、1：2、1：1）将其详细地表示出来，这种图样称为建筑详图，简称为"详图"。如剖面详图、楼梯详图、门窗详图。

三、建筑工程图的图示特点

建筑工程图与机械工程图虽然都采用正投影法绘制，但由于房屋建筑与机械设备的形状、大小或者材料方面都存在很大差异，所以其表达方法也不尽相同。如视图名称、选用比例、尺寸注法都各有特点。

1. 视图名称

房屋建筑图与机械图的图样名称对照见表11-2。

建筑工程图的每个图样都应标注图名。图名一般标注在图样下方，并在图名下画一条粗实线。

表 11-2　房屋建筑图与机械图的图样名称对照

房屋建筑图	正立面图	侧立面图	平面图	剖面图	断面图	详图
机械图	主视图	左视图或 右视图	俯视投射方向 的全剖视图	剖视图	断面图	局部放大图

2. 比例

由于房屋建筑的形体较大，所以，施工图一般多采用缩小的比例绘制。如房屋的平面图、立面图、剖面图常采用的比例是 1∶50、1∶100、1∶200 等；详图常采用的比例是 1∶1、1∶2、1∶5、1∶10、1∶20 等。比例注写在图名右侧，字高比图名的字高小一号。

3. 图线

建筑工程图所采用的线型，除了折断线、波浪线以外，实线分为粗、中、细三种规格。虚线分为中、细两种规格。点画线分为粗、细两种规格。图线宽度 d 的推荐系列与机械工程图样相同。

4. 尺寸标注

建筑工程图的尺寸标注与机械工程图样的尺寸标注有区别。建筑工程图的尺寸界线与被标注轮廓线要离开 2mm；尺寸起止符号用中粗斜短线绘制，其倾斜方向与尺寸界线成顺时针 45°，长度为 3mm 左右；标高与总平面图的尺寸应以 m 为单位，同一方向尺寸允许注成封闭形式，如图 11-33 所示。

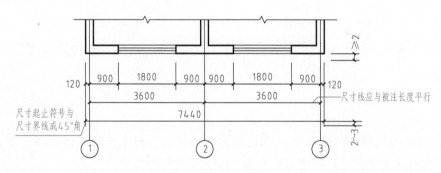

图 11-33　尺寸标注

四、建筑工程图中常用的图例和符号

1. 建筑工程图中常用的图例

由于建筑平面图、立面图、剖面图是采用缩小比例绘制的，图中的建筑构件及配件不可能按照实际情况画出，因此采用建筑制图有关标准规定的图例来表示各种构配件。

2. 建筑工程图中常用的符号

（1）定位轴线　在建筑工程图中，通常应将房屋的基础、墙、柱、屋架等承重构件的轴线绘出，并进行编号，以便施工时定位放线和查阅图样，这些轴线称为定位轴线，如图 11-33 所示。定位轴线用细点画线绘制，轴线编号注写在轴线端部的圆圈内，圆圈用细实线绘制，直径为 8~10mm。在平面图中，横向编号采用阿拉伯数字，从左到右依次编写；竖向编号采用大写拉丁字母，自下而上顺次编写。

（2）标高符号　在建筑工程图中，应标注室外地坪、楼地面、地下层地面、阳台、平台、檐口、门、窗、台阶等处的标高。标高符号的画法如图 11-34 所示，标高符号画成等腰直角三角形，高度为 3mm。标高数字一律以 m 为单位。施工图中注写到小数点后第三位。通常以房屋的底层室内地面作为零点标高，注写形式为 ±0.000。零点以上标高为"正"，标高数字前不必注写"+"号；零点以下标高为"负"，标高数字前必须加注"−"号。

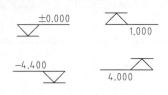

图 11-34　标高符号的画法

（3）索引符号和详图符号　在建筑工程图中某一局部或构配件需要另见详图时，应以索引符号索引。标注索引符号和详图符号的方法规定如下：

索引符号：用一引出线在要另见详图的局部或构配件处引出，在引出线的另一端画一细实线圆，其直径为 10mm，并画出一水平细实线直径，在上半圆中用阿拉伯数字注明该详图的编号，在下半圆中用阿拉伯数字注明该详图所在图样的编号，如图 11-35a 所示。如果详图与被索引的图样在同一张图样内，则在下半圆中画一水平细实线，如图 11-35b 所示。

详图符号：为一细实线圆，直径为 14mm。详图符号如图 11-36 所示。图 11-36a 中详图的编号为 1，被索引的图样与这个详图在同一张图样内；图 11-36b 中详图的编号为 3，与被索引的图样不在同一张图样内，而在第 4 号图样内。

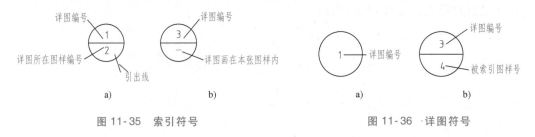

图 11-35　索引符号　　　　　　　　　　图 11-36　详图符号

（4）指北针　如图 11-31 中的平面图右下角所示，指北针圆用细实线绘制，直径为 24mm，指针尖为北向，指针尾部宽度为 3mm，指北针内涂黑。

五、绘制建筑平面图、立面图、剖面图的方法和步骤

在初步掌握房屋建筑基本表达形式和图示方法的基础上，通过绘制建筑平面图、立面图、剖面图，进一步理解建筑工程图的图示内容和表达特点。绘图过程应注意以下几点：

1）绘图的顺序。绘图一般是从平面图开始，再画立面图和剖面图。绘制顺序是先画底稿再加深，最后标注尺寸和注写有关文字说明。画底稿时可将同一方向的尺寸一次量出，以提高绘图速度。

2）应注意平面图、立面图、剖面图之间的对应关系。如立面图的定位轴线，外墙上门窗的位置与宽度应与平面图保持一致；剖面图的定位轴线，房屋总宽应与平面图一致；剖面图的高度以及外墙上门窗的高度应与立面图一致。平面图表示房屋的内部布局，立

面图反映房屋的外形，剖面图表达房屋的内部构造，三者互相补充，以完整表达一幢房屋的内外形状和结构。

3）选择合适的比例（建筑平面图、立面图、剖面图通常采用1：100），合理布置图面。平面图、立面图、剖面图可以分别画在不同的图样上，但尺寸各部分的对应关系必须保持一致，并且要注写图名。对于小型建筑，如果平面图、立面图、剖面图画在同一张图样内，则按照"长对正，高平齐、宽相等"的投影关系来画图，更为方便。

思政拓展
信物百年：重建黄鹤楼
手绘设计图

第四节　立体表面的展开图

把立体的表面，按其实际形状和大小，依次连续地摊平到一个平面上，称为立体表面的展开。展开所得的图形，称为展开图。展开图在造船、机械、冶金、化工、建筑等领域，都有广泛的应用。

工程上的钣金制件，多由板料弯卷、焊接而成。在弯卷前必须根据制件的展开图下料。板料具有一定的厚度，弯卷时外表层被拉伸，内表层被压缩，中间层基本不变。卷制件的展开图实际上是中间层理论几何面的展开。对于平板弯折制件，弯折圆角较小时，外表层的拉伸情况要远远大于内表层的压缩情况，故平板弯折制件应按内表层的理论几何面展开。在本节所讨论的展开，均指理论几何面的展开。

一、平面立体表面的展开

平面立体的各个表面都是多边形，分别作出组成立体表面的各个平面的实形，并将各个表面的实形依次排列在一个平面上，即可作出其展开图。

例 11-1

图 11-37a 所示为一漏斗，求作其中间部分的空心四棱锥台（图 11-37b）的表面展开图。

解　如图 11-37b 所示，延长四棱锥台的棱线，求出锥顶点 $S(s, s')$，得到一个完整的四棱锥。求出棱线 SA 的实长，四条棱线的长度相同。展开图作图步骤（图 11-37c）如下：

1）作 $SA = a' \mathrm{II}_0$（实长）。以 S 为圆心、SA 为半径画弧。

2）因矩形 $acde$ 反映实形，其各边反映实长。在圆弧上截取弦长 $AC = ac$、$AE = ae$、$ED = ed$、$DC = dc$，得交点 C、A、E、D、C，再与点 S 相连，即为完整四棱锥的展开图。

3）求漏斗一棱线 AB 的实长。由 b' 作水平线与 $a' \mathrm{II}_0$ 相交于 I_0，$a' \mathrm{I}_0$ 则是 AB 的实长，并在 SA 上取 $AB = a' \mathrm{I}_0$。

4）过点 B 作与底边 AC、AE 平行的线段，其余两边作法类同，截出的部分即为漏斗四棱锥台部分的展开图。

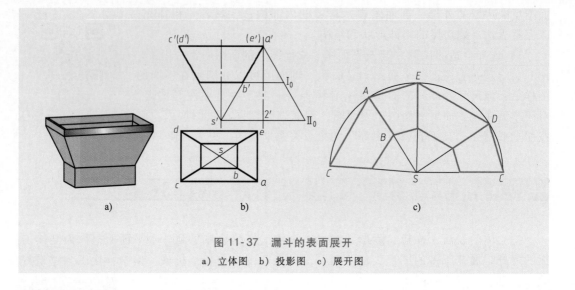

图 11-37 漏斗的表面展开

a）立体图 b）投影图 c）展开图

例 11-2

求图 11-38a 所示斜三棱柱侧表面的展开图。

解 棱柱侧表面的展开，实际是连续求出棱柱各侧面四边形的实形，但仅知四边形各边的实长，并不能唯一确定四边形的形状和大小。因此，要将棱柱每一侧面四边形用一对角线分为两个三角形，并求出这些三角形各边的实长。以一棱为始边，求得各边的实长，依次画出所有侧面的三角形，即得棱柱侧表面的展开图如图 11-38b 所示。

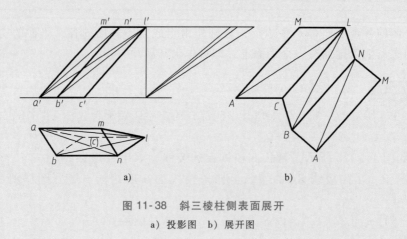

图 11-38 斜三棱柱侧表面展开

a）投影图 b）展开图

二、曲面立体表面的展开

曲面分为可展曲面和不可展曲面。不可展曲面在展开时只能采用近似展开法，其实质是将曲面适当分成若干部分，将每一部分视为可展曲面，然后画出其近似展开图。本节重点讨论可展曲面的展开图。

求图 11-39a 所示斜口圆柱管的展开图。

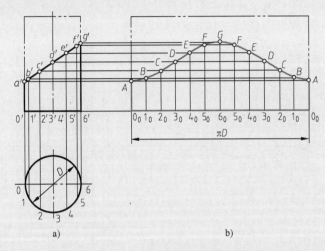

图 11-39　斜口圆柱管的展开

a）投影图　b）展开图

解　一圆柱面可看成是由相互平行的素线组成的，这些素线在与圆柱轴线平行的投影面上的投影反映实长。圆柱面的实际展开长度应是圆柱面底圆的周长，即 $L = \pi D$，如图 11-39 所示。具体作图步骤（图 11-39b）如下：

1）将圆柱面的底圆分为若干等份（图 11-39 中为 12 等份）。

2）过各分点引柱面的素线，其正面投影分别为 $0'a'$、$1'b'$、$2'c'$、…。

3）将底圆沿与柱面轴线垂直的方向展成一直线，使其长度 $L = \pi D$。

4）将展开线均分为与底圆相同的等份（12 等份），过各分点引展开线的垂线，并分别使其等于柱面相应的素线长度，再将所得各端点依次光滑地连接起来，即为斜口圆柱管的展开图。

求图 11-40a 所示异形正三通管的展开图。

解　（1）作相贯两圆柱管的相贯线　由于相贯线是两圆柱的分界线，也是两圆柱管连接的部位。因此，画相贯两圆柱管的展开图，应先在正投影图上精确画出相贯线。

（2）作小圆柱管的展开图　小圆柱管展开图的画法与上例中斜口圆柱管的展开图作法相同，关键是要正确量取各素线的实长。在图 11-40a 中，两圆柱管的素线在正面投影中反映实长，因而可在图中直接量取各素线的实长，并画到展开图的相应位置上，如图 11-40b 中的各点，光滑连接这些点便得相贯线的展开曲线（图 11-40b）。

（3）作大圆柱管的展开图　作大圆柱管展开图的作图关键是求出相贯线在展开图中的位置，采用素线法求解。如图 11-40c 所示，首先作出完整大圆柱管的展开图——矩形。

然后，在矩形的对称线上，由点 A 分别按弧长 $\overset{\frown}{1''2''}$、$\overset{\frown}{2''3''}$、$\overset{\frown}{3''4''}$ 量得 B、C、4_0 各点，并自这些点作圆柱的素线，相应地从正面投影 $1'$、$2'$、$3'$、$4'$ 各点引垂线，与这些素线相交为 1_0、2_0、3_0、4_0 等点。同样可作出后面对称部分各点。光滑连接这些点，即得相贯线的展开图。

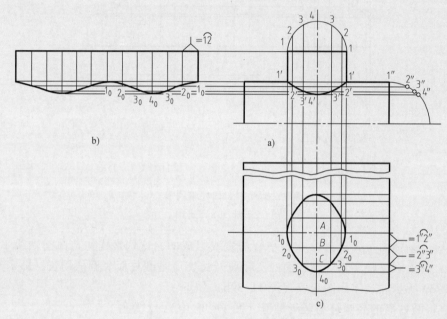

图 11-40　异形正三通管的展开

a）正面投影　b）小圆柱管的展开图　c）大圆柱管的展开图

例 11-5

求图 11-41a 所示等径直角弯管——1/4 圆环面的展开图。

解　圆环面为不可展曲面，必须用近似展开法。如图 11-41a 所示，用过圆环面回转轴线的平面将圆环面分割成 AB、BC、CD、DE 等段，每一小段圆环面均以斜截圆柱面代替，分割段数越多，这些圆柱面的组合就越接近圆环面，将各段按斜截圆柱面展开，就可得到圆环面的近似展开图。弯管两端的接口为圆形，为满足此要求，将中间两节设计为双斜截圆柱面，称为全节；两端两节设计为单斜截圆柱面，使其长度恰好为中间节的一半，称为半节。具体作图步骤如下：

1）将 1/4 圆环面分成 AB、BC、CD、DE 四段，BC、CD 为全节，AB、DE 为半节。全节对应的中心角 $\alpha = 30°$，半节对应的中心角 $\alpha = 15°$。画出弯管各节圆柱面的投影，如图 11-41a 所示。

2）将弯管的 BC、DE 两节分别绕其轴线旋转 180°，各节就可以拼成一个圆柱管，如图 11-41b 所示。

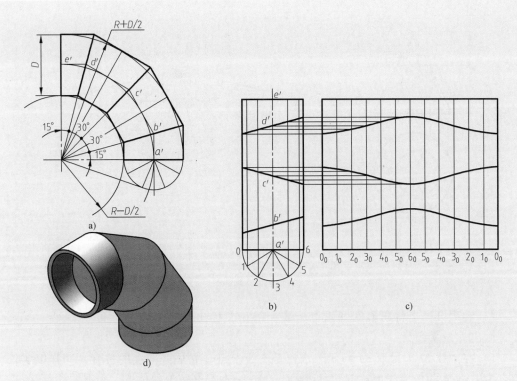

图 11-41　等径直角弯管的展开

a）投影图　b）弯管变形图　c）展开图　d）立体图

3）作出各节圆柱管的展开图。首先作出半节圆柱管的展开图，方法同例 11-3，然后用两个半节的展开图拼合出各个全节的展开图，进而得到整个弯管的展开图，如图 11-41c 所示。

4）最后成形的等径直角弯管如图 11-41d 所示。

例 11-6

求图 11-42a 所示斜截圆锥管的展开图。

解　斜截圆锥管可看作是正圆锥面被平面截切的结果，其展开图可分为两步作图，首先求出正圆锥面的展开图，再确定截交线在展开图上的位置。具体作图步骤如下：

1）画出正圆锥面的展开图。正圆锥面的展开图为以 $R = L$ 为半径、圆心角 $\alpha = 360°$ $\pi D / 2\pi L = 180° D / L$ 的扇形。

2）将圆锥底圆分成 n 等份（取 $n = 12$），并画出过各等分点素线的投影，标出截平面与各素线交点的正面投影 a'、b'、$\cdots$。

3）求出每条素线截切后的实长，即在正面投影中，过 b'、c'、$\cdots$ 各点作水平线与最左素线相交。

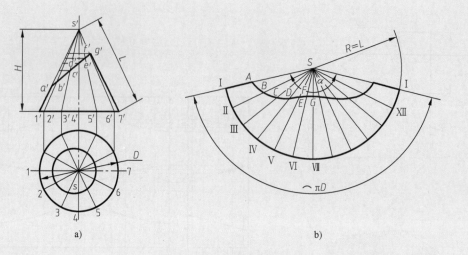

图 11-42　斜截圆锥管的展开

a) 投影图　b) 展开图

4）在展开图上将扇形的圆弧也分成 n 等份，标出各等分点Ⅰ、Ⅱ、Ⅲ、…、Ⅻ、Ⅰ，画出 n 条素线。

5）在素线 SI 上量取 $SA=s'a'$，求出截交线上点 A 在展开图上的位置，同样以实长 SB、SC、…在相应素线上截取，得 B、C、D、…在展开图上的位置。光滑连接这些点，即得斜截圆锥管的展开图（图 11-42b）。

三、变形接头的展开

变形接头是连接不同形状管道的接头管件。这类制件一般是柱状面、锥状面等不可展表面，或者是由平面与曲面组合而成的复合曲面，曲面也可以是可展的复合曲面。不管这些曲面是否可展，总可以将这些表面划分为若干个三角形或近似看作三角形。求出各三角形的实形，就可以作出变形接头的展开图。

例 11-7

求图 11-43a 所示上圆下方变形接头的表面展开图。

解　上圆下方变形接头的上圆必是由曲面所围成，下方必是由平面所围成，故其表面可分解为四个等腰三角形围成下方，四个部分椭圆锥围成上圆。其作图步骤如下：

1）在投影图（图 11-43b）中将上圆分为若干等份（图 11-43b 中为 12 等份），相邻四分点为一组，如 A、B、C、D 四点，过各分点引相应椭圆锥面的素线，并求其实长。

2）变形接头的方形底和顶圆均平行于水平投影面，故其水平投影反映实形，据此和所求相应素线之实长，可求得围成下方的各三角形和围成上圆的各斜椭圆锥面的各三角形的实形。以 $\triangle \mathrm{Ⅱ}A\mathrm{Ⅲ}$ 的高线为展开图的对称线，画出 $\triangle \mathrm{Ⅱ}A\mathrm{Ⅲ}$ 的实形，然后沿 ⅡA

和ⅢA两侧画出相应斜椭圆锥面的展开图。用同样的方法可依次作出其他部分的展开图，完成全图，如图11-43c所示。

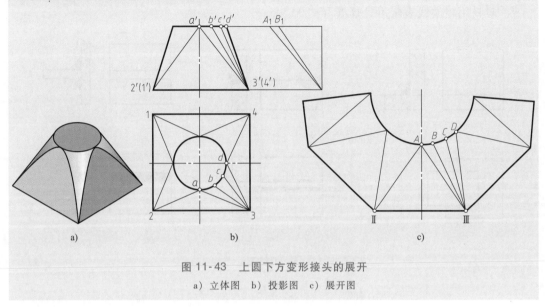

图 11-43 上圆下方变形接头的展开
a）立体图 b）投影图 c）展开图

第五节 焊接图

焊接是金属件间的一种固定连接方式，广泛应用于机械、造船、电子、化工、建筑等行业。焊接图是对焊接件进行焊接加工时所用的图样。

工件在焊接时，常见的焊接接头有：对接接头、搭接接头、T形接头和角接接头。工件被焊接后形成的接缝称为焊缝，焊缝形式主要有对接焊缝、点焊缝和角焊缝等（图11-44）。

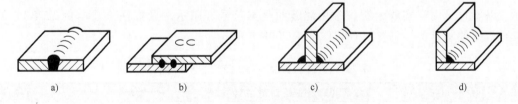

图 11-44 常见的焊接接头和焊缝形式
a）对接接头，对接焊缝 b）搭接接头，点焊缝 c）T形接头，角焊缝 d）角接接头，角焊缝

一、焊缝的规定画法

焊缝的画法在 GB/T 324—2008《焊缝符号表示法》和 GB/T 12212—2012《技术制图 焊缝符号的尺寸、比例及简化表示法》中已经做了规定，其画法如下：

在垂直于焊缝的剖视图或断面图中，一般应画出焊缝的形式并涂黑，如图 11-45a~c、e、f 所示。在视图中，可用栅线表示可见焊缝，如图 11-45b、c、d 所示；也可用加粗线（线宽 2d~3d）表示可见焊缝，如图 11-45e、f 所示。但在同一图样中，只允许采用一种画法。

一般只用粗实线表示可见焊缝（图 11-45a）。

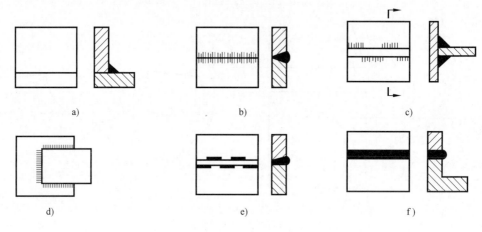

图 11-45　焊缝画法示例

二、焊缝符号及标注

在 GB/T 324—2008《焊缝符号表示法》中，对焊缝符号做出了规定。如需进一步了解焊缝坡口的基本形式和尺寸，可查阅 GB/T 985.1—2008《气焊、焊条电弧焊、气体保护焊和高能束焊的推荐坡口》和 GB/T 985.2—2008《埋弧焊的推荐坡口》。

焊缝符号一般由基本符号与指引线组成，必要时还可以加上补充符号和焊缝尺寸符号。现分述如下：

1. 基本符号

基本符号是表示焊缝横截面形状的符号，它采用近似于焊缝横截面形状的符号来表示。基本符号用粗实线绘制。常用焊缝的基本符号、图示法及标注方法示例见表 11-3，其他焊缝的基本符号可查阅 GB/T 324—2008。

表 11-3　常用焊缝的基本符号、图示法及标注方法示例

焊缝名称	基本符号	示意图	图示法		标注方法	
I 形焊缝	‖					
V 形焊缝	V					

（续）

焊缝名称	基本符号	示意图	图示法	标注方法
角焊缝	 ◺		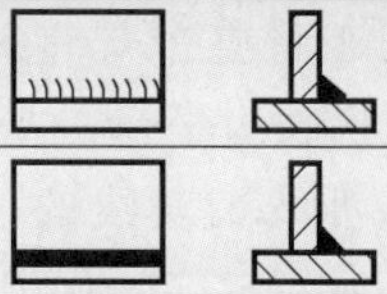	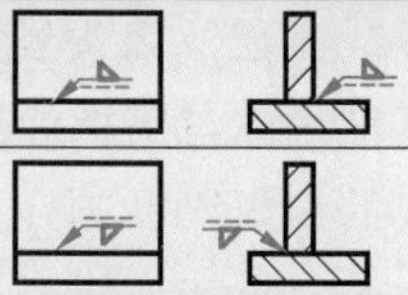
点焊缝	 ◯	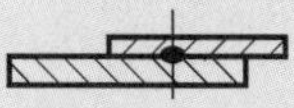	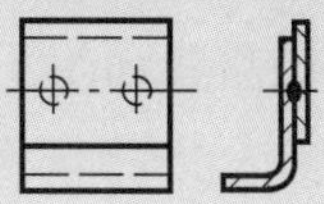	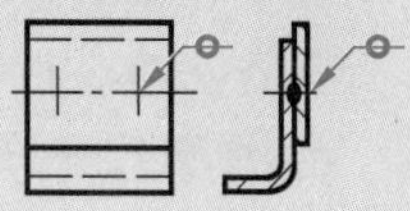

2. 补充符号

补充符号是补充说明焊缝或接头某些特征的符号，用粗实线绘制。补充符号及标注示例见表 11-4。

表 11-4　补充符号及标注示例

名　称	符号	形式及标注示例	说　明
平面符号	──	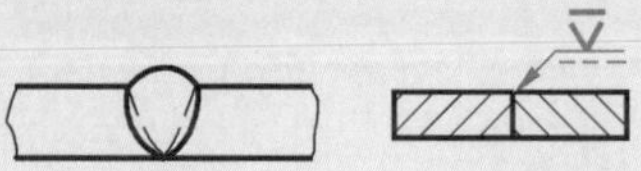	表示 V 形焊缝表面齐平
凹面符号	◡	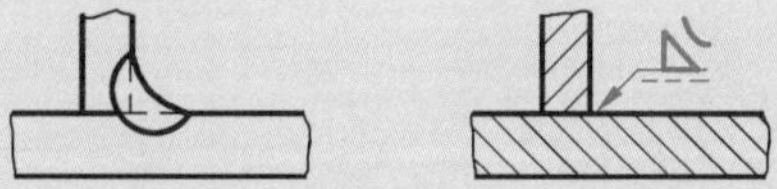	表示角焊缝表面凹陷
凸面符号	◠		表示双面 V 形焊缝表面凸起
带垫板符号	▭	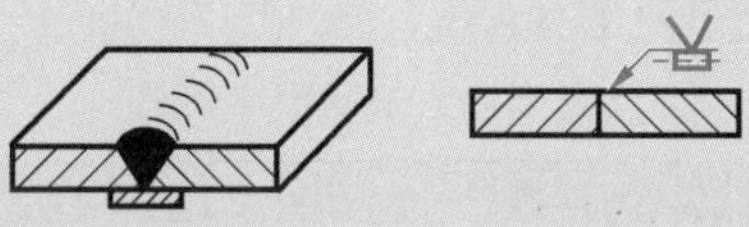	表示 V 形焊缝的背面尾部有垫板
三面焊缝符号	⊏		工件三面施焊，开口方向与实际方向一致
周围焊缝符号	◯	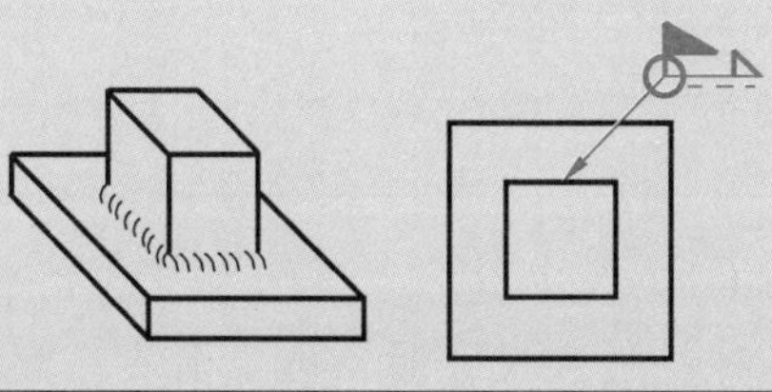	表示在现场沿工件周围施焊
现场焊缝符号	▶		
尾部符号	＜	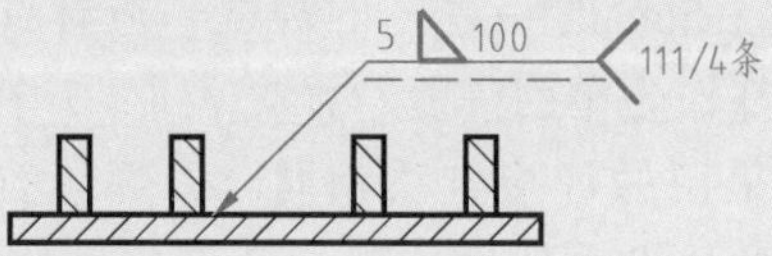	表示用焊条电弧焊

3. 指引线

指引线采用细实线绘制，一般由箭头线和两条基准线（一条为细实线，一条为细虚线）组成。箭头线用来将整个焊接符号指到图样上相关焊缝处，必要时允许弯折一次。基准线应与图样标题栏长边平行。基准线的上面和下面用来标注各种符号和尺寸，基准线的细虚线可画在基准线细实线的上侧或下侧。必要时，可在横线末端加一尾部，作为其他说明之用，如焊接方法等。指引线的格式如图 11-46 所示。

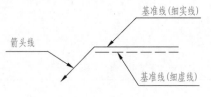

图 11-46　指引线的格式

4. 焊缝尺寸符号

焊缝尺寸一般不标注。如设计或生产需要注明焊缝尺寸时，可按 GB/T 324—2008 中焊缝尺寸符号的规定标注。常用的焊缝尺寸符号见表 11-5。

表 11-5　常用的焊缝尺寸符号

名　称	符　号	名　称	符　号
工件厚度	δ	焊缝间距	e
坡口角度	α	焊脚尺寸	K
根部间隙	b	点焊:熔核直径 (塞焊:孔径)	d
钝边	p	焊缝宽度	c
焊缝长度	l	余高	h

三、焊接方法及数字代号

焊接的方法很多，常用的有电弧焊、接触焊、电渣焊、点焊和钎焊等，其中以电弧焊应用最为广泛。焊接方法可用文字注写在技术要求中，也可用数字代号直接注写在引线的尾部。常用焊接方法的数字代号见表 11-6。

表 11-6　常用焊接方法的数字代号

焊接方法	数字代号	焊接方法	数字代号
焊条电弧焊	111	激光焊	52
埋弧焊	12	气焊	3
电渣焊	72	硬钎焊	91
电子束焊	51	点焊	21

四、常见焊缝的标注

常见焊缝的标注示例见表 11-7。

在指引线的横线上标注各种符号和尺寸时，位于箭头一面的焊缝，应标注在基准线的细实线侧；位于箭头另一面（相对的一边）的焊缝，应标注在基准线的细虚线侧。不论在横线上面或下面的符号，都作为单面焊缝，详见表 11-7 中的标注示例。

当一张图样上全部焊缝所采用的焊接方法相同时，焊缝符号中的焊接方法代号可以省略，但必须在技术要求或其他技术文件中注明"全部焊缝均采用××××焊"的字样，如

"全部焊缝均采用焊条电弧焊"。当大部分焊接方法相同时，也可在技术要求或其他技术文件中注明 "除注明焊缝的焊接方法外，其余焊缝均采用××××焊" 的字样。

表 11-7　常见焊缝的标注示例

接头形式	焊缝形式	标注示例	说　明
对接接头	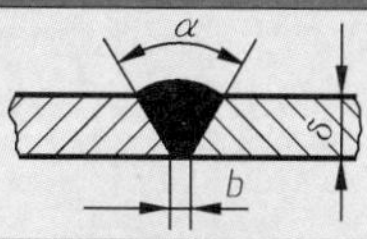	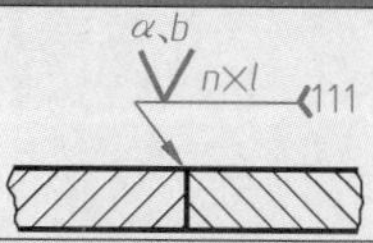	111 表示用焊条电弧焊，V 形焊缝，坡口角度为 α，根部间隙为 b，有 n 段焊缝，每段焊缝长度为 l
T 形接头	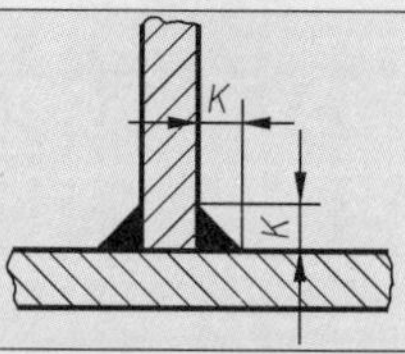	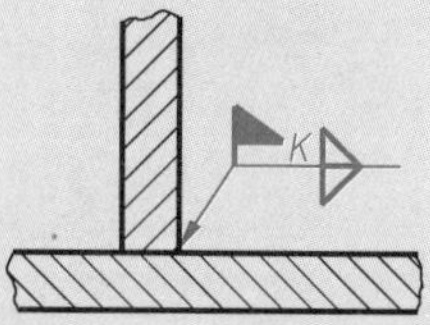	表示在现场装配时进行焊接 表示对称角焊缝，焊脚尺寸为 K
T 形接头			$n \times l(e)$ 表示有 n 段断续对称角焊缝，l 表示每段焊缝的长度，e 表示断续焊缝的间距 Z 表示交错断续角焊缝
三面焊接	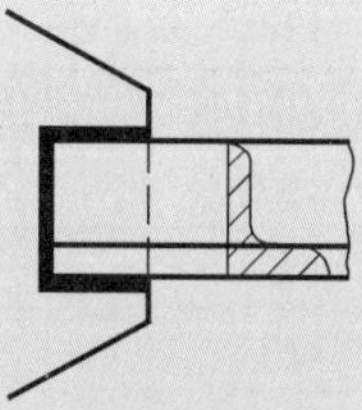	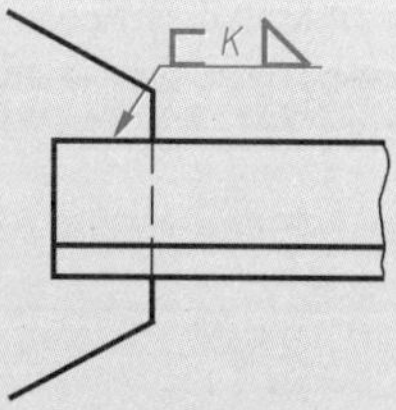	表示三面焊缝 表示单面角焊缝
角接接头	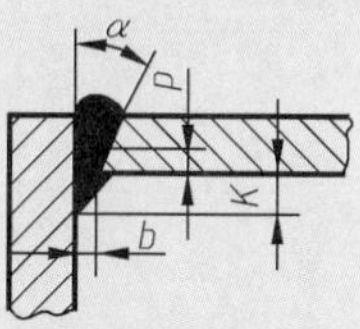	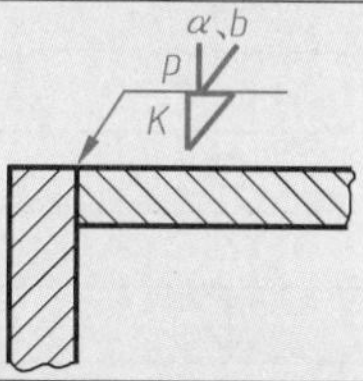	表示双面焊缝，上面为单边 V 形焊缝，下面为角焊缝
搭接接头	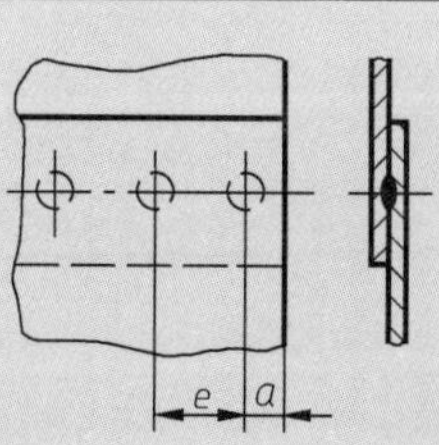	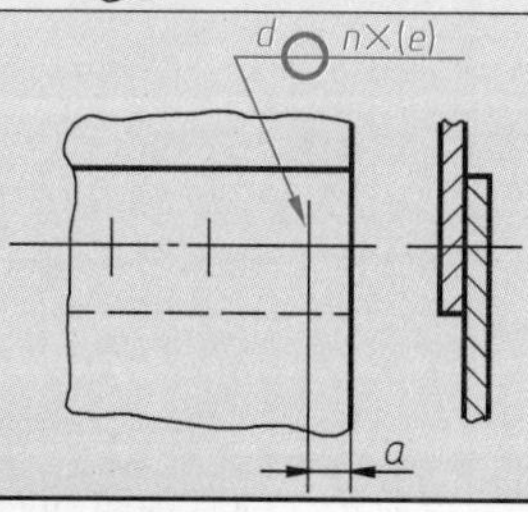	○表示点焊缝，d 表示熔核直径，e 表示焊点的间距，a 表示焊点至板边的间距

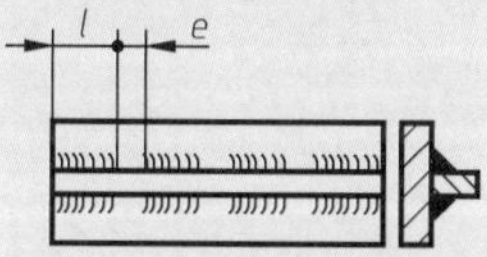

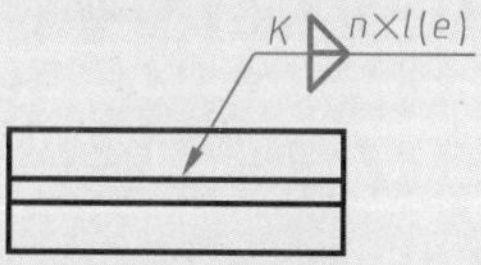

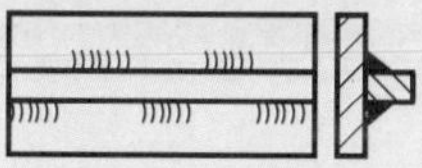

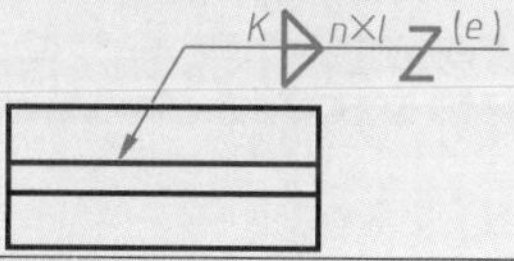

思政拓展
信物百年：推动煤电清洁
化利用的技术图纸

附　　录

附录一　标注尺寸用符号和缩写词

附表 1　标注尺寸用符号和缩写词（GB/T 16675.2—2012）

名　　称	符号或缩写词	名　　称	符号或缩写词
直径	ϕ	沉孔或锪平	⊔
半径	R	埋头孔	∨
球直径	$S\phi$	均布	EQS
球半径	SR	弧长	⌒
厚度	t	斜度	∠
正方形	□	锥度	◁
45°倒角	C	展开	⌐
深度	↓		

附录二　螺纹

（一）普通螺纹

附表 2　普通螺纹的直径与螺距系列（GB/T 193—2003）　　　　（单位：mm）

公称直径 D、d			螺　距 P		公称直径 D、d			螺　距 P	
第一系列	第二系列	第三系列	粗牙	细牙	第一系列	第二系列	第三系列	粗牙	细牙
1	1.1		0.25	0.2		1.4		0.3	0.2
1.2					1.6	1.8		0.35	

（续）

公称直径 D、d			螺距 P		公称直径 D、d			螺距 P	
第一系列	第二系列	第三系列	粗牙	细牙	第一系列	第二系列	第三系列	粗牙	细牙
2			0.4	0.25	36			4	3,2,1.5
	2.2		0.45				38		1.5
2.5				0.35			39	4	3,2,1.5
3			0.5				40		3,2,1.5
	3.5		0.6	0.5	42	45		4.5	4,3,2,1.5
4			0.7		48			5	
	4.5		0.75				50		3,2,1.5
5			0.8			52		5	4,3,2,1.5
		5.5					55		4,3,2,1.5
6		7	1	0.75	56			5.5	4,3,2,1.5
8			1.25	1,0.75			58		4,3,2,1.5
		9	1.25			60		5.5	4,3,2,1.5
10			1.5	1.25,1,0.75			62		4,3,2,1.5
		11	1.5	1.5,1,0.75	64			6	4,3,2,1.5
12			1.75	1.25,1			65		4,3,2,1.5
	14		2	1.5,1,1.25		68		6	4,3,2,1.5
		15		1.5,1			70		6,4,3,2,1.5
16			2	1.5,1	72				6,4,3,2,1.5
		17		1.5,1			75		4,3,2,1.5
20	18		2.5	2,1.5,1		76			6,4,3,2,1.5
	22						78		2
24			3	2,1.5,1	80				6,4,3,2,1.5
		25		2,1.5,1			82		2
		26		1.5	90	85			6,4,3,2
	27		3	2,1.5,1	100	95			
		28		2,1.5,1	110	105			
30			3.5	(3),2,1.5,1			115		
	32			2,1.5			120		
	33		3.5	(3),2,1.5	125	130			8,6,4,3,2
		35		1.5	140	150			

注：1. 优先选用第一系列直径，其次选择第二系列直径，第三系列尽可能不用。

2. 括号内的尺寸尽可能不用。

3. M14×1.25 仅用于发动机的火花塞，M35×1.5 仅用于滚动轴承的锁紧螺母。

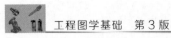
附表3 普通螺纹的基本牙型和基本尺寸

（GB/T 192—2003，GB/T 196—2003）　　　　　　　　（单位：mm）

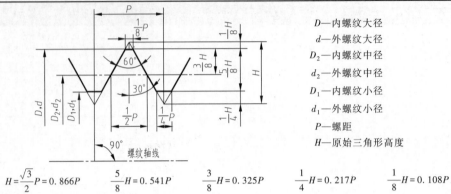

D—内螺纹大径

d—外螺纹大径

D_2—内螺纹中径

d_2—外螺纹中径

D_1—内螺纹小径

d_1—外螺纹小径

P—螺距

H—原始三角形高度

$$H=\frac{\sqrt{3}}{2}P=0.866P \qquad \frac{5}{8}H=0.541P \qquad \frac{3}{8}H=0.325P \qquad \frac{1}{4}H=0.217P \qquad \frac{1}{8}H=0.108P$$

$$D_2=D-2\times\frac{3}{8}H \qquad d_2=d-2\times\frac{3}{8}H \qquad D_1=D-2\times\frac{5}{8}H \qquad d_1=d-2\times\frac{5}{8}H$$

公称直径（大径）D、d	螺距 P	中径 D_2、d_2	小径 D_1、d_1	公称直径（大径）D、d	螺距 P	中径 D_2、d_2	小径 D_1、d_1
1	0.25	0.838	0.729	5	0.8	4.480	4.314
	0.2	0.870	0.783		0.5	4.675	4.459
1.1	0.25	0.938	0.829	5.5	0.5	5.175	4.959
	0.2	0.970	0.883	6	1	5.350	4.917
1.2	0.25	1.038	0.929		0.75	5.513	5.188
	0.2	1.070	0.983	7	1	6.350	5.917
1.4	0.3	1.205	1.075		0.75	6.513	6.188
	0.2	1.270	1.183	8	1.25	7.188	6.647
1.6	0.35	1.373	1.221		1	7.350	6.917
	0.2	1.470	1.383		0.75	7.513	7.188
1.8	0.35	1.573	1.421	9	1.25	8.188	7.647
	0.2	1.670	1.583		1	8.350	7.917
2	0.4	1.740	1.567		0.75	8.513	8.188
	0.25	1.838	1.729	10	1.5	9.026	8.376
2.2	0.45	1.908	1.713		1.25	9.188	8.647
	0.25	2.038	1.929		1	9.350	8.917
2.5	0.45	2.208	2.013		0.75	9.513	9.188
	0.35	2.273	2.121	11	1.5	10.026	9.376
3	0.5	2.675	2.549		1	10.350	9.917
	0.35	2.773	2.621		0.75	10.513	10.188
3.5	0.6	3.110	2.850	12	1.75	10.863	10.106
	0.35	3.273	3.121		1.5	11.026	10.376
4	0.7	3.545	3.242		1.25	11.188	10.647
	0.5	3.675	3.459		1	11.350	10.917
4.5	0.75	4.013	3.688	14	2	12.701	11.835
	0.5	4.175	3.959		1.5	13.026	12.376
					1.25	13.188	12.647
					1	13.350	12.917

（续）

公称直径 （大径）D、d	螺距 P	中径 D_2、d_2	小径 D_1、d_1	公称直径 （大径）D、d	螺距 P	中径 D_2、d_2	小径 D_1、d_1
15	1.5	14.026	13.376	24	1.5	23.026	22.376
	1	14.350	13.917		1	23.350	22.917
16	2	14.701	13.835	25	2	23.701	22.835
	1.5	15.026	14.376		1.5	24.026	23.376
	1	15.350	14.917		1	24.350	23.917
17	1.5	16.026	15.376	26	1.5	25.026	24.376
	1	16.350	15.917				
18	2.5	16.376	15.294	27	3	25.051	23.752
	2	16.701	15.835		2	25.701	24.835
	1.5	17.026	16.376		1.5	26.026	25.376
	1	17.350	16.917		1	26.350	25.917
20	2.5	18.376	17.294	28	2	26.701	25.835
	2	18.701	17.835		1.5	27.026	26.376
	1.5	19.026	18.376		1	27.350	26.917
	1	19.350	18.917	30	3.5	27.727	26.211
22	2.5	20.376	19.294		3	28.051	26.752
	2	20.701	19.835		2	28.701	27.835
	1.5	21.026	20.376		1.5	29.026	28.376
	1	21.350	20.917		1	29.350	28.917
24	3	22.051	20.752	32	2	30.701	29.835
	2	22.701	21.835		1.5	31.026	30.376

（二）梯形螺纹

附表 4　梯形螺纹直径、螺距和基本尺寸（GB/T 5796.1~3—2005）（单位：mm）

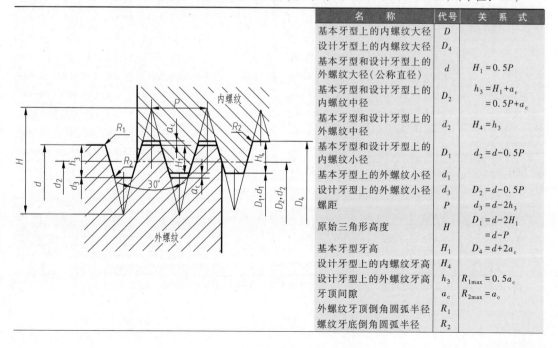

名　称	代号	关系式
基本牙型上的内螺纹大径	D	
设计牙型上的内螺纹大径	D_4	
基本牙型和设计牙型上的 外螺纹大径（公称直径）	d	$H_1 = 0.5P$
基本牙型和设计牙型上的 内螺纹中径	D_2	$h_3 = H_1 + a_c$ $= 0.5P + a_c$
基本牙型和设计牙型上的 外螺纹中径	d_2	$H_4 = h_3$
基本牙型和设计牙型上的 内螺纹小径	D_1	$d_2 = d - 0.5P$
基本牙型上的外螺纹小径	d_1	$D_2 = d - 0.5P$
设计牙型上的外螺纹小径	d_3	$d_3 = d - 2h_3$
螺距	P	$D_1 = d - 2H_1$
原始三角形高度	H	$= d - P$
基本牙型牙高	H_1	$D_4 = d + 2a_c$
设计牙型上的内螺纹牙高	H_4	
设计牙型上的外螺纹牙高	h_3	$R_{1max} = 0.5a_c$
牙顶间隙	a_c	$R_{2max} = a_c$
外螺纹牙顶倒角圆弧半径	R_1	
螺纹牙底倒角圆弧半径	R_2	

（续）

公称直径 d	螺距 P	中径 $d_2 = D_2$	大径 D_4	小 径 d_3	小 径 D_1	公称直径 d	螺距 P	中径 $d_2 = D_2$	大径 D_4	小 径 d_3	小 径 D_1
8	1.5	7.250	8.300	6.200	6.500		3	32.500	34.500	30.500	31.000
(9)	1.5	8.250	9.300	7.200	7.500	(34)	6	31.000	35.000	27.000	28.000
	2	8.000	9.500	6.500	7.000		10	29.000	35.000	23.000	24.000
10	1.5	9.250	10.300	8.200	8.500		3	34.500	36.500	32.500	33.000
	2	9.000	10.500	7.500	8.000	36	6	33.000	37.000	29.000	30.000
(11)	2	10.000	11.500	8.500	9.000		10	31.000	37.000	25.000	26.000
	3	9.500	11.500	7.500	8.000		3	36.500	38.500	34.500	35.000
12	2	11.000	12.500	9.500	10.000	(38)	7	34.500	39.000	30.000	31.000
	3	10.500	12.500	8.500	9.00		10	33.000	39.000	27.000	28.000
(14)	2	13.000	14.500	11.500	12.000		3	38.500	40.500	36.500	37.000
	3	12.500	14.500	10.500	11.000	40	7	36.500	41.000	32.000	33.000
16	2	15.000	16.500	13.500	14.000		10	35.000	41.000	29.000	30.000
	4	14.000	16.500	11.500	12.000		3	40.500	42.500	38.500	39.000
(18)	2	17.000	18.500	15.500	16.000	(42)	7	38.500	43.000	34.000	35.000
	4	16.000	18.500	13.500	14.000		10	37.000	43.000	31.000	32.000
20	2	19.000	20.500	17.500	18.000		3	42.500	44.500	40.500	41.000
	4	18.000	20.500	15.500	16.000	44	7	40.500	45.000	36.000	37.000
(22)	3	20.500	22.500	18.500	19.000		12	38.000	45.000	31.000	32.000
	5	19.500	22.500	16.500	17.000		3	44.500	46.500	42.500	43.000
	8	18.000	23.000	13.000	14.000	(46)	8	42.000	47.000	37.000	38.000
24	3	22.500	24.500	20.500	21.000		12	40.000	47.000	33.000	34.000
	5	21.500	24.500	18.500	19.000		3	46.500	48.500	44.500	45.000
	8	20.000	25.000	15.000	16.000	48	8	44.000	49.000	39.000	40.000
(26)	3	24.500	26.500	22.500	23.500		12	42.000	49.000	35.000	36.000
	5	23.500	26.500	20.500	21.000		3	48.500	50.500	46.500	47.000
	8	22.000	27.000	17.000	18.000	(50)	8	46.000	51.000	41.000	42.000
28	3	26.500	28.500	24.500	25.000		12	44.000	51.000	37.000	38.000
	5	25.500	28.500	22.500	23.000		3	50.500	52.500	48.500	49.000
	8	24.000	29.000	19.000	20.000	52	8	48.000	53.000	43.000	44.000
(30)	3	28.500	30.500	26.500	27.000		12	46.000	53.000	39.000	40.000
	6	27.000	31.000	23.000	24.000		3	53.500	55.000	51.500	52.000
	10	25.000	31.000	19.000	20.000	(55)	9	50.500	56.000	45.000	46.000
32	3	30.500	32.500	28.500	29.000		14	48.000	57.000	39.000	41.000
	6	29.000	33.000	25.000	26.000		3	58.500	60.500	56.500	57.000
	10	27.000	33.050	21.000	22.000	60	9	55.500	61.000	50.000	51.000
							14	53.000	62.000	44.000	46.000

注：公称直径栏中带括号的为第二系列，不带括号的为第一系列，应优先选用第一系列。

（三）管螺纹

附表 5　55°非密封管螺纹基本尺寸（GB/T 7307—2001）　（单位：mm）

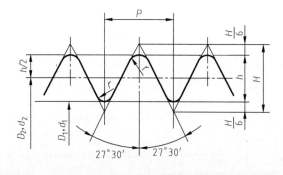

$$P = \frac{25.4}{n}\ \text{mm}$$

$$H = 0.960491P$$

$$h = 0.640327P$$

$$r = 0.137329P$$

$$\frac{H}{6} = 0.160082P$$

$$D_2 = d_2 = d - 0.640327P$$

$$D_1 = d_1 = d - 1.280654P$$

尺寸代号 /in （1in＝25.4mm）	每 in 内的 牙数 n	螺距 P	牙高 h	圆弧半径 $r \approx$	基本直径		
					大径 $d = D$	中径 $d_2 = D_2$	小径 $d_1 = D_1$
1/4	19	1.337	0.856	0.184	13.157	12.301	11.445
3/8	19	1.337	0.856	0.184	16.662	15.806	14.950
1/2	14	1.814	1.162	0.249	20.955	19.793	18.631
5/8	14	1.814	1.162	0.249	22.911	21.749	20.587
3/4	14	1.814	1.162	0.249	26.441	25.279	24.117
7/8	14	1.814	1.162	0.249	30.201	29.039	27.877
1	11	2.309	1.479	0.317	33.249	31.770	30.291
1⅛	11	2.309	1.479	0.317	37.897	36.418	34.939
1¼	11	2.309	1.479	0.317	41.910	40.431	38.952
1½	11	2.309	1.479	0.317	47.803	46.324	44.845
1¾	11	2.309	1.479	0.317	53.746	52.267	50.788
2	11	2.309	1.479	0.317	59.614	58.135	56.656
2¼	11	2.309	1.479	0.317	65.710	64.231	62.752
2½	11	2.309	1.479	0.317	75.184	73.705	72.226
2¾	11	2.309	1.479	0.317	81.534	80.055	78.576
3	11	2.309	1.479	0.317	87.884	86.405	84.926
3½	11	2.309	1.479	0.317	100.330	98.851	97.372
4	11	2.309	1.479	0.317	113.030	111.551	110.072
4½	11	2.309	1.479	0.317	125.730	124.251	122.772
5	11	2.309	1.479	0.317	138.430	136.951	135.472
5½	11	2.309	1.479	0.317	151.130	149.651	148.172
6	11	2.309	1.479	0.317	163.830	162.351	160.872

注：本标准适用于管接头、旋塞、阀门及附件。

附录三 常用标准件

（一）螺钉

附表6　开槽盘头螺钉（GB/T 67—2016）　　　　　（单位：mm）

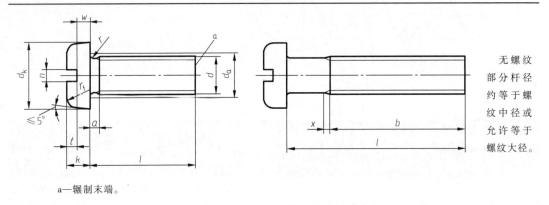

a—辗制末端。

标记示例：

螺纹规格 d = M5，公称长度 l = 20mm，性能等级为 4.8 级，不经表面处理的 A 级开槽盘头螺钉：

螺钉　GB/T 67　M5×20

螺纹规格 d		M1.6	M2	M2.5	M3	(M3.5)[1]	M4	M5	M6	M8	M10
P[2]		0.35	0.4	0.45	0.5	0.6	0.7	0.8	1	1.25	1.5
a	max	0.7	0.8	0.9	1	1.2	1.4	1.6	2	2.5	3
b	min	25	25	25	25	38	38	38	38	38	38
d_k	公称=max	3.2	4.0	5.0	5.6	7.00	8.00	9.50	12.00	16.00	20.00
	min	2.9	3.7	4.7	5.3	6.64	7.64	9.14	11.57	15.57	19.48
d_a	max	2	2.6	3.1	3.6	4.1	4.7	5.7	6.8	9.2	11.2
k	公称=max	1.00	1.30	1.50	1.80	2.10	2.40	3.00	3.6	4.8	6.0
	min	0.86	1.16	1.36	1.66	1.96	2.26	2.88	3.3	4.5	5.7
n	公称	0.4	0.5	0.6	0.8	1	1.2	1.2	1.6	2	2.5
	max	0.60	0.70	0.80	1.00	1.20	1.51	1.51	1.91	2.31	2.81
	min	0.46	0.56	0.66	0.86	1.06	1.26	1.26	1.66	2.06	2.56
r	min	0.1	0.1	0.1	0.1	0.1	0.2	0.2	0.25	0.4	0.4
r_f	参考	0.5	0.6	0.8	0.9	1	1.2	1.5	1.8	2.4	3
t	min	0.35	0.5	0.6	0.7	0.8	1	1.2	1.4	1.9	2.4
w	min	0.3	0.4	0.5	0.7	0.8	1	1.2	1.4	1.9	2.4
x	max	0.9	1	1.1	1.25	1.5	1.75	2	2.5	3.2	3.8

（续）

螺纹规格 d			M1.6	M2	M2.5	M3	(M3.5)[1]	M4	M5	M6	M8	M10
l[1],[3]			每 1000 件钢螺钉的质量($\rho=7.85\mathrm{kg/dm^3}$)≈									
公称	min	max					kg					
2	1.8	2.2	0.075									
2.5	2.3	2.7	0.081	0.152								
3	2.8	3.2	0.087	0.161	0.281							
4	3.76	4.24	0.099	0.18	0.311	0.463						
5	4.76	5.24	0.11	0.198	0.341	0.507	0.825	1.16				
6	5.76	6.24	0.122	0.217	0.371	0.551	0.885	1.24	2.12			
8	7.71	8.29	0.145	0.254	0.431	0.639	1	1.39	2.37	4.02		
10	9.71	10.29	0.168	0.292	0.491	0.727	1.12	1.55	2.61	4.37	9.38	
12	11.65	12.35	0.192	0.329	0.551	0.816	1.24	1.7	2.86	4.72	10	18.2
(14)	13.65	14.35	0.215	0.366	0.611	0.904	1.36	1.86	3.11	5.1	10.6	19.2
16	15.65	16.35	0.238	0.404	0.671	0.992	1.48	2.01	3.36	5.45	11.2	20.2
20	19.58	20.42		0.478	0.792	1.17	1.72	2.32	3.85	6.14	12.6	22.2
25	24.58	25.42			0.942	1.39	2.02	2.71	4.47	7.01	14.1	24.7
30	29.58	30.42				1.61	2.32	3.1	5.09	7.9	15.7	27.2
35	34.5	35.5					2.62	3.48	5.71	8.78	17.3	29.7
40	39.5	40.5						3.87	6.32	9.66	18.9	32.2
45	44.5	45.5							6.94	10.5	20.5	34.7
50	49.5	50.5							7.56	11.4	22.1	37.2
(55)	54.05	55.95								12.3	23.7	39.7
60	59.05	60.95								13.2	25.3	42.2
(65)	64.05	65.95									26.9	44.7
70	69.05	70.95									28.5	47.2
(75)	74.05	75.95									30.1	49.7
80	79.05	80.95									31.7	52.2

注：在阶梯实线间为优选长度。

① 尽可能不采用括号内的规格。

② P 为螺距。

③ 公称长度在阶梯虚线以上的螺钉，制出全螺纹（$b=l-a$）。

附表 7　开槽沉头螺钉（GB/T 68—2016）、开槽半沉头螺钉（GB/T 69—2016）　（单位：mm）

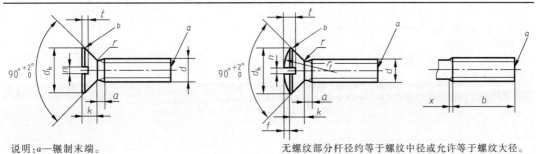

说明：a—辗制末端。
　　　b—圆的或平的。

无螺纹部分杆径约等于螺纹中径或允许等于螺纹大径。

标记示例：

螺纹规格 d＝M5，公称长度 l＝20mm，性能等级为 4.8 级，不经表面处理的 A 级开槽半沉头螺钉：

螺钉　GB/T 69　M5×20

（续）

螺纹规格 d			M1.6	M2	M2.5	M3	(M3.5)①	M4	M5	M6	M8	M10
P②			0.35	0.4	0.45	0.5	0.6	0.7	0.8	1	1.25	1.5
a		max	0.7	0.8	0.9	1	1.2	1.4	1.6	2	2.5	3
b		min	25	25	25	25	38	38	38	38	38	38
d_k③	理论值	max	3.6	4.4	5.5	6.3	8.2	9.4	10.4	12.6	17.3	20
	实际值	公称=max	3.0	3.8	4.7	5.5	7.30	8.40	9.30	11.30	15.80	18.30
		min	2.7	3.5	4.4	5.2	6.94	8.04	8.94	10.87	15.37	17.78
f		≈	0.4	0.5	0.6	0.7	0.8	1	1.2	1.4	2	2.3
k③		公称=max	1	1.2	1.5	1.65	2.35	2.7	2.7	3.3	4.65	5
n		公称(nom)	0.4	0.5	0.6	0.8	1	1.2	1.2	1.6	2	2.5
		max	0.60	0.70	0.80	1.00	1.20	1.51	1.51	1.91	2.31	2.81
		min	0.46	0.56	0.66	0.86	1.06	1.26	1.26	1.66	2.06	2.56
r		max	0.4	0.5	0.6	0.8	0.9	1	1.3	1.5	2	2.5
r_f		≈	3	4	5	6	8.5	9.5	9.5	12	16.5	19.5
t	GB/T 68	max	0.5 / 0.80	0.6 / 1.0	0.75 / 1.2	0.85 / 1.45	1.2 / 1.7	1.3 / 1.9	1.4 / 2.4	1.6 / 2.8	2.3 / 3.7	2.6 / 4.4
	GB/T 69	min	0.32 / 0.64	0.4 / 0.8	0.50 / 1.0	0.60 / 1.2	0.90 / 1.4	1.0 / 1.6	1.1 / 2.0	1.2 / 2.4	1.8 / 3.2	2.0 / 3.8
x		max	0.9	1	1.1	1.25	1.5	1.75	2	2.5	3.2	3.8

① 尽可能不采用括号内的规格。

② P 为螺距。

③ 见 GB/T 5279。

附表8　开槽锥端紧定螺钉（GB/T 71—1985）、开槽平端紧定螺钉（GB/T 73—2017）、

开槽长圆柱端紧定螺钉（GB/T 75—1985）　　　　（单位：mm）

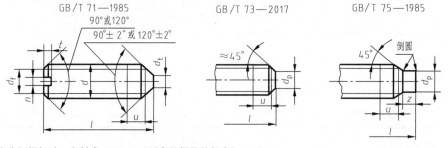

公称长度为短螺钉时，应制成120°，u（不完整螺纹的长度）≤2P

标记示例：

螺纹规格 d＝M5，公称长度 l＝12mm，性能等级为14H级，表面氧化的开槽平端紧定螺钉：

螺钉　GB/T 73　M5×12

螺纹规格 d		M1.2	M1.6	M2	M2.5	M3	M4	M5	M6	M8	M10	M12
P		0.25	0.35	0.4	0.45	0.5	0.7	0.8	1	1.25	1.5	1.75
d_f≈		螺　纹　小　径										
d_t	min	—	—	—	—	—	—	—	—	—	—	—
	max	0.12	0.16	0.2	0.25	0.3	0.4	0.5	1.5	2	2.5	3
d_p	min	0.35	0.55	0.75	1.25	1.75	2.25	3.2	3.7	5.2	6.64	8.14
	max	0.6	0.8	1	1.5	2	2.5	3.5	4	5.5	7	8.5

（续）

螺纹规格 d		M1.2	M1.6	M2	M2.5	M3	M4	M5	M6	M8	M10	M12
n	公称	0.2	0.25	0.25	0.4	0.4	0.6	0.8	1	1.2	1.6	2
	min	0.26	0.31	0.31	0.46	0.46	0.66	0.86	1.06	1.26	1.66	2.06
	max	0.4	0.45	0.45	0.6	0.6	0.8	1	1.2	1.51	1.91	2.31
t	min	0.4	0.56	0.64	0.72	0.8	1.12	1.28	1.6	2	2.4	2.8
	max	0.52	0.74	0.84	0.95	1.05	1.42	1.63	2	2.5	3	3.6
z	min	—	0.8	1	1.25	1.5	2	2.5	3	4	5	6
	max	—	1.05	1.25	1.5	1.75	2.25	2.75	3.25	4.3	5.3	6.3
GB/T 71—1985	l(公称长度)	2~6	2~8	3~10	3~12	4~16	6~20	8~25	8~30	10~40	12~50	14~60
	l(短螺钉)	2	2~2.5	2~2.5	2~3	2~3	2~4	2~5	2~6	2~8	2~10	2~12
GB/T 73—2017	l(公称长度)	2~6	2~8	2~10	2.5~12	3~16	4~20	5~25	6~30	8~40	10~50	12~60
	l(短螺钉)	—	2	2~2.5	2~3	2~3	2~4	2~5	2~6	2~6	2~8	2~10
GB/T 75—1985	l(公称长度)	—	2.5~8	3~10	4~12	5~16	6~20	8~25	8~30	10~40	12~50	14~60
	l(短螺钉)	—	2~2.5	2~3	2~4	2~5	2~6	2~8	2~10	2~14	2~16	2~20
l(系列)		2,2.5,3,4,5,6,8,10,12,(14),16,20,25,30,35,40,45,50,(55),60										

附表 9　内六角圆柱头螺钉（GB/T 70.1—2008）　　　　（单位：mm）

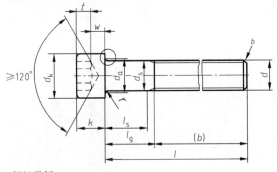

说明：a—内六角口部允许稍许倒圆或沉孔。

　　　b—末端倒角，d≤M4 的为辗制末端，见 GB/T 2。

标记示例：

螺纹规格 d=M5，公称长度 l=20mm，性能等级为 8.8 级，表面氧化的 A 级内六角圆柱头螺钉：

螺钉　GB/T 70.1　M5×20

螺纹规格 d	M3	M4	M5	M6	M8	M10	M12	M14	M16	M20
P	0.5	0.7	0.8	1	1.25	1.5	1.75	2	2	2.5
b 参考	18	20	22	24	28	32	36	40	44	52
d_k	5.5	7	8.5	10	13	16	18	21	24	30
k	3	4	5	6	8	10	12	14	16	20
t	1.3	2	2.5	3	4	5	6	7	8	10
s	2.5	3	4	5	6	8	10	12	14	17
e	2.87	3.44	4.58	5.72	6.86	9.15	11.43	13.72	16.00	19.44
r	0.1	0.2	0.2	0.25	0.4	0.4	0.6	0.6	0.6	0.8
l(公称长度)	5~30	6~40	8~50	10~60	12~80	16~100	20~120	25~140	25~160	30~200
l≤表中数值时,制出全螺纹	20	25	25	30	35	40	45	55	55	65
l(系列)	2.5,3,4,5,6,8,10,12,16,20,25,30,35,40,45,50,55,60,65,70,80,90,100,110,120,130,140,150,160,180,200,220,240,260,280,300									

注：螺纹规格 d=M1.6~M64。

（二）螺栓

附表10　六角头螺栓——A级和B级（GB/T 5782—2016）

（单位：mm）

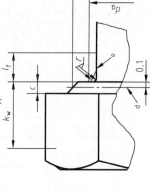

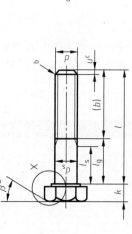

a—β=15°~30°。
b—末端应倒角,对螺纹规格≤M4可为辗制末端（GB/T 2）。
c—不完整螺纹长度 $u≤2P$。
d—d_w 的伸裁基准。
e—最大圆弧过渡。

标记示例：
螺纹规格 $d=$M12，公称长度 $l=$80mm，性能等级为 8.8级，不经表面处理，产品等级为 A级的六角头螺栓：
螺栓　GB/T 5782　M12×80

螺纹规格 d	M1.6	M2	M2.5	M3	M4	M5	M6	M8	M10	M12	M16	M20	M24	M30	M36	M42	M48	M56	M64
P①	0.35	0.4	0.45	0.5	0.7	0.8	1	1.25	1.5	1.75	2	2.5	3	3.5	4	4.5	5	5.5	6
b参考　②	9	10	11	12	14	16	18	22	26	30	38	46	54	66	—	—	—	—	—
③	15	16	17	18	20	22	24	28	32	36	44	52	60	72	84	96	108	—	—
④	28	29	30	31	33	35	37	41	45	49	57	65	73	85	97	109	121	137	153

参数	项目																			
c	max	1.0	1.0	1.0	1.0	0.8	0.8	0.8	0.8	0.8	0.60	0.60	0.60	0.50	0.50	0.40	0.40	0.25	0.25	0.25
	min	0.3	0.3	0.3	0.3	0.2	0.2	0.2	0.2	0.2	0.15	0.15	0.15	0.15	0.15	0.15	0.15	0.10	0.10	0.10
d_a	max	71	63	52.6	45.6	39.4	33.4	26.4	22.4	17.7	13.7	11.2	9.2	6.8	5.7	4.7	3.6	3.1	2.6	2
d_s 公称=max	max	64.00	56.00	48.00	42.00	36.00	30.00	24.00	20.00	16.00	12.00	10.00	8.00	6.00	5.00	4.00	3.00	2.50	2.00	1.60
产品等级 A	min	—	—	—	—	—	—	23.67	19.67	15.73	11.73	9.78	7.78	5.82	4.82	3.82	2.86	2.36	1.86	1.46
产品等级 B	min	63.26	55.26	47.38	41.38	35.38	29.48	23.48	19.48	15.57	11.57	9.64	7.64	5.70	4.70	3.70	2.75	2.25	1.75	1.35
d_w 产品等级 A	min	—	—	—	—	—	—	33.61	28.19	22.49	16.63	14.63	11.63	8.88	6.88	5.88	4.57	4.07	3.07	2.27
产品等级 B	min	88.16	78.66	69.45	59.95	51.11	42.75	33.25	27.7	22	16.47	14.47	11.47	8.74	6.74	5.74	4.45	3.95	2.95	2.30
e 产品等级 A	min	—	—	—	—	—	—	39.98	33.53	26.75	20.03	17.77	14.38	11.05	8.79	7.66	6.01	5.45	4.32	3.41
产品等级 B	min	104.86	93.56	82.6	71.3	60.79	50.85	39.55	32.95	26.17	19.85	17.59	14.20	10.89	8.63	7.50	5.88	5.31	4.18	3.28
l_f	max	13	12	10	8	6	6	4	4	3	3	2	2	2	1.4	1.2	1	1	0.8	0.6
k 公称		40	35	30	26	22.5	18.7	15	12.5	10	7.5	6.4	5.3	4	3.5	2.8	2	1.7	1.4	1.1
产品等级 A	max	—	—	—	—	—	—	15.215	12.715	10.18	7.68	6.58	5.45	4.15	3.65	2.925	2.125	1.825	1.525	1.225
	min	—	—	—	—	—	—	14.785	12.285	9.82	7.32	6.22	5.15	3.85	3.35	2.675	1.875	1.575	1.275	0.975
产品等级 B	max	—	35.5	30.42	26.42	22.92	19.12	15.35	12.85	10.29	7.79	6.69	5.54	4.24	3.74	3.0	2.2	1.9	1.6	1.3
	min	—	34.5	29.58	25.58	22.08	18.28	14.65	12.15	9.71	7.21	6.11	5.06	3.76	3.26	2.6	1.8	1.5	1.2	0.9
k_w[5] 产品等级 A	min	—	—	—	—	—	—	10.35	8.6	6.87	5.12	4.35	3.61	2.70	2.35	1.87	1.31	1.10	0.89	0.68
产品等级 B	min	27.65	24.15	20.71	17.91	15.46	12.8	10.26	8.51	6.8	5.05	4.28	3.54	2.63	2.28	1.82	1.26	1.05	0.84	0.63
r	min	2	2	1.6	1.2	1	1	0.8	0.8	0.6	0.6	0.6	0.4	0.25	0.2	0.2	0.1	0.1	0.1	0.1
s 公称=max		95.0	85.0	75.0	65.0	55.0	46	36.00	30.00	24.00	18.00	16.00	13.00	10.00	8.00	7.00	5.50	5.00	4.00	3.20
产品等级 A	min	—	—	—	—	—	—	35.38	29.67	23.67	17.73	15.73	12.73	9.78	7.78	6.78	5.32	4.82	3.82	3.02
产品等级 B	min	92.8	82.8	73.1	63.1	53.8	45	35.00	29.16	23.16	17.57	15.57	12.57	9.64	7.64	6.64	5.20	4.70	3.70	2.90

（续）

螺纹规格 d ／ l_s 和 l_g[b]

折线以上的规格推荐采用 GB/T 5783

公称	A min	A max	B min	B max	M1.6 min	M1.6 max	M2 min	M2 max	M2.5 min	M2.5 max	M3 min	M3 max	M4 min	M4 max	M5 min	M5 max	M6 min	M6 max	M8 min	M8 max	M10 min	M10 max	M12 min	M12 max	M16 min	M16 max	M20 min	M20 max	M24 min	M24 max	M30 min	M30 max	M36 min	M36 max	M42 min	M42 max	M48 min	M48 max	M56 min	M56 max	M64 min	M64 max
12	11.65	12.35	–	–	1.2	3																																				
16	15.65	16.35	–	–	5.2	7	4	6	2.75	5																																
20	19.58	20.42	18.95	21.05			8	10	6.75	9	5.5	8																														
25	24.58	25.42	23.95	26.05					11.75	14	10.5	13	7.5	11	5	9																										
30	29.58	30.42	28.95	31.05							15.5	18	12.5	16	10	14	7	12																								
35	34.5	35.5	33.75	36.25									17.5	21	15	19	12	17																								
40	39.5	40.5	38.75	41.25									22.5	26	20	24	17	22	11.75	18																						
45	44.5	45.5	43.75	46.25											25	29	22	27	16.75	23	11.5	19																			
50	49.5	50.5	48.75	51.25											30	34	27	32	21.75	28	16.5	24	11.25	20																	
55	54.4	55.6	53.5	56.5													32	37	26.75	33	21.5	29	16.25	25																	
60	59.4	60.6	58.5	61.5															31.75	38	26.5	34	21.25	30																	
65	64.4	65.6	63.5	66.5															36.75	43	31.5	39	26.25	35	17	27															
70	69.4	70.6	68.5	71.5															41.75	48	36.5	44	31.25	40	22	32															
80	79.4	80.6	78.5	81.5															51.75	58	46.5	54	41.25	50	32	42	21.5	34													
90	89.3	90.7	88.25	91.75																	56.5	64	51.25	60	42	52	31.5	44	21	36											
100	99.3	100.7	98.25	101.75																	66.5	74	61.25	70	52	62	41.5	54	31	46											
110	109.3	110.7	108.25	111.75																			71.25	80	62	72	51.5	64	41	56	26.5	44									
120	119.3	120.7	118.25	121.75																			81.25	90	72	82	61.5	74	51	66	36.5	54									
130	129.2	130.8	128	132																					76	86	65.5	78	55	70	40.5	58									
140	139.2	140.8	138	142																					86	96	75.5	88	65	80	50.5	68	36	56							
150	149.2	150.8	148	152																					96	106	85.5	98	75	90	60.5	78	46	66							
160	–	–	158	162																					106	116	95.5	108	85	100	70.5	88	56	76	41.5	64						

																					107
																					127
																			77		147
																			97		167
																	83		117	123	187
																	103		137	143	207
															55.5	75.5	95.5	115.5	157	163	227
72														99	119	139	159	135.5	155.5	177	183	247
92												47	67	74	94	114	179	155.5	175.5	197	203	267
										84	104	111	131	151	199	175.5	195.5	217	223	287
								61.5	81.5	88.5	108.5	128.5	171	194	215.5	237	243	307
							96	116	123	143	163	183	214	235.5	257	263	327
						76	96	103	123	143	234	255.5	277	283	347

注：
1. 优选长度由 l_a、min、l_g 和 max 确定。
2. 阶梯虚线以上为 A 级，阶梯虚线以下为 B 级。

① P 为螺距。
② $l_{公称} \leqslant 125mm$。
③ $125mm \leqslant l_{公称} \leqslant 200mm$。
④ $l_{公称} > 200mm$。
⑤ $K_{wmin} = 0.7K_{min}$。
⑥ $l_{gmax} = l_{公称} - b$。
$\quad l_{smin} = l_{gmax} - 5P$。

			178	182
180	—	—	—	—
200	—	—	178	182
220	—	—	197.7	202.3
240	—	—	217.7	222.3
260	—	—	237.7	242.3
280	—	—	257.7	262.3
300	—	—	277.4	282.6
320	—	—	297.4	302.6
340	—	—	317.15	322.85
360	—	—	337.15	342.85
380	—	—	357.15	362.85
400	—	—	377.15	382.85
420	—	—	397.15	402.85
440	—	—	416.85	423.15
460	—	—	436.85	443.15
480	—	—	456.85	463.15
500	—	—	476.85	483.15
			496.8	503.15

（三）双头螺柱

附表 11 双头螺柱（GB/T 897—1988～GB/T 900—1988） （单位：mm）

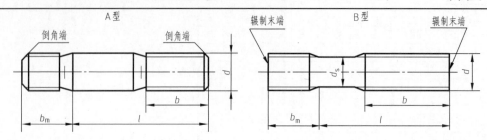

GB/T 897—1988（$b_m = 1d$），GB/T 898—1988（$b_m = 1.25d$），GB/T 899—1988（$b_m = 1.5d$），GB/T 900—1988（$b_m = 2d$）。

标记示例：

1）两端均为粗牙普通螺纹，$d = 10mm$，$l = 50mm$，性能等级为 4.8 级，不经表面处理，B 型，$b_m = d$ 的双头螺柱：

螺柱 GB/T 897 M10×50

2）旋入机体一端为粗牙普通螺纹，旋螺母一端为螺距 $P = 1mm$ 的细牙普通螺纹，$d = 10mm$，$l = 50mm$，性能等级为 4.8 级，不经表面处理，A 型，$b_m = 1d$ 的双头螺柱：

螺柱 GB/T 897 AM10-M10×1×50

3）旋入机体一端为过渡配合的第一种配合，旋螺母一端为粗牙普通螺纹，$d = 10mm$，$l = 50mm$，性能等级为 8.8 级，镀锌钝化，B 型，$b_m = 1d$ 的双头螺柱：

螺柱 GB/T 897 GM10-M10×50-8.8-Zn·D

螺纹规格 d	b_m				l/b
	GB/T 897	GB/T 898	GB/T 899	GB/T 900	
M2			3	4	（12~16）/6、（18~25）/10
M2.5			3.5	5	（14~18）/8、（20~30）/11
M3			4.5	6	（16~20）/6、（22~40）/12
M4			6	8	（16~22）/8、（25~40）/14
M5	5	6	8	10	（16~22）/10、（25~50）/16
M6	6	8	10	12	（20~22）/10、（25~30）/14、（32~75）/18
M8	8	10	12	16	（20~22）/12、（25~30）/16、（32~90）/22
M10	10	12	15	20	（25~28）/14、（30~38）/16、（40~120）/26、130/32
M12	12	15	18	24	（25~30）/16、（32~40）/20、（45~120）/30、（130~180）/36
（M14）	14	18	21	28	（30~35）/18、（38~45）/25、（50~120）/34、（130~180）/40
M16	16	20	24	32	（30~38）/20、（40~55）/30、（60~120）/38、（130~200）/44
（M18）	18	22	27	36	（35~40）/22、（45~60）/35、（65~120）/42、（130~200）/48
M20	20	25	30	40	（35~40）/25、（45~65）/35、（70~120）/46、（130~200）/52
（M22）	22	28	33	44	（40~45）/30、（50~70）/40、（75~120）/50、（130~200）/56
M24	24	30	36	48	（45~50）/30、（55~75）/45、（80~120）/54、（130~200）/60
（M27）	27	35	40	54	（50~60）/35、（65~85）/50、（90~120）/60、（130~200）/66
M30	30	38	45	60	（60~65）/40、（70~90）/50、（95~120）/66、（130~200）/72、（210~250）/85
M36	36	45	54	72	（65~75）/45、（80~110）/60、120/78、（130~200）/84、（210~300）/97
M42	42	52	63	84	（70~80）/50、（85~110）/70、120/90、（130~200）/96、（210~300）/109
M48	48	60	72	96	（80~90）/60、（95~110）/80、120/102、（130~200）/108、（210~300）/121
l（系列）	6,8,10,12,16,20,25,30,40,45,50,（55）,60,（65）,70,80,90,100,110,120,130,140,150,160,180, 200,220,240,260,280,300,320,340,360,380,400,420,460,480,500				

注：1. $b_m = 1d$ 一般用于钢对钢，$b_m = (1.25～1.5)d$ 一般用于钢对铸铁，$b_m = 2d$ 一般用于钢对铝合金。

2. 仅 GB/T 898—1988 有优先系列。

3. b 不包括螺尾。

4. $d_s ≈$ 螺纹中径。

(四) 螺母

附表12　1型六角螺母——A 级和 B 级（GB/T 6170—2015）　　（单位：mm）

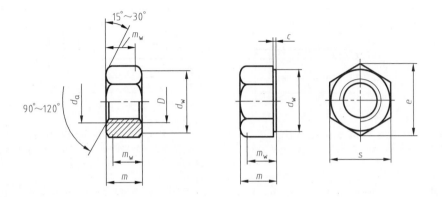

标记示例:

螺纹规格 D = M12，性能等级为 8 级，不经表面处理，产品等级为 A 级的 1 型六角螺母:

螺母　GB/T 6170　M12

螺纹规格 D		M1.6	M2	M2.5	M3	M4	M5	M6	M8	M10	M12
c	max	0.2	0.2	0.3	0.4	0.4	0.5	0.5	0.6	0.6	0.6
d_a	max	1.84	2.3	2.9	3.45	4.6	5.75	6.75	8.75	10.8	13
	min	1.6	2	2.5	3	4	5	6	8	10	12
d_w	min	2.4	3.1	4.1	4.6	5.9	6.9	8.9	11.6	14.6	16.6
e	min	3.41	4.32	5.45	6.01	7.66	8.79	11.05	14.38	17.77	20.03
m	max	1.3	1.6	2	2.4	3.2	4.7	5.2	6.8	8.4	10.8
	min	1.05	1.35	1.75	2.15	2.9	4.4	4.9	6.44	8.04	10.37
m_w	min	0.8	1.1	1.4	1.7	2.3	3.5	3.9	5.1	6.4	8.3
s	公称=max	3.2	4	5	5.5	7	8	10	13	16	18
	min	3.02	3.82	4.82	5.32	6.78	7.78	9.78	12.73	15.73	17.73
螺纹规格 D		M16	M20	M24	M30	M36	M42	M48	M56	M64	
c	max	0.8	0.8	0.8	0.8	0.8	1	1	1	1	
d_a	max	17.3	21.6	25.9	32.4	38.9	45.4	51.8	60.5	69.1	
	min	16	20	24	30	36	42	48	56	64	
d_w	min	22.5	27.7	33.3	42.8	51.1	60	69.5	78.7	88.2	
e	min	26.75	32.95	39.55	50.85	60.79	71.3	82.6	93.56	104.86	
m	max	14.8	18	21.5	25.6	31	34	38	45	51	
	min	14.1	16.9	20.2	24.3	29.4	32.4	36.4	43.4	49.1	
m_w	min	11.3	13.5	16.2	19.4	23.5	25.9	29.1	34.7	39.3	
s	公称=max	24	30	36	46	55	65	75	85	95	
	min	23.67	29.16	35	45	53.8	63.1	73.1	82.8	92.8	

注: 1. A 级用于 $D \leqslant 16$mm 的螺母；B 级用于 $D > 16$mm 的螺母。

2. 本表仅按商品规格和通用规格列出。

（五）垫圈

附表 13　平垫圈—A 级（GB/T 97.1—2002）、平垫圈　倒角型　A 级（GB/T 97.2—2002）

（单位：mm）

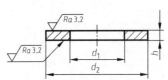
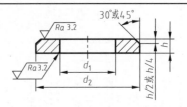

标记示例：

标准系列，公称规格 8mm，由钢制造的硬度等级为 200HV 级，不经表面处理，产品等级为 A 级的平垫圈：

垫圈　GB/T 97.1　8

标准系列，公称规格 8mm，由 A2 组不锈钢制造的硬度等级为 200HV 级，不经表面处理，产品等级为 A 级的平垫圈：

垫圈　GB/T 97.1　8　A2

标记示例：

标准系列，公称规格 8mm，由钢制造的硬度等级为 200HV 级，不经表面处理，产品等级为 A 级的倒角型平垫圈：

垫圈　GB/T 97.2　8

标准系列，公称规格 8mm，由 A2 组不锈钢制造的硬度等级为 200HV 级，不经表面处理，产品等级为 A 级的倒角型平垫圈：

垫圈　GB/T 97.2　8　A2

优选尺寸							
公称尺寸 （螺纹大径 d）	内径 d_1		外径 d_2		厚度 h		
	公称（min）	max	公称（max）	min	公称	max	min
1.6	1.7	1.84	4	3.7	0.3	0.35	0.25
2	2.2	2.34	5	4.7	0.3	0.35	0.25
2.5	2.7	2.84	6	5.7	0.5	0.55	0.45
3	3.2	3.38	7	6.64	0.5	0.55	0.45
4	4.3	4.48	9	8.64	0.8	0.9	0.7
5	5.3	5.48	10	9.64	1	1.1	0.9
6	6.4	6.62	12	11.57	1.6	1.8	1.4
8	8.4	8.62	16	15.57	1.6	1.8	1.4
10	10.5	10.77	20	19.48	2	2.2	1.8
12	13	13.27	24	23.48	2.5	2.7	2.3
16	17	17.27	30	29.48	3	3.3	2.7
20	21	21.33	37	36.38	3	3.3	2.7
24	25	25.33	44	43.38	4	4.3	3.7
30	31	31.39	56	55.26	4	4.3	3.7
36	37	37.62	66	64.8	5	5.6	4.4
42	45	45.62	78	76.8	8	9	7
48	52	52.74	92	90.8	8	9	7
56	62	62.74	105	103.6	10	11	9
64	70	70.74	115	113.6	10	11	9

注：1. GB/T 97.1—2002 规定了公称尺寸（螺纹大径）为 1.6～64mm、标准系列、硬度等级为 200HV 级和 300HV 级、产品等级为 A 级的平垫圈。

2. GB/T 97.2—2002 规定了公称尺寸（螺纹大径）为 5～64mm、标准系列、硬度等级为 200HV 级和 300HV 级、产品等级为 A 级的平垫圈。

附表 14　标准型弹簧垫圈（GB 93—1987）　　　　　　　　（单位：mm）

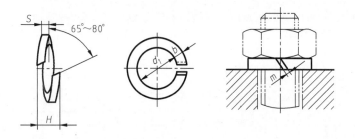

标记示例：

规格 16mm，材料为 65Mn，表面氧化的标准型弹簧垫圈：

垫圈　GB 93　16

规格 （螺纹大径 d）	d_1		$S(b)$			H		m
	（min）	（max）	公称	（min）	（max）	（min）	（max）	≤
2	2.1	2.35	0.5	0.42	0.58	1	1.25	0.25
2.5	2.6	2.85	0.65	0.57	0.73	1.3	1.63	0.33
3	3.1	3.4	0.8	0.7	0.9	1.6	2	0.4
4	4.1	4.4	1.1	1	1.2	2.2	2.75	0.55
5	5.1	5.4	1.3	1.2	1.4	2.6	3.25	0.65
6	6.1	6.68	1.6	1.5	1.7	3.2	4	0.8
8	8.1	8.68	2.1	2	2.2	4.2	5.25	1.05
10	10.2	10.9	2.6	2.45	2.75	5.2	6.5	1.3
12	12.2	12.9	3.1	2.95	3.25	6.2	7.75	1.55
(14)	14.2	14.9	3.6	3.4	3.8	7.2	9	1.8
16	16.2	16.9	4.1	3.9	4.3	8.2	10.25	2.05
(18)	18.2	19.04	4.5	4.3	4.7	9	11.25	2.25
20	20.2	21.04	5	4.8	5.2	10	12.5	2.5
(22)	22.5	23.34	5.5	5.3	5.7	11	13.75	2.75
24	24.5	25.5	6	5.8	6.2	12	15	3
(27)	27.5	28.5	6.8	6.5	7.1	13.6	17	3.4
30	30.5	31.5	7.5	7.2	7.8	15	18.75	3.75
(33)	33.5	34.7	8.5	8.2	8.8	17	21.25	4.25
36	36.5	37.7	9	8.7	9.3	18	22.5	4.5
(39)	39.5	40.7	10	9.7	10.3	20	25	5
42	42.5	43.7	10.5	10.2	10.8	21	26.25	5.25
(45)	45.5	46.7	11	10.7	11.3	22	27.5	5.5
48	48.5	49.7	12	11.7	12.3	24	30	6

注：1. 尽可能不采用括号内的规格。

2. m 应大于零。

（六）键与键槽

附表 15　平键（GB/T 1096—2003）、平键的剖面及键槽（GB/T 1095—2003）　（单位：mm）

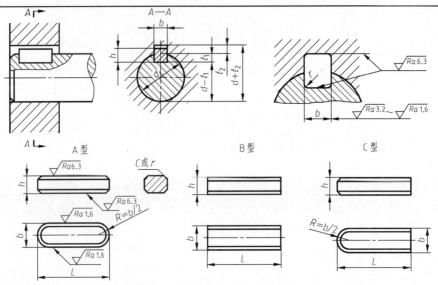

标记示例：

圆头普通平键（A 型），$b = 18mm$，$h = 11mm$，$L = 100mm$：GB/T 1096　键 18×11×100

平头普通平键（B 型），$b = 18mm$，$h = 11mm$，$L = 100mm$：GB/T 1096　键 B18×11×100

单圆头普通平键（C 型），$b = 18mm$，$h = 11mm$，$L = 100mm$：GB/T 1096　键 C18×11×100

键		键 槽										
		宽　度 b						深　度				半径 r
键尺寸 $b×h$	长度 L	公称尺寸 b	极限偏差					轴 t_1		毂 t_2		
			松联接		正常联接		紧联接	公称尺寸	极限偏差	公称尺寸	极限偏差	
			轴 H9	毂 D10	轴 N9	毂 JS9	轴和毂 P9					最小	最大
4×4	8~45	4	+0.030 / 0	+0.078 / +0.030	0 / −0.030	±0.015	−0.012 / −0.042	2.5	+0.1 / 0	1.8	+0.1 / 0	0.08	0.16
5×5	10~56	5						3.0		2.3			
6×6	14~70	6						3.5		2.8		0.16	0.25
8×7	18~90	8	+0.036 / 0	+0.098 / +0.040	0 / −0.036	±0.018	−0.015 / −0.051	4.0		3.3			
10×8	22~110	10						5.0		3.3			
12×8	28~140	12	+0.043 / 0	+0.120 / +0.050	0 / −0.043	±0.022	−0.018 / −0.061	5.0	+0.2 / 0	3.3	+0.2 / 0		
14×9	36~160	14						5.5		3.8		0.25	0.40
16×10	45~180	16						6.0		4.3			
18×11	50~200	18						7.0		4.4			
20×12	56~220	20	+0.052 / 0	+0.149 / +0.065	0 / −0.052	±0.026	−0.022 / −0.074	7.5	+0.2 / 0	4.9	+0.2 / 0		
22×14	63~250	22						9.0		5.4		0.40	0.60
25×14	70~280	25						9.0		5.4			
28×16	80~320	28						10		6.4			

注：1. $(d−t_1)$ 和 $(d+t_2)$ 两个组合尺寸的极限偏差，按相应的 t_1 和 t_2 的极限偏差选取，但 $(d−t_1)$ 极限偏差应取负号（−）。

　　2. L 系列：6～22（2 进位）、25、28、32、36、40、45、50、56、63、70、80、90、100、110、125、140、160、180、200、220、250、280、320、360、400、450、500。

　　3. 宽度 b 的极限偏差为 h8；高度 h 的极限偏差，矩形为 h11，方形为 h8；长度 L 的极限偏差为 h14。

（七）销

附表 16　圆柱销（GB/T 119.1—2000）　　　（单位：mm）

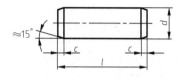

标记示例：

公称直径 $d=8$mm，公差为 m6，公称长度 $l=30$mm，材料为钢，不经淬火，不经表面处理的圆柱销：

销　GB/T 119.1　8m6×30

d(公称)	0.6	0.8	1	1.2	1.5	2	2.5	3	4	5	6	8	10	12	16	20	25	30	40	50
$c\approx$	0.12	0.16	0.2	0.25	0.3	0.35	0.4	0.5	0.63	0.8	1.2	1.6	2	2.5	3	3.5	4	5	6.3	8
l(范围)	2~6	2~8	4~10	4~12	4~16	6~20	6~24	8~30	8~40	10~50	12~60	14~80	18~95	22~140	26~180	35~200	50~200	60~200	80~200	95~200
l(系列)	2,3,4,5,6,8,10,12,14,16,18,20,22,24,26,28,30,32,35,40,45,50,55,60,65,70,75,80,85,90,95,100, 120,140,160,180,200																			

注：1. 公称长度大于 200mm，按 20mm 递增。

　　2. 表面结构：公差为 m6 时，$Ra\leq0.8\mu m$；公差为 h8 时，$Ra\leq1.6\mu m$。

附表 17　圆锥销（GB/T 117—2000）　　　（单位：mm）

A 型（磨削）：锥面表面粗糙度 $Ra=0.8\mu m$

B 型（切削或冷镦）：锥面表面粗糙度 $Ra=3.2\mu m$

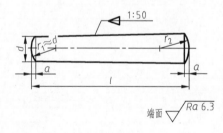

$$r_2\approx\frac{a}{2}+d+\frac{(0.021)^2}{8a}$$

端面 $\sqrt{Ra\ 6.3}$

标记示例：

公称直径 $d=6$mm，公称长度 $l=30$mm，材料为 35 钢，热处理硬度 28~38HRC，经表面氧化处理的 A 型圆锥销：

销　GB/T 117　6×30

d(h10)	0.6	0.8	1	1.2	1.5	2	2.5	3	4	5	6	8	10	12	16	20	25	30	40	50
$a\approx$	0.08	0.1	0.12	0.16	0.2	0.25	0.3	0.4	0.5	0.63	0.8	1	1.2	1.6	2	2.5	3	4	5	6.3
l(范围)	4~8	5~12	6~16	6~20	8~24	10~35	10~35	12~45	14~55	18~60	22~90	22~120	26~160	32~180	40~200	45~200	50~200	55~200	60~200	65~200
l(范围)	2,3,4,5,6,8,10,12,14,16,18,20,22,24,26,28,30,32,35,40,45,50,55,60,65,70,75,80,85,90,95,100, 120,140,160,180,200																			

注：1. 其他公差，如 a11、c11 和 f8，由供需双方协议。

　　2. 公称长度大于 200mm，按 20mm 递增。

附录四　标准结构

附表18　普通螺纹收尾、肩距、退刀槽和倒角尺寸（GB/T 3—1997）（单位：mm）

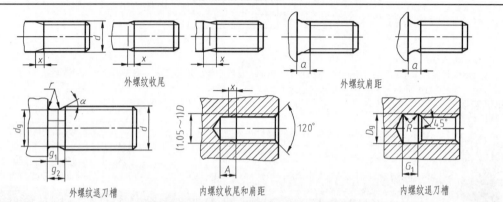

外螺纹收尾　　　　　　　　　　　　　　　外螺纹肩距

外螺纹退刀槽　　　　　　内螺纹收尾和肩距　　　　　　内螺纹退刀槽

螺距 P	外螺纹的收尾		外螺纹的肩距			外螺纹的退刀槽			
	$x(\max)$		$a(\max)$			$g_2(\max)$	$g_1(\min)$	d_g	$r\approx$
	一般	短的	一般	长的	短的				
0.2	0.5	0.25	0.6	0.8	0.4	—	—	—	—
0.25	0.6	0.3	0.75	1	0.5	0.75	0.5	$d-0.4$	0.12
0.3	0.75	0.4	0.9	1.2	0.6	0.9	0.5	$d-0.5$	0.16
0.35	0.9	0.45	1.05	1.4	0.7	1.05	0.6	$d-0.6$	0.16
0.4	1	0.5	1.2	1.6	0.8	1.2	0.6	$d-0.7$	0.2
0.45	1.1	0.6	1.35	1.8	0.9	1.35	0.7	$d-0.7$	0.2
0.5	1.25	0.7	1.5	2	1	1.5	0.8	$d-0.8$	0.2
0.6	1.5	0.75	1.8	2.4	1.2	1.8	0.9	$d-1$	0.4
0.7	1.75	0.9	2.1	2.8	1.4	2.1	1.1	$d-1.1$	0.4
0.75	1.9	1	2.25	3	1.5	2.25	1.2	$d-1.2$	0.4
0.8	2	1	2.4	3.2	1.6	2.4	1.3	$d-1.3$	0.4
1	2.5	1.25	3	4	2	3	1.6	$d-1.6$	0.6
1.25	3.2	1.6	4	5	2.5	3.75	2	$d-2$	0.6
1.5	3.8	1.9	4.5	6	3	4.5	2.5	$d-2.3$	0.8
1.75	4.3	2.2	5.3	7	3.5	5.25	3	$d-2.6$	1
2	5	2.5	6	8	4	6	3.4	$d-3$	1
2.5	6.3	3.2	7.5	10	5	7.5	4.4	$d-3.6$	1.2
3	7.5	3.8	9	12	6	9	5.2	$d-4.4$	1.6
3.5	9	4.5	10.5	14	7	10.5	6.2	$d-5$	1.6
4	10	5	12	16	8	12	7	$d-5.7$	2
4.5	11	5.5	13.5	18	9	13.5	8	$d-6.4$	2.5
5	12.5	6.3	15	20	10	15	9	$d-7$	2.5
5.5	14	7	16.5	22	11	17.5	11	$d-7.7$	3.2
6	15	7.5	18	24	12	18	11	$d-8.3$	3.2
参考值	$\approx 2.5P$	$\approx 1.25P$	$\approx 3P$	$\approx 4P$	$\approx 2P$	$\approx 3P$	—	—	—

注：1. 应优先选用"一般"长度的收尾和肩距；"短"收尾和"短"肩距仅用于结构受限制的螺纹件上；产品
　　　等级为 B 或 C 级的螺纹紧固件可采用"长"肩距。

　　　2. d 为螺纹公称直径代号。

　　　3. d_g 公差为：h13（$d>3$mm）；h12（$d\leqslant 3$mm）。

（续）

| 螺距 P | 内螺纹的收尾 X(max) | | 内螺纹的肩距 A(max) | | 内螺纹的退刀槽 | | | |
	一般	短的	一般	长的	G_1		D_g	$R\approx$
					一般	短的		
0.2	0.8	0.4	1.2	1.6	—	—	—	—
0.25	1	0.5	1.5	2	—	—	—	—
0.3	1.2	0.6	1.8	2.4	—	—	—	—
0.35	1.4	0.7	2.2	2.8	—	—	—	—
0.4	1.6	0.8	2.5	3.2	—	—	—	—
0.45	1.8	0.9	2.8	3.6	—	—	—	—
0.5	2	1	3	4	2	1	$D+0.3$	0.2
0.6	2.4	1.2	3.2	4.8	2.4	1.2		0.3
0.7	2.8	1.4	3.5	5.6	2.8	1.4		0.4
0.75	3	1.5	3.8	6	3	1.5		0.4
0.8	3.2	1.6	4	6.4	3.2	1.6		0.4
1	4	2	5	8	4	2		0.5
1.25	5	2.5	6	10	5	2.5		0.6
1.5	6	3	7	12	6	3		0.8
1.75	7	3.5	9	14	7	3.5		0.9
2	8	4	10	16	8	4		1
2.5	10	5	12	18	10	5		1.2
3	12	6	14	22	12	6	$D+0.5$	1.5
3.5	14	7	16	24	14	7		1.8
4	16	8	18	26	16	8		2
4.5	18	9	21	29	18	9		2.2
5	20	10	23	32	20	10		2.5
5.5	22	11	25	35	22	11		2.8
6	24	12	28	38	24	12		3
参考值	$=4P$	$=2P$	$\approx(6\sim5)P$	$\approx(8\sim6.5)P$	$=4P$	$=2P$	—	$\approx0.5P$

注：1. 应优先选用"一般"长度的收尾和肩距；容屑需要较大空间时可选用"长"肩距；结构限制时可选用"短"收尾。

2. "短"退刀槽仅在结构限制时采用。

3. D_g 公差为 H13。

4. D 为螺纹公称直径代号。

附表19 紧固件通孔及沉头座孔尺寸（GB/T 5277—1985，GB/T 152.2—2014）（单位：mm）

螺栓或螺钉直径 d		4	5	6	8	10	12	14	16	18	20	22	24	27	30
螺栓、螺柱和螺钉用通孔直径 GB/T 5277—1985	精装配	4.3	5.3	6.4	8.4	10.5	13	15	17	19	21	23	25	28	31
	中等装配	4.5	5.5	6.6	9	11	13.5	15.5	17.5	20	22	24	26	30	33
	粗装配	4.8	5.8	7	10	12	14.5	16.5	18.5	21	24	26	28	32	35
六角头螺栓和螺母用沉孔 GB/T 152.2—2014	d_2	10	11	13	18	22	26	30	33	36	40	43	48	53	61
	d_3	—	—	—	—	—	16	18	20	22	24	26	28	33	36
	d_1	4.5	5.5	6.6	9.0	11.0	13.5	15.5	17.5	20.0	22.0	24	26	30	33
	t	（见注1）													

（续）

螺栓或螺钉直径 d		4	5	6	8	10	12	14	16	18	20	22	24	27	30
内六角圆柱头螺钉用沉孔 GB/T 152.2—2014	d_2	8.0	10.0	11.0	15.0	18.0	20.0	24.0	26.0	—	33.0	—	40.0		48.0
	t	4.6	5.7	6.8	9.0	11.0	13.0	15.0	17.5	—	21.5	—	25.5		32.0
	d_3	—	—	—	—	—	16	18	20	—	24	—	28		36
	d_1	4.5	5.5	6.6	9.0	11.0	13.5	15.5	17.5	—	22.0	—	26.0		33.0

螺钉直径 d										4	5	5.5	6	8	10
沉头螺钉用沉孔 GB/T 152.2—2014	D_c									9.4	10.4	11.5	12.6	17.3	20
	$t \approx$									2.55	5.58	2.88	3.13	4.28	4.65
	d_h									4.5	5.5	6	6.6	9	11

注：1. 六角头螺栓和六角螺母用沉孔尺寸 d_1 的公差带为 H13；尺寸 d_2 的公差带为 H15；尺寸 t 只要能制出与通孔轴线垂直的圆平面即可。

　　2. 内六角圆柱头螺钉用沉孔尺寸 d_1、d_2 和 t 的公差带均为 H13。

附录五　技术图样通用的简化注法

附表 20　技术图样通用的简化注法（GB/T 16675.2—2012）

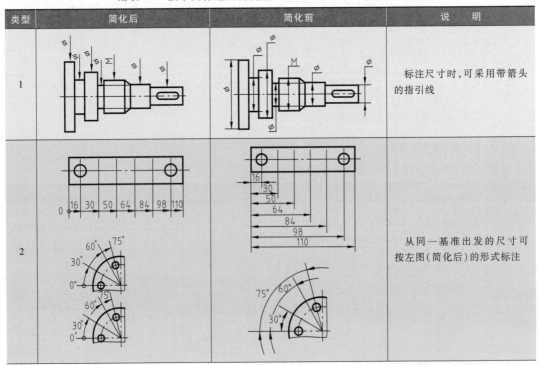

类型	简化后	简化前	说　明
1			标注尺寸时,可采用带箭头的指引线
2			从同一基准出发的尺寸可按左图(简化后)的形式标注

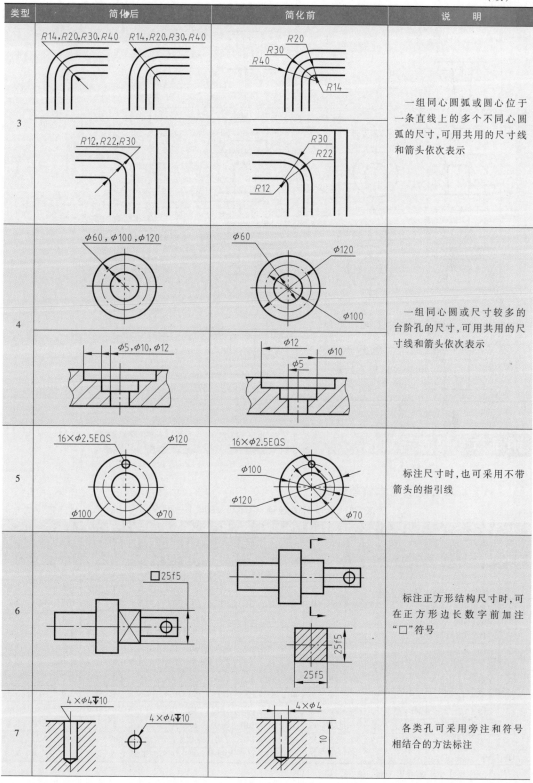

类型	简化后	简化前	说　明
3			一组同心圆弧或圆心位于一条直线上的多个不同心圆弧的尺寸,可用共用的尺寸线和箭头依次表示
4			一组同心圆或尺寸较多的台阶孔的尺寸,可用共用的尺寸线和箭头依次表示
5			标注尺寸时,也可采用不带箭头的指引线
6			标注正方形结构尺寸时,可在正方形边长数字前加注"□"符号
7			各类孔可采用旁注和符号相结合的方法标注

（续）

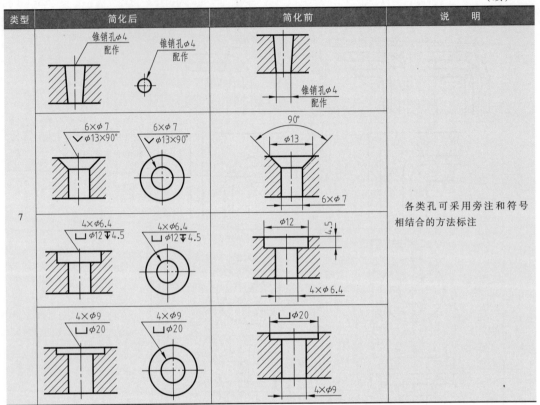

各类孔可采用旁注和符号相结合的方法标注

附录六 极限与配合

（一）标准公差及基本偏差数值

附表21 标准公差数值（GB/T 1800.1—2009）

公称尺寸/mm		标 准 公 差 等 级																		
		IT01	IT0	IT1	IT2	IT3	IT4	IT5	IT6	IT7	IT8	IT9	IT10	IT11	IT12	IT13	IT14	IT15	IT16	IT17	IT18
大于	至	μm													mm						
—	3	0.3	0.5	0.8	1.2	2	3	4	6	10	14	25	40	60	0.1	0.1	0.3	0.4	0.6	1	1.4
3	6	0.4	0.6	1	1.5	2.5	4	5	8	12	18	30	48	75	0.1	0.2	0.3	0.5	0.8	1.2	1.8
6	10	0.4	0.6	1	1.5	2.5	4	6	9	15	22	36	58	90	0.2	0.2	0.4	0.6	0.9	1.5	2.2
10	18	0.5	0.8	1.2	2	3	5	8	11	18	27	43	70	110	0.2	0.3	0.4	0.7	1.1	1.8	2.7
18	30	0.6	1	1.5	2.5	4	6	9	13	21	33	52	84	130	0.2	0.3	0.5	0.8	1.3	2.1	3.3
30	50	0.6	1	1.5	2.5	4	7	11	16	25	39	62	100	160	0.2	0.3	0.4	0.6	1	1.6	2.5	3.9
50	80	0.8	1.2	2	3	5	8	13	19	30	46	74	120	190	0.3	0.5	0.7	1.2	1.9	3	4.6
80	120	1	1.5	2.5	4	6	10	15	22	35	54	87	140	220	0.4	0.5	0.9	1.4	2.2	3.5	5.4
120	180	1.2	2	3.5	5	8	12	18	25	40	63	100	160	250	0.4	0.6	1	1.6	2.5	4	6.3
180	250	2	3	4.5	7	10	14	20	29	46	72	115	185	290	0.5	0.7	1.2	1.9	2.9	4.6	7.2
250	315	2.5	4	6	8	12	16	23	32	52	81	130	210	320	0.5	0.8	1.3	2.1	3.2	5.2	8.1
315	400	3	5	7	9	13	18	25	36	57	89	140	230	360	0.9	1.4	2.3	3.6	5.7	8.9	
400	500	4	6	8	10	15	20	27	40	63	97	155	250	400	0.6	1	1.6	2.5	4	6.3	9.7

注：公称尺寸小于或等于1mm时，无IT14~IT18。

（单位：μm）

附表 22 轴的基本偏差数值（GB/T 1800.1—2009）

公称尺寸/mm 大于	至	基本偏差数值（上极限偏差 es） 所有标准公差等级 a	b	c	cd	d	e	ef	f	fg	g	h	js
—	3	-270	-140	-60	-34	-20	-14	-10	-6	-4	-2	0	
3	6	-270	-140	-70	-46	-30	-20	-14	-10	-6	-4	0	
6	10	-280	-150	-80	-56	-40	-25	-18	-13	-8	-5	0	
10	14	-290	-150	-95		-50	-32		-16		-6	0	
14	18												
18	24	-300	-160	-110		-65	-40		-20		-7	0	
24	30												偏差 = ±$\frac{IT_n}{2}$，式中 IT_n 是 IT 值数
30	40	-310	-170	-120		-80	-50		-25		-9	0	
40	50	-320	-180	-130									
50	65	-340	-190	-140		-100	-60		-30		-10	0	
65	80	-360	-200	-150									
80	100	-380	-220	-170		-120	-72		-36		-12	0	
100	120	-410	-240	-180									
120	140	-460	-260	-200		-145	-85		-43		-14	0	
140	160	-520	-280	-210									
160	180	-580	-310	-230									
180	200	-660	-340	-240		-170	-100		-50		-15	0	
200	225	-740	-380	-260									
225	250	-820	-420	-280									
250	280	-920	-480	-300		-190	-110		-56		-17	0	
280	315	-1050	-540	-330									
315	355	-1200	-600	-360		-210	-125		-62		-18	0	
355	400	-1350	-680	-400									
400	450	-1500	-760	-440		-230	-135		-68		-20	0	
450	500	-1650	-840	-480									

（续）

| 公称尺寸/mm | | 基本偏差数值（下极限偏差 ei）所有标准公差等级 | | | | | | | | | | | | | | | | | | |
大于	至	j IT5和IT6	j IT7	j IT8	k IT4~IT7	k ≤IT3 >IT7	m	n	p	r	s	t	u	v	x	y	z	za	zb	zc
—	3	−2	−4	−6	0	0	+2	+4	+6	+10	+14		+18		+20		+26	+32	+40	+60
3	6	−2	−4		+1	0	+4	+8	+12	+15	+19		+23		+28		+35	+42	+50	+80
6	10	−2	−5		+1	0	+6	+10	+15	+19	+23		+28		+34		+42	+52	+67	+97
10	14	−3	−6		+1	0	+7	+12	+18	+23	+28		+33		+40		+50	+64	+90	+130
14	18	−3	−6		+1	0	+7	+12	+18	+23	+28		+33		+45		+60	+77	+108	+150
18	24	−4	−8		+2	0	+8	+15	+22	+28	+35		+41	+39	+54	+63	+73	+98	+136	+188
24	30	−4	−8		+2	0	+8	+15	+22	+28	+35	+41	+48	+47	+64	+75	+88	+118	+160	+218
30	40	−5	−10		+2	0	+9	+17	+26	+34	+43	+48	+60	+55	+80	+94	+112	+148	+200	+274
40	50	−5	−10		+2	0	+9	+17	+26	+34	+43	+54	+70	+68	+97	+114	+136	+180	+242	+325
50	65	−7	−12		+2	0	+11	+20	+32	+41	+53	+66	+87	+102	+122	+144	+172	+226	+300	+405
65	80	−7	−12		+2	0	+11	+20	+32	+43	+59	+75	+102	+120	+146	+174	+210	+274	+360	+480
80	100	−9	−15		+3	0	+13	+23	+37	+51	+71	+91	+124	+146	+178	+214	+258	+335	+445	+585
100	120	−9	−15		+3	0	+13	+23	+37	+54	+79	+104	+144	+172	+210	+254	+310	+400	+525	+690
120	140	−11	−18		+3	0	+15	+27	+43	+63	+92	+122	+170	+202	+248	+300	+365	+470	+620	+800
140	160	−11	−18		+3	0	+15	+27	+43	+65	+100	+134	+190	+228	+280	+340	+415	+535	+700	+900
160	180	−11	−18		+3	0	+15	+27	+43	+68	+108	+146	+210	+252	+310	+380	+465	+600	+780	+1000
180	200	−13	−21		+4	0	+17	+31	+50	+77	+122	+166	+236	+284	+350	+425	+520	+670	+880	+1150
200	225	−13	−21		+4	0	+17	+31	+50	+80	+130	+180	+258	+310	+385	+470	+575	+740	+960	+1250
225	250	−13	−21		+4	0	+17	+31	+50	+84	+140	+196	+284	+340	+425	+520	+640	+820	+1050	+1350
250	280	−16	−26		+4	0	+20	+34	+56	+94	+158	+218	+315	+385	+475	+580	+710	+920	+1200	+1550
280	315	−16	−26		+4	0	+20	+34	+56	+98	+170	+240	+350	+425	+525	+650	+790	+1000	+1300	+1700
315	355	−18	−28		+4	0	+21	+37	+62	+108	+190	+268	+390	+475	+590	+730	+900	+1150	+1500	+1900
355	400	−18	−28		+4	0	+21	+37	+62	+114	+208	+294	+435	+530	+660	+820	+1000	+1300	+1650	+2100
400	450	−20	−32		+5	0	+23	+40	+68	+126	+232	+330	+490	+595	+740	+920	+1100	+1450	+1850	+2400
450	500	−20	−32		+5	0	+23	+40	+68	+132	+252	+360	+540	+660	+820	+1000	+1250	+1600	+2100	+2600

注：公称尺寸小于或等于 1mm 时，基本偏差 a 和 b 均不采用。公差带 js7~js11，若 IT_n 值是奇数，则取偏差 $=\pm\dfrac{IT_n-1}{2}$。

附表23　孔的基本偏差数值（GB/T 1800.1—2009）

（单位：μm）

公称尺寸/mm 大于	至	A	B	C	CD	D	E	EF	F	FG	G	H	JS	J IT6	J IT7	J IT8	K ≤IT8	K >IT8	M ≤IT8	M >IT8	N ≤IT8	N >IT8	P至ZC ≤IT7
		下极限偏差EI 所有标准公差等级												上极限偏差ES									
—	3	+270	+140	+60	+34	+20	+14	+10	+6	+4	+2	0	偏差 $=\pm\dfrac{IT_n}{2}$，式中 IT_n 是 IT 值数	+2	+4	+6	0	0	−2	−2	−4	−4	在大于IT7的相应数值上增加一个Δ值
3	6	+270	+140	+70	+46	+30	+20	+14	+10	+6	+4	0		+5	+6	+10	−1+Δ	0	−4+Δ	−4	−8+Δ	0	
6	10	+280	+150	+80	+56	+40	+25	+18	+13	+8	+5	0		+5	+8	+12	−1+Δ	0	−6+Δ	−6	−10+Δ	0	
10	14	+290	+150	+95		+50	+32		+16		+6	0		+6	+10	+15	−1+Δ	0	−7+Δ	−7	−12+Δ	0	
14	18	+290	+150	+95		+50	+32		+16		+6	0		+6	+10	+15	−1+Δ	0	−7+Δ	−7	−12+Δ	0	
18	24	+300	+160	+110		+65	+40		+20		+7	0		+8	+12	+20	−2+Δ	0	−8+Δ	−8	−15+Δ	0	
24	30	+300	+160	+110		+65	+40		+20		+7	0		+8	+12	+20	−2+Δ	0	−8+Δ	−8	−15+Δ	0	
30	40	+310	+170	+120		+80	+50		+25		+9	0		+10	+14	+24	−2+Δ	0	−9+Δ	−9	−17+Δ	0	
40	50	+320	+180	+130		+80	+50		+25		+9	0		+10	+14	+24	−2+Δ	0	−9+Δ	−9	−17+Δ	0	
50	65	+340	+190	+140		+100	+60		+30		+10	0		+13	+18	+28	−2+Δ	0	−11+Δ	−11	−20+Δ	0	
65	80	+360	+200	+150		+100	+60		+30		+10	0		+13	+18	+28	−2+Δ	0	−11+Δ	−11	−20+Δ	0	
80	100	+380	+220	+170		+120	+72		+36		+12	0		+16	+22	+34	−3+Δ	0	−13+Δ	−13	−23+Δ	0	
100	120	+410	+240	+180		+120	+72		+36		+12	0		+16	+22	+34	−3+Δ	0	−13+Δ	−13	−23+Δ	0	
120	140	+460	+260	+200		+145	+85		+43		+14	0		+18	+26	+41	−3+Δ	0	−15+Δ	−15	−27+Δ	0	
140	160	+520	+280	+210		+145	+85		+43		+14	0		+18	+26	+41	−3+Δ	0	−15+Δ	−15	−27+Δ	0	
160	180	+580	+310	+230		+145	+85		+43		+14	0		+18	+26	+41	−3+Δ	0	−15+Δ	−15	−27+Δ	0	
180	200	+660	+340	+240		+170	+100		+50		+15	0		+22	+30	+47	−4+Δ	0	−17+Δ	−17	−31+Δ	0	
200	225	+740	+380	+260		+170	+100		+50		+15	0		+22	+30	+47	−4+Δ	0	−17+Δ	−17	−31+Δ	0	
225	250	+820	+420	+280		+170	+100		+50		+15	0		+22	+30	+47	−4+Δ	0	−17+Δ	−17	−31+Δ	0	
250	280	+920	+480	+300		+190	+110		+56		+17	0		+25	+36	+55	−4+Δ	0	−20+Δ	−20	−34+Δ	0	
280	315	+1050	+540	+330		+190	+110		+56		+17	0		+25	+36	+55	−4+Δ	0	−20+Δ	−20	−34+Δ	0	
315	355	+1200	+600	+360		+210	+125		+62		+18	0		+29	+39	+60	−4+Δ	0	−21+Δ	−21	−37+Δ	0	
355	400	+1350	+680	+400		+210	+125		+62		+18	0		+29	+39	+60	−4+Δ	0	−21+Δ	−21	−37+Δ	0	
400	450	+1500	+760	+440		+230	+135		+68		+20	0		+33	+43	+66	−5+Δ	0	−23+Δ	−23	−40+Δ	0	
450	500	+1650	+840	+480		+230	+135		+68		+20	0		+33	+43	+66	−5+Δ	0	−23+Δ	−23	−40+Δ	0	

（续）

公称尺寸/mm		基本偏差数值 上极限偏差 ES 标准公差等级大于 IT7												Δ值 标准公差等级					
大于	至	P	R	S	T	U	V	X	Y	Z	ZA	ZB	ZC	IT3	IT4	IT5	IT6	IT7	IT8
—	3	-6	-10	-14		-18		-20		-26	-32	-40	-60		0	0	0	0	0
3	6	-12	-15	-19		-23		-28		-35	-42	-50	-80	1	1.5	1	3	4	6
6	10	-15	-19	-23		-28		-34		-42	-52	-67	-97	1	1.5	2	3	6	7
10	14	-18	-23	-28		-33		-40		-50	-64	-90	-130	1	2	3	3	7	9
14	18	-18	-23	-28		-33	-39	-45		-60	-77	-108	-150	1	2	3	3	7	9
18	24	-22	-28	-35		-41	-47	-54	-63	-73	-98	-136	-188	1.5	2	3	4	8	12
24	30	-22	-28	-35	-41	-48	-55	-64	-75	-88	-118	-160	-218	1.5	2	3	4	8	12
30	40	-26	-34	-43	-48	-60	-68	-80	-94	-112	-148	-200	-274	1.5	3	4	5	9	14
40	50	-26	-34	-43	-54	-70	-81	-97	-114	-136	-180	-242	-325	1.5	3	4	5	9	14
50	65	-32	-41	-53	-66	-87	-102	-122	-144	-172	-226	-300	-405	2	3	5	6	11	16
65	80	-32	-43	-59	-75	-102	-120	-146	-174	-210	-274	-360	-480	2	3	5	6	11	16
80	100	-37	-51	-71	-91	-124	-146	-178	-214	-258	-335	-445	-585	2	4	5	7	13	19
100	120	-37	-54	-79	-104	-144	-172	-210	-254	-310	-400	-525	-690	2	4	5	7	13	19
120	140	-43	-63	-92	-122	-170	-202	-248	-300	-365	-470	-620	-800	3	4	6	7	15	23
140	160	-43	-65	-100	-134	-190	-228	-280	-340	-415	-535	-700	-900	3	4	6	7	15	23
160	180	-43	-68	-108	-146	-210	-252	-310	-380	-465	-600	-780	-1000	3	4	6	7	15	23
180	200	-50	-77	-122	-166	-236	-284	-350	-425	-520	-670	-880	-1150	3	4	6	9	17	26
200	225	-50	-80	-130	-180	-258	-310	-385	-470	-575	-740	-960	-1250	3	4	6	9	17	26
225	250	-50	-84	-140	-196	-284	-340	-425	-520	-640	-820	-1050	-1350	3	4	6	9	17	26
250	280	-56	-94	-158	-218	-315	-385	-475	-580	-710	-920	-1200	-1550	4	4	7	9	20	29
280	315	-56	-98	-170	-240	-350	-425	-525	-650	-790	-1000	-1300	-1700	4	4	7	9	20	29
315	355	-62	-108	-190	-268	-390	-475	-590	-730	-900	-1150	-1500	-1900	4	5	7	11	21	32
355	400	-62	-114	-208	-294	-435	-530	-660	-820	-1000	-1300	-1650	-2100	4	5	7	11	21	32
400	450	-68	-126	-232	-330	-490	-595	-740	-920	-1100	-1450	-1850	-2400	5	5	7	13	23	34
450	500	-68	-132	-252	-360	-540	-660	-820	-1000	-1250	-1600	-2100	-2600	5	5	7	13	23	34

注：1. 公称尺寸小于或等于1mm时，基本偏差A和B及大于IT8的N均不采用。公差带JS7~JS11，若IT_n值是奇数，则取偏差 $=\pm\dfrac{IT_n-1}{2}$。

2. 对小于或等于IT8的K、M、N和小于或等于IT7的P~ZC，所需Δ值从表内右侧选取。例如：18~30mm段的K7，Δ=8μm，所以ES=(-2+8)μm=+6μm；18~30mm段的S6，Δ=4μm，所以ES=(-35+4)μm=-31μm。特殊情况下：250~315mm段的M6，ES=-9μm（代替-11μm）。

（二）优先、常用配合

附表 24　轴与孔优先、常用公差带（公称尺寸至 500mm）（GB/T 1801—2009）

优先、常用和一般用途的轴公差带（优先选用圆圈中的公差带，其次选用方框中的公差带，最后选用其他的公差带）

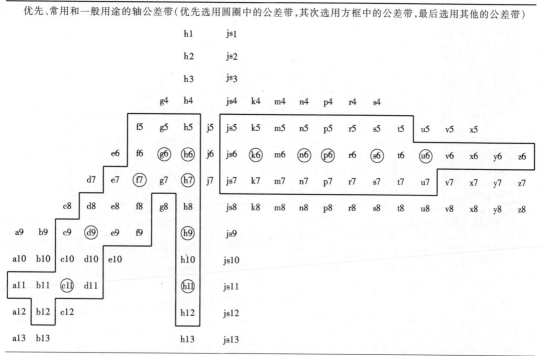

优先、常用和一般用途的孔公差带（优先选用圆圈中的公差带，其次选用方框中的公差带，最后选用其他的公差带）

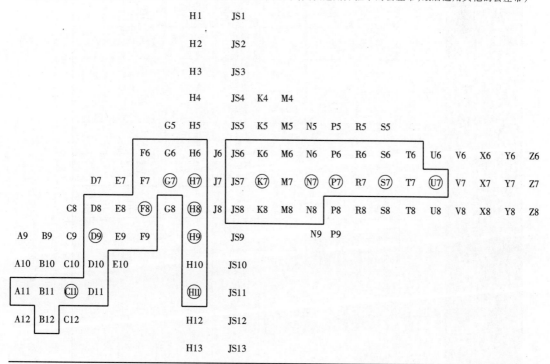

附表 25　基孔制优先、常用配合（GB/T 1801—2009）

基准孔	间隙配合								过渡配合				过盈配合								
轴	a	b	c	d	e	f	g	h	js	k	m	n	p	r	s	t	u	v	x	y	z
H6						$\frac{H6}{f5}$	$\frac{H6}{g5}$	$\frac{H6}{h5}$	$\frac{H6}{js5}$	$\frac{H6}{k5}$	$\frac{H6}{m5}$	$\frac{H6}{n5}$	$\frac{H6}{p5}$	$\frac{H6}{r5}$	$\frac{H6}{s5}$	$\frac{H6}{t5}$					
H7						$\frac{H7}{f6}$	$\frac{H7}{g6}$	$\frac{H7}{h6}$	$\frac{H7}{js6}$	$\frac{H7}{k6}$	$\frac{H7}{m6}$	$\frac{H7}{n6}$	$\frac{H7}{p6}$	$\frac{H7}{r6}$	$\frac{H7}{s6}$	$\frac{H7}{t6}$	$\frac{H7}{u6}$	$\frac{H7}{v6}$	$\frac{H7}{x6}$	$\frac{H7}{y6}$	$\frac{H7}{z6}$
H8					$\frac{H8}{e7}$	$\frac{H8}{f7}$	$\frac{H8}{g7}$	$\frac{H8}{h7}$	$\frac{H8}{js7}$	$\frac{H8}{k7}$	$\frac{H8}{m7}$	$\frac{H8}{n7}$	$\frac{H8}{p7}$	$\frac{H8}{r7}$	$\frac{H8}{s7}$	$\frac{H8}{t7}$	$\frac{H8}{u7}$				
H8				$\frac{H8}{d8}$	$\frac{H8}{e8}$	$\frac{H8}{f8}$		$\frac{H8}{h8}$													
H9			$\frac{H9}{c9}$	$\frac{H9}{d9}$	$\frac{H9}{e9}$	$\frac{H9}{f9}$		$\frac{H9}{h9}$													
H10			$\frac{H10}{c10}$	$\frac{H10}{d10}$				$\frac{H10}{h10}$													
H11	$\frac{H11}{a11}$	$\frac{H11}{b11}$	$\frac{H11}{c11}$	$\frac{H11}{d11}$				$\frac{H11}{h11}$													
H12		$\frac{H12}{b12}$						$\frac{H12}{h12}$													

注：1. $\frac{H6}{n5}$、$\frac{H7}{p6}$ 在公称尺寸≤3mm 和 $\frac{H8}{r7}$ 在公称尺寸≤100mm 时，为过渡配合。

2. 标注 "▼" 的配合为优先配合。

附表 26　基轴制优先、常用配合（GB/T 1801—2009）

基准轴	孔 A	B	C	D	E	F	G	H	JS	K	M	N	P	R	S	T	U	V	X	Y	Z
	间隙配合								过渡配合				过盈配合								
h5						F6/h5	G6/h5	H6/h5	JS6/h5	K6/h5	M6/h5	N6/h5	P6/h5	R6/h5	S6/h5	T6/h5					
h6						F7/h6	G7/h6▼	H7/h6▼	JS7/h6	K7/h6▼	M7/h6	N7/h6▼	P7/h6▼	R7/h6	S7/h6▼	T7/h6	U7/h6▼				
h7					E8/h7	F8/h7▼		H8/h7▼	JS8/h7	K8/h7	M8/h7	N8/h7									
h8				D8/h8	E8/h8	F8/h8		H8/h8													
h9				D9/h9▼	E9/h9	F9/h9		H9/h9▼													
h10				D10/h10				H10/h10													
h11	A11/h11	B11/h11	C11/h11▼	D11/h11				H11/h11▼													
h12		B12/h12						H12/h12													

注：标注“▼”的配合为优先配合。

（三）优先配合中的极限偏差

附表27　基孔制优先配合中轴的极限偏差（GB/T 1801—2009）　（单位：μm）

公称尺寸/mm	公差带												
	c	d	f	g	h				k	n	p	s	u
	11	9	7	6	6	7	9	11	6	6	6	6	6
≤3	-60 -120	-20 -45	-6 -16	-2 -8	0 -6	0 -10	0 -25	0 -60	+6 0	+10 +4	+12 +6	+20 +14	+24 +18
>3~6	-70 -145	-30 -60	-10 -22	-4 -12	0 -8	0 -12	0 -30	0 -75	+9 +1	+16 +8	+20 +12	+27 +19	+31 +23
>6~10	-80 -170	-40 -76	-13 -28	-5 -14	0 -9	0 -15	0 -36	0 -90	+10 +1	+19 +10	+24 +15	+32 +23	+37 +28
>10~14 >14~18	-95 -205	-50 -93	-16 -34	-6 -17	0 -11	0 -18	0 -43	0 -110	+12 +1	+23 +12	+29 +18	+39 +28	+44 +33
>18~24	-110 -240	-65 -117	-20 -41	-7 -20	0 -13	0 -21	0 -52	0 -130	+15 +2	+28 +15	+35 +22	+48 +35	+54 +41
>24~30													+61 +48
>30~40	-120 -280	-80 -142	-25 -50	-9 -25	0 -16	0 -25	0 -62	0 -160	+18 +2	+33 +17	+42 +26	+59 +43	+76 +60
>40~50	-130 -290												+86 +70
>50~65	-140 -330	-100 -174	-30 -60	-10 -29	0 -19	0 -30	0 -74	0 -190	+21 +2	+39 +20	+51 +32	+72 +53	+106 +87
>65~80	-150 -340											+78 +59	+121 +102
>80~100	-170 -390	-120 -207	-36 -71	-12 -34	0 -22	0 -35	0 -87	0 -220	+25 +3	+45 +23	+59 +37	+93 +71	+146 +124
>100~120	-180 -400											+101 +79	+166 +144
>120~140	-200 -450	-145 -245	-43 -83	-14 -39	0 -25	0 -40	0 -100	0 -250	+28 +3	+52 +27	+68 +43	+117 +92	+195 +170
>140~160	-210 -460											+125 +100	+215 +190
>160~180	-230 -480											+133 +108	+235 +210
>180~200	-240 -530	-170 -285	-50 -96	-15 -44	0 -29	0 -46	0 -115	0 -290	+33 +4	+60 +31	+79 +50	+151 +122	+265 +236
>200~225	-260 -550											+159 +130	+287 +258
>225~250	-280 -570											+169 +140	+313 +284

（续）

公称尺寸/mm	公差带												
	c	d	f	g	h				k	n	p	s	u
	11	9	7	6	6	7	9	11	6	6	6	6	6
>250~280	-300 -620	-190 -320	-56 -108	-17 -49	0 -32	0 -52	0 -130	0 -320	+36 +4	+66 +34	+88 +56	+190 +158	+347 +315
>280~315	-330 -650											+202 +170	+382 +350
>315~355	-360 -720	-210 -350	-62 -119	-18 -54	0 -36	0 -57	0 -140	0 -360	+40 +4	+73 +37	+98 +62	+226 +190	+426 +390
>355~400	-400 -760											+244 +208	+471 +435
>400~450	-440 -840	-230 -385	-68 -131	-20 -60	0 -40	0 -63	0 -155	0 -400	+45 +5	+80 +40	+108 +68	+272 +232	+530 +490
>450~500	-480 -880											+292 +252	+580 +540

附表 28　基轴制优先配合中孔的极限偏差（GB/T 1801—2009）　（单位：μm）

公称尺寸/mm	公差带												
	C	D	F	G	H				K	N	P	S	U
	11	9	8	7	7	8	9	11	7	7	7	7	7
≤3	+120 +60	+45 +20	+20 +6	+12 +2	+10 0	+14 0	+25 0	+60 0	0 -10	-4 -14	-6 -16	-14 -24	-18 -28
>3~6	+145 +70	+60 +30	+28 +10	+16 +4	+12 0	+18 0	+30 0	+75 0	+3 -9	-4 -16	-8 -20	-15 -27	-19 -31
>6~10	+170 +80	+76 +40	+35 +13	+20 +5	+15 0	+22 0	+36 0	+90 0	+5 -10	-4 -19	-9 -24	-17 -32	-22 -37
>10~14	+205 +95	+93 +50	+43 +16	+24 +6	+18 0	+27 0	+43 0	+110 0	+6 -12	-5 -23	-11 -29	-21 -39	-26 -44
>14~18													
>18~24	+240 +110	+117 +65	+53 +20	+28 +7	+21 0	+33 0	+52 0	+130 0	+6 -15	-7 -28	-14 -35	-27 -48	-33 -54
>24~30													-40 -61
>30~40	+280 +120	+142 +80	+64 +25	+34 +9	+25 0	+39 0	+62 0	+160 0	+7 -18	-8 -33	-17 -42	-34 -59	-51 -76
>40~50	+290 +130												-61 -86
>50~65	+330 +140	+174 +100	+76 +30	+40 +10	+30 0	+46 0	+74 0	+190 0	+9 -21	-9 -39	-21 -51	-42 -72	-76 -106
>65~80	+340 +150											-48 -78	-91 -121

（续）

公称尺寸/mm	公差带												
	C	D	F	G	H				K	N	P	S	U
	11	9	8	7	7	8	9	11	7	7	7	7	7
>80~100	+390 +170	+207 +120	+90 +36	+47 +12	+35 0	+54 0	+87 0	+220 0	+10 -25	-10 -45	-24 -59	-58 -93	-111 -146
>100~120	+400 +180											-66 -101	-131 -166
>120~140	+450 +200	+245 +145	+106 +43	+54 +14	+40 0	+63 0	+100 0	+250 0	+12 -28	-12 -52	-28 -68	-77 -117	-155 -195
>140~160	+460 +210											-85 -125	-175 -215
>160~180	+480 +230											-93 -133	-195 -235
>180~200	+530 +240	+285 +170	+122 +50	+61 +15	+46 0	+72 0	+115 0	+290 0	+13 -33	-14 -60	-33 -79	-105 -151	-219 -265
>200~225	+550 +260											-113 -159	-241 -287
>225~250	+570 +280											-123 -169	-267 -313
>250~280	+620 +300	+320 +190	+137 +56	+69 +17	+52 0	+81 0	+130 0	+320 0	+16 -36	-14 -66	-36 -88	-138 -190	-295 -347
>280~315	+650 +330											-150 -202	-330 -382
>315~355	+720 +360	+350 +210	+151 +62	+75 +18	+57 0	+89 0	+140 0	+360 0	+17 -40	-16 -73	-41 -98	-169 -226	-369 -426
>355~400	+760 +400											-187 -244	-414 -471
>400~450	+840 +440	+385 +230	+165 +68	+83 +20	+63 0	+97 0	+155 0	+400 0	+18 -45	-17 -80	-45 -108	-209 -272	-467 -530
>450~500	+880 +480											-229 -292	-517 -580

参 考 文 献

[1]　高金莲，刘淑英，刘宇红. 工程图学 ［M］. 3 版. 北京：机械工业出版社，2011.

[2]　佟国治. 现代工程设计图学 ［M］. 北京：机械工业出版社，2000.

[3]　孙兰凤，梁艳书. 工程制图 ［M］. 北京：高等教育出版社，2004.

[4]　全国技术产品文件标准化技术委员会. 机械制图 ［M］. 北京：中国标准出版社，2004.

[5]　苑彩云. 工程图学 ［M］. 北京：机械工业出版社，2004.

[6]　邢邦圣. 机械工程制图 ［M］. 南京：东南大学出版社，2010.

[7]　郭友寒. 现代机械制图 ［M］. 北京：北京航空航天大学出版社，2004.

[8]　刘朝儒. 机械制图 ［M］. 5 版. 北京：高等教育出版社，2006.

[9]　何铭新，钱可强，徐祖茂. 机械制图 ［M］. 7 版. 北京：高等教育出版社，2016.

[10]　吉塞克. 工程图学 ［M］. 焦永和，韩宝玲，李苏红，译. 8 版　改编版. 北京：高等教育出版社，2005.

[11]　王永智，林启迪. 画法几何及机械制图 ［M］. 北京：机械工业出版社，2003.

[12]　臧宏琦，王永平，机械制图 ［M］. 4 版. 西安：西北工业大学出版社，2013.

[13]　窦忠强，曹彤，陈锦昌，等. 工业产品设计与表达 ［M］. 3 版. 北京：高等教育出版社，2016.

[14]　大连理工大学工程画教研室. 机械制图 ［M］. 5 版. 北京：高等教育出版社，2003.

[15]　王幼苓，陈华. 工程图学基础与应用 ［M］. 西安：陕西科学技术出版社，2005.

[16]　王喜力. 产品几何技术规范（GPS）国家标准应用指南 ［M］. 北京：中国标准出版社，2010.

[17]　胡仁喜，刘昌丽，康士廷，等. Autodesk AutoCAD 2010 电气制图标准实训教材 ［M］. 北京：人民邮电出版社，2010.

[18]　谭建荣，张树有，陆国栋，等. 图学基础教程 ［M］. 2 版. 北京：高等教育出版社，2006.

[19]　刘小年，刘庆国. 工程制图 ［M］. 北京：高等教育出版社，2004.